U0186748

多元视角下的大学数学教学研究

韩晓峰　胡俊红　著

吉林出版集团股份有限公司

图书在版编目（CIP）数据

多元视角下的大学数学教学研究／韩晓峰，胡俊红
著. -- 长春：吉林出版集团股份有限公司，2020.11
ISBN 978 - 7 - 5581 - 9397 - 2

Ⅰ. ①多… Ⅱ. ①韩… ②胡… Ⅲ. ①高等数学 - 教学研究 - 高等学校 Ⅳ. ①O13

中国版本图书馆 CIP 数据核字（2020）第 243347 号

多元视角下的大学数学教学研究

作　　者／韩晓峰　胡俊红

责任编辑／蔡宏浩

封面设计／万典文化

开　　本／787mm×1092mm　1/16

字　　数／330 千字

印　　张／14

印　　数／1—1000

版　　次／2020 年 11 月 第 1 版

印　　次／2022 年 9 月 第 1 次印刷

出　　版／吉林出版集团股份有限公司

发　　行／吉林音像出版社有限责任公司

地　　址／长春市福祉大路 5788 号

印　　刷／北京七彩京通数码快印有限公司

ISBN 978 - 7 - 5581 - 9397 - 2　　　　　定价／79.00 元

前言 PREFACE

  高等数学是研究客观世界数量及空间关系的科学，是人们认识世界和改造世界的有力武器，它不仅有完整的知识体系，同时作为一种手段和工具架起了认识及研究其他学科的桥梁。高等数学还是一种认知世界的思维模式，许多实际问题都需要转化成数学问题来分析、判断和解决。同时，作为一门重要的基础课程，高等数学更是培养学生思维能力和创造力的有用工具。此外，高等数学知识渗透于社会生活的各个层面，尤其在科学技术中应用非常广泛。

  数学长期以来一直是现代文化重要的形成因素之一，随着西方数学哲学和人类文化学的逐渐融合与发展，数学文化观点被越来越多的学者认可和关注。近年来，我国许多大学纷纷实践并开设新型人文教育类的数学课程，越来越多的数学家和广大数学教师更加重视大学数学教育教学的研究，重新审视数学教育教学观念，强化数学教育的文化意识，重视数学文化对大学数学教学的意义。

  在大学数学教学中，师生交流的主要场所是课堂，它是由师生共同打造的学习环境。数学课堂教学效率低下不仅是教师或学生单方面的原因，而且是二者相互影响造成的结果。课堂教学应以学生为主体，教师应成为引导者和组织者。然而目前大学数学教学改革仍任重道远，某些学校为强调升学率、考研率和考试成绩，仍大搞应试教育。在数学课堂中，学生被动学习、填鸭式教学的落后现象仍屡见不鲜。在新形势下，数学课堂教学的相应改革也迫在眉睫，有必要大力改革数学课堂的教学及模式设计，并在新模式下，研究创新高效的数学课堂教学方法及模式，以改变学生传统的学习方式，适应新时代的要求，让学生在有效的空间和时间下，学会学习，学会合作，学会探究，学会应用，并在牢固掌握数学知识的前提下学会创新。构建大学数学高效课堂需要师生双方的共同努力，通过老师的合理布局、学生的积极配合，能创造轻松和谐的学习氛围，从而进一步提高数学课堂教学质量。

  由于时间和水平所限，本书的缺点和不足在所难免，真诚欢迎广大读者给予批评指正。

目录 CONTENTS

第一章　高等数学教育的认识

第一节　高等数学教育博弈

高等数学是一门重要的公共基础课，高等数学与计算机、工程、电子等学科关联性强，加大对高等数学教学博弈理论的研究和分析，将会推动整个教育体系的进步。因此，有必要通过博弈理论的分析和研究，不断推动高等数学教育教学水平的提升。

一、高等数学教学模式效率低下的原因分析

教育"博弈论"也即"游戏理论"，旨在通过不同的策略或计谋，让参与者在游戏过程中获得心理上的满足，赢了还想多赢，输了还想赚回来，永远没有休止的那一刻，这就是游戏和博弈的魅力。同样这种博弈游戏策略在高等数学教学过程中也有着同样的应用前景。对于高等数学教学来说，由于课程知识和体系的抽象性和高难度性，很多学生对高等数学并不感兴趣或者认为这么高深的理论知识并没有多大的用处。

（一）受传统教学模式的影响

在传统的高数教学模式下，学生经常被动地接受知识。有些学生课前甚至没有做好上课的准备，对老师教授的知识缺乏足够的理解和掌握。老师遵循传统的教学模式，简单地讲解课程的内容或教科书的内容，然后布置作业。老师在授课过程中注重课时安排，但对于课堂效果情况则较少顾及，教师甚至对学生在课堂上面无表情、"开小差"等情况听之任之，不及时加以制止，学生们则充分掌握了老师的授课规律，不认真听课，考试时应付了事，这种传统的教学模式无益于教学效率的提升。

（二）教师教学责任的博弈分析

一般情况下，教师是教学的主体，教师的敬业精神、道德情操、知识水平、课上准备

等因素往往影响着教学效果。教师应认真做好教学内容组织、授课技巧把握、课堂秩序维护等，做到准确无误地。此外，也应注意教师本身的形象，做到课内外的表现如一。否则学生们会受到教师方面因素的影响。

（三）学生对学习的认识与配合的博弈分析

老师是教学过程中的主要因素，但学生的理解与合作也很重要，学生对课堂的有效性有直接的责任。确切地说，教学效果是师生之间紧密合作的产物。应该说，教学班的成功对学生比对老师有更密切的关系。如果教师认为学生不接受或抵触自己的意见，他们可更委婉、有效地表达意见以争取学生达到心理平衡。同时，学生的情绪直接影响教师的教学，学生的言行也会影响教师的心理状态。因此，成功的教学效果需要师生的共同努力和学生的积极配合。教师还必须维持好课堂秩序。学生应积极发现教学中的问题，并向老师反馈。

（四）学校学习环境的博弈分析

高等数学与其他学科相比，是一门公共基础性学科，但由于内容抽象、理论较深，很多学生难以接受。这就需要加快学校教学氛围的建设。所有教职员工和学生都应努力维护良好的学习氛围和环境，营造有效的学习科研氛围，开展各种竞赛活动，为学生提供更多的机会和条件。

二、高等数学教学过程实现良性博弈的对策分析

高等数学博弈理论是创新教育教学改革的重点和关键点。虽然博弈理论在目前的高等数学教学中应用并不广泛，但其有着广阔的前景和空间。

（一）重视师生关系的维护和情感互动

根据上面的讨论，教与学之间的博弈有两个主要结果：高效教学和低效教学。在教学过程中，学生和老师之间会互相交流。但总的来说，教师继续占主导地位，教师直接对教学结果负责。因此，教师应根据学生的个性特点、知识水平、兴趣爱好等搭建师生互动良好平台，在教与学之间建立轻松愉快的学习氛围，在保证教学效果的同时最大限度地尊重学生的个性，做好角色定位，形成良好的人际互动，达到师生关系的合理化，提升课堂效果。

（二）创新教学方法，精心设计导入

创新教学方法就是要建立适应学生学习特点，提高教学效率的条件和方法。如通过丰富的教学手段、实验观察引入法、讨论分析法等吸引学生的注意力，引导他们全身心地投入到学习中去，进而培养其崇尚科学的素质。如在高等数学授课时，由于部分学生高等数学基础比较薄弱，在定理推导过程中，可以先从定理产生的社会背景、演绎过程、社会意义等方面入手，通过引人入胜的情节吸引学生，再就定理的推导和演变过程进行重点讨论和讲解。同时，定理证明还可以激发学生不要只关注推导和定理证明的过程。通过发散思维，专注于增加定理讨论，并不断激发学生对学习的兴趣。

（三）注重课堂教学与课外实践的结合，开拓学生的思维创新能力

在信息化技术迅速发展，教学模式和方式不断发生变化的情况下，教师的主要任务是将知识最大限度地传授给学生，启发他们主动去思考问题。然而在计算机与网络技术迅速发展的今天，学生通过捕捉信息以及获得的资源或渠道学习，教师在这方面占有的优势正在弱化；相反，由于网络学习的便利性和网络资源的丰富性，开放式学习正在得到不断的推广。老师的最大优势在于经验和方法，这是教学当中最为重要的，也是对学生最有用的。然而，当前的学习渠道和模式远远超过了传统的课堂，教师的地位和作用正在不断淡化。这对传统高等数学教学提出了挑战，因此，可以将教学过程适当延伸，发挥教学效果的最大功用，教师的职能才能不断增强。

数学教育是教育学的重要分支之一。它主要探索和研究教师如何在数学教学中更有效地传授数学的发展规律、数学的思维方法以及数学的发现、创新和发明。可以让学生在未来的工作中充分利用其在大学形成的独特的数学思维方法和数学技能来发现、研究、分析并最终解决问题。

三、高等数学教育博弈分析

数学教师和教育专家共同关心的问题是如何培养和提高大学生的数学能力，教学过程能否按预定目的发展需要师生的相互协作。毫无疑问，不教不学肯定不行，愿教不学和愿学不教也不行，那么愿教愿学是否就行了呢？答案是否定的，因此就需要对数学教学过程进行研究，同时对数学的教学效果进行评判。

（一）师生激情博弈的纳什均衡

现在大学都在进行教学改革，为提高教学质量引进了新的教育评价机制，它不仅要求

教师要对学生进行评价，也要求学生对教师进行评价。这种机制的可行性如何？用师生激情博弈给以证明。

游戏是对战略互动的描述。在这里，为了方便讨论，游戏的参与者是老师和学生；教师的策略是在课堂上有激情，而学生的策略是有兴趣和无兴趣（老师的激情和学生的兴趣有较高的相关性）；在课堂教学师生互动的条件下，应注重对学生的老师印象的评价和对老师的学生印象的评价。

在师生激情博弈中得到该博弈具有唯一的纳什均衡解："教师有激情，学生有兴趣"。纳什均衡是一种战略组合，它表示该战略组合由所有参与人的最优战略组成，且没有任何人愿意打破这种均衡。师生激情博弈输出的信息，进行师生间的相互评价有利于向管理目标靠近，当然也应看到，如果学生学习无兴趣，那么学生对教师的评价就有失公平，优质资源得不到充分发挥。因此迫切要解决的问题是：怎样充分调动学生的学习积极性，变其被动学习为主动学习。

在以往的数学教育活动中，往往仅仅把数学教育当作是学习数学技能和知识，忽视了数学教育的精髓——"数学思想"。"数学主题不是一系列的技术。这些技术只是其琐碎的方面：根本不能代表数学，就像混合颜色不能绘画一样。数学思想在现代文化和思想的形成中起着重要作用。

由于数学的抽象性和技能的复杂性，如果仅在讲授数学和解决问题的技能中强调概念，那么学生很容易对数学感到厌倦并伤害其学习的热情。中国著名数学家吴文君说："一万人口中最多只有一两个数学家，数学家的要求不能用来指导数学教学。"显然从小学到大学开设数学课，不是想让他们都成为数学家（这不现实），而是希望让大家都具备数学思想，这有利于提高全民族文化的素质。事实上，大家是很乐意接受数学思想的，如最值问题的具体化：怎样使利益达到最大值。但是由于对数学教育认识的偏见，无意中抑制了部分学生对数学学习的积极性，破坏了学习的兴趣，然而积极性是学习的动力，兴趣又偏偏是最好的老师。高难度的电脑游戏常常会吸引众多的青少年！此中的道理是不言自明。

（二）从"存在问题"看科学态度及创新精神

大学生中，有相当一部分是经过三至四年的题海战术训练通过高考的，对数学谈不上有兴趣，更不知道学数学的真正意义。一些学生只是在学习数学而已，却不知道数学思维是什么。尽管有些学生对数学技能有很好地理解，但他们的应用技能差，缺乏创新技能，存在低能现象。究其原因，与教育思想有关，在教学中，学生已习惯了做有答案的问题，习惯了做由别人提出来的问题，自己不会去发现问题，特别在数学教学中，学生更愿意做计算题而不愿意做证明题。所有这些问题，归根到底就是在整个教学过程中缺乏实事求是的科学态度和创新意识的引导，因此我们需要解决的问题是该教什么、怎么教。我们应该也有必要让学生了解数学思想的指导作用；让学生不仅掌握知识和技能而且还要学会猜想并能设法去证明其猜想的正确性。

古希腊是近代数学的发源地，当时有一个著名的几何学难题：能否以相同的形状使体积增为两倍？

该问题看起来既简单又现实，当时有许多哲学家、几何学家积极提出挑战，可不管怎么尝试就是无法解决（当时希腊几何学的作图工具只能使用直尺和圆规）。有趣的是，直到19世纪该问题以证明了不可能做到而宣告结束。"存不存在问题"就这样通过数学思维的形式得到圆满的解决。不是所有的问题都有答案。直觉认为对的它就一定存在吗？所以当一个问题被提出来后，首先要讨论它的存在性，在存在性问题解决后，继续做下面的工作才有意义！这就是科学的态度，这就是数学思想的严谨性。为什么现在一个改革方案被提出后，不是先实施而是要先进行可行性论证，这就是数学思想的再现！

不妨再看著名的高斯定理即"n次方程式一定有解"。当解决了实系数一次方程、二次方程、三次方程有解后，高斯大胆地提出"方程式都有解吗？如果有，是否都能求到？"高斯通过研究发现"n次方程式一定有解"。高斯不仅相信虚数的存在，而且相信复数的运用能使数学的发展突飞猛进，但当时人们只承认实数的存在，把虚数视为想象中的数字，不知道是否真的存在。怎么办？高斯首先用"代数方程式根的存在性证明"这一独特的手段通过当时权威们的认可，而后再将复数集与平面点集一一对应，构造复数的几何模型，最后在柯西、黎曼、魏尔斯特拉斯等著名数学家的共同努力下，建立了复变函数理论，并顺利实现了复变函数在流体力学、弹性力学、电工学等领域中的应用，由此引爆了一场工业技术革命，划时代的创举在数学问题中诞生，数学的超前性充分体现了它的创新性，数学思想的威力对人的思维活动产生了重要的影响。

在高等数学教学中，存在性问题处处可见，如在解题时经常需要思考"极限存在吗？函数可导吗？最值存在吗"等等，但是教材中的习题主要用于巩固本章的知识点，开放型题很少，因此需要教师充分地引导，最好能在教学计划完成后安排一至两次讨论课，利用分组的形式让大家展示数学思维的活动过程，逐步培养学生实事求是的科学态度及勇于创新的能力。

（三）从"囚徒困境"看决策能力

在提升或挑选人参加高层次的数学活动或进入数学专业时，该人的数学表现作为评价的决定性标准，这是不足为奇的。可是，值得注意的是，许多国家在提拔、筛选某人去从事研究与数学"毫不"相干的内容时，也常常以数学表现的评价作为一个基本条件。

（四）数学逻辑的威力

数学和数学教育如此受欢迎，人们开始关注它，真正了解它的人们不仅会从应用程序的角度看待它，否则科学将停止。"高斯定理"测试表明数学是渐进的，而游戏"囚徒困境"则显示了数学思维对决策思维的影响。人们愿意将数学研究称为思想体操。学习数学的重要性在于培养人们的逻辑思维能力。数学绝对不允许矛盾，只要发现有一个矛盾，逻辑就必须打住，一步也不准前进。这个绝对禁止矛盾的大原则给予数学气势如虹的生产力。

由此可见，微观经济需要数学知识和技能，宏观经济更需要数学思想方法。在数学学习中，教师经常要学生做一些证明题，遗憾的是证明题学生并不喜欢，他们认为证明题太抽象，这只对学纯数学的人有用，殊不知这恰恰是训练逻辑思维的最有效方法。因为数学思维的培养不像数学技能的训练那么简单，所以教师必须营造一种数学氛围，尤其当学生完成两年大学的数学课程时，学校必须为不同专业的学生提供相应的应用数学选修课程。

社会在前进，科学在发展，数学是科学技术的基础。工人和企业家要跟上时代发展并熟练地运用最新技术必须具备运用数学的能力，企业及金融等体系中的管理人员要进行危机管理也需要数学涵养。为了让学生能够在今后的工作岗位上做到运筹帷幄，还要对数学教育进行更深入的研究，让学生真正具备逻辑推理能力，以充分发挥数学的作用。

第二节　高等数学的美学

结合高级数学示例，解释数学情绪，数学探索，数学语言，数学内容，数学方法，数学理论等方面的数学美表达。从不同的角度，使学生可以欣赏数学的美，并提高对美的影响。对学习数学感兴趣，从而提高了数学能力。

一、高等数学的美学探索

数学美古已有之，早在古希腊时代，毕达哥拉斯学派已经论及数学与美学的关系，毕达哥拉斯本人既是哲学家、数学家，又是音乐理论的始祖，他第一次提出"美是和谐与比例"的观点。我国当代著名数学家徐利治指出："数学美的含义十分丰富，如数学概念的简单性、统一性，结构系统的协调性、对称性，数学命题与数学模型的概括性、典型性与普适性，还有数学中的奇异性等等都是数学美的具体内容"。

（一）数学意境的形象美

大学里一些数学概念相对抽象，学生将有一些理解上的困难。在教学中，通过创建适当的上下文，可以指定和可视化抽象概念，使学生易于理解。例如，在讲授极限的概念时，您需要介绍刘慧的圆环切割技术："如果您将其切割以减轻体重，您会减少重量，并且将其切割并切割成不可分割的部分，那么您将与圆环融为一体而不会丢失没有"。又如，《庄子·天下篇》中的"一尺之捶，日取其半，万世不竭"。同时再辅以多媒体技术，学生一定会在感官上感受到极限的美妙。

（二）数学探索的创新美

数学的发展离不开人们对美的追求，数学家也是美的追求者。实际上，当人们学习数学时，他们自觉或不自觉地运用了美学原理。爱因斯坦的科学思想的继承人狄拉克（Dirac）说：我没有尝试直接解决物理问题，只是想寻找某种美。"数学"。他认为，"如果物理方程式在数学上不是很漂亮，则表示存在缺陷，这意味着该理论存在缺陷，需要改进。有时，数学的美观性比实验的一致性更为重要。"

在回顾二次互惠法则测试过程时，高斯说："寻找最美丽，最简洁的证明是学习的主要动力。"

拉丁文的座右铭"美丽是真理的光芒"意味着探险者最初使用这种光芒来理解真理。历史事实给人以深刻的启示，为培养高素质的创新人才，有必要加强数学美的教育。

（三）数学语言的简洁美

数学家将个人的劳动成果用最合理的形式（一般是用式子）来表示，这就是数学美中非常重要的一种美——简洁美。数学语言借助数学符号把数学内容简明扼要地表现出来，体现了概括性、准确性、有序性、条理性与简单性。如数列极限与函数极限的分析定义是用"$\varepsilon - N$""$\varepsilon - \delta$"语言来表示，定义中具有任意性与确定性，ε的任意性通过无限多个相对确定性来实现，ε的确定性决定了 N 和 ε 的存在性。这种定义准确地刻画了极限过程中变量之间的动态关系，表述了极限概念的本质，并为极限运算奠定了基础。学过微积分的人无不赞赏它的完美，评价它是最精练、最严密、最优美的语言。

（四）数学内容的统一美

数学内容的统一美是指在不同的数学对象或同一对象的不同组成部分之间存在内在联系或共同规律。

欧拉公式：$1 + \mathrm{E}i\pi = 0$，曾获得"最美的数学等式"的称号。欧拉建立了他那个时代数学最重要的几个常数之间的有趣、绝妙的联系，包含得如此协调、有序。与欧拉公式有关的棣莫弗——欧拉公式 $cos\theta + isin\theta = e$ 把人们认为没有什么共同性的两大类函数三角函数和指数函数紧密结合起来。对它们的结合，人们始则惊诧，继而赞叹的确是"天作之合"，这是因为它们的结合能够派生出许多美妙、有用的结论来。

爱因斯坦一直在研究宇宙统一性理论。他用简洁的表达式 $E = mc2$ 揭示了自然界中的质能关系，这的确是一件统一的艺术品。人类在不断探索复杂世界的同时，不断使用统一的视角来理解世界。宇宙浩瀚无边，统一的美丽需要永恒的追求。

数学的发展是一个逐步统一的过程。希尔伯特（Hilbert）说过，统一的目的是："数学的每一个步骤实际上都在随着发现更强大的工具和更简洁的方法而不断进步。这些工具和方法还将有助于理解理论并抛弃新旧事物"。

（五）数学方法的简洁美

解决问题的方法的简单性和独创性是一种理性的美。简洁的解决问题的方法和聪明的思维令人耳目一新，唤醒了令人愉悦的情感体验，内心的愉悦之美以及成功的喜悦。美学和数学创新将有更紧迫的要求。

利用数学美学来激发创新和创造性思维的火花，产生许多新颖，独特和简洁的方法和技巧来解决问题，从而使求解者拥有快乐的心情和感觉，并有意识地发现，真正使用和创造数学。对美的渴望增强了对学习数学的浓厚兴趣，并不断提高了数学能力。

（六）数学理论的奇异美

许多数学理论都偏离了人们的直觉。有时候，它使人们感到惊奇，给他们无休止的白日梦，而有时，它使人们拥有"重重的山川，无处可去，光明的未来"的美好境界。它证实了中国数学家徐立志所说的话："奇点是一种美，当奇点达到极限时，它就是极好的美。"

由数学家钢琴构造的"钢琴曲线"可以填充正方形，也感受到了数学的"奇异之美"。

简而言之，正如罗素所说，高级数学的数学美的内容非常丰富："数学，如果正确看待它，不仅具有真理，而且具有至高无上的美。"只要您善于观察和研究，就能做出发现和创新。准时将它们送入大学教室对于教授数学非常有帮助，它使越来越多的人感受到高等数学的美，并引导学生追求美，使他们能够逐渐体验数学的美，并在数学学习中得到乐趣。

二、在高等数学教学中如何渗透美学教育

早在古希腊时代，毕达哥拉斯学派就提出了美的研究对象不仅有艺术，而且包括整个自然界，数学也是美的，几何上的球和圆被毕达哥拉斯认为是最美的图形，线段的黄金分割被称为天赐的比例。数学美是一种渗透在形式、过程、语言、结论中的理性美，数学美的特征主要有统一美、简洁美、对称美、奇异美。在高等数学教学中，教师的主要任务是向学生传授数学知识，但从教学实践中常常发现，由于高等数学本身的严密性及抽象性，使初学者对数据、公式、概念感到枯燥、生疏，从而影响其学习的主动性。因此，教师在课堂教学中应充分揭示数学知识中包含的美的特征，培养学生的数学审美能力，并让学生从学习数学中获得美及乐趣。这可激发学生的数学学习兴趣，提高学生的思维能力。实现教学效果的最优化。

（一）从教学方法、手段、形式上体现数学美

教师在课堂上处于核心和主导地位，如果教学中采用传统的"满堂灌"，是典型的信息不对称，课堂气氛呆板，学生精力不能集中。

古人云"知之者不如好之者，好之者不如乐之者"，教师应该运用各种教学方法、手段，从多个方面"以美引真""沿美求真"，借形象思维启发抽象思维，将教学美与数学美完整地结合，以美的教学，使高等数学成为学生的乐之者。

1. 教学组织的结构美

所谓教学组织的结构，是课堂教学组织的构成要素（讲解、板书、提问、讨论、练习、布置作业）在时间与空间上的有机结合，在各要素之间的切换要和谐、协调、统一，从而构建出课堂结构的整体美。教师编写的教案就如剧本创作，既要做到概念准确、演算缜密，既能体现数学所具有的逻辑美，又要标题新颖、创设悬念、趣例佐证，构造出形象思维中的艺术美，教师还要创设问题情境，渲染课堂气氛，激发愉悦情绪，使学生体会到学习的乐趣与美。

2. 教学的语言美

数学语言属于典型的超自然的人工语言，它具有明显的严密性和极强的逻辑性。数学教师在课堂上讲课以及在为同学答疑辅导时，既要言简意赅、妙语如珠，又要善于将数学语言与自然语言（通俗、形象、趣味、幽默等）交替使用。例如在课的开始、结束或在一个稍长的定理证明、例题演算完毕后，在讲解映射、极限定义、定积分应用、空间解析几何等部分时，可适时渗入通俗语言，但要摒弃离题的逗趣。讲课的声音宜轻重有别、抑扬

顿挫、声色兼备，有一定的节奏感。

3. 教师的形神美

高等数学是大学生进校后的首开课程之一，学子们自然而然地将高数教师作为大学教师的形象代表。而数学教师因为学科本身的特点，与社会的交往不及其他专业的教师，有些人往往在穿着上较为随意，不修边幅。因此，教师在讲课时，一定要注重形、神之美。"形之美"是指穿着得体、发型适当、容光焕发、举止大方。"神之美"是指神清气爽、雍容慈祥、聪敏洒脱、器宇轩昂。教师的内在气质、道德修养、知识水准能通过外表的形神表现出来，这对于增强教学效果、建立一定的权威不无好处。

4. 教学的手段美

课堂上的一种传统教学方法是在黑板上写字。象征性语言和高等数学的演绎很难用自然语言清楚地表达，并且只能基于黑板上的文字。黑板上的数学课堂写作可以分为方案，计算，图表，说明等，每种都有其自己的功能并有自己的作业。各种黑板脚本的使用比例应适当协调，以使学生有种整体美感。在可能的条件下，宜稍多一点图示说明，图中线条可用不同颜色加以区分，做到图形精美。演算过程不宜太快而板书却不可过细，以凸显简洁美。重要处可用方框、波形线等标示，板书的条理、色彩、规范都可凸现美感。

近年来，高校多媒体网络教学、电脑软件技术、课件、电子教案取代了传统的实物数学模型、挂图、投影，较传统板书有了更大的发挥空间和效果。使用动画软件可以使呈现给学生的计算和图表更加标准化，生动，灵活和美观，并将概念，判断和推理融入美学之中，这富有启发性，有助于思考和思考。容易记住。对于学生来说，快速完成感觉，知觉，外表，想象力和思考的整个过程大有裨益。

（二）在数学知识的传授过程中揭示数学美

"凡是学校的课程，都没有与美育无关的"（蔡元培），作为高等数学教师，在知识的传授过程中，要善于发现数学美，并把美带到自己的教学活动中去。作为一种社会现象，美丽是生动，具有感染力和社会性的。这些特征在数学美方面也具有相同的特征，但是有些具有明显的性能，有些则具有较弱的性能。另外，数学之美还具有更明显的特征，即：简单，统一（和声），对称，唯一等。

1. 简洁美

高等数学的很多地方反映了数学美的特征。人们认识事物是由简到繁，而数学知识的表达是一个由繁到简的过程。莱布尼茨用"$\int f(x)\,dx$"这一简洁的符号表达了积分概念的丰富思想，刻画出"人类精神的最高胜利"，如极限的 $\varepsilon - N$，$\varepsilon - \Phi$，$\varepsilon - \delta$ 语言，把极限概念做出了精确而简洁的概括。

2. 统一美

数学概念的扩张、理论的深化，都是谋求更高层次的统一，高等数学处处体现了这一美学特征。如微分中值定理中：罗尔（Rolle）定理去掉 $f(a) = f(b)$ 这一条件，就引出拉格朗日（Lagrange）中值定理，将拉格朗日中值定理的函数关系变为参数方程 $X = F(x)$，$Y = f(x)$ 就引出了柯西中值定理。反过来，柯西中值定理中的 $F(x) = x$ 时，就得到了拉格朗日中值定理，拉格朗日中值定理中取 $f(a) = f(b)$ 时，就得到了罗尔定理。

3. 对称美

数形结合是高等数学的一个重要特点，教师在用定积分的元素法求旋转体的体积、星形线的弧长等计算过程中，应引导学生体验欣赏数学的对称美。又如，在多元复合函数的求导法则的教学中，教师可利用公式的对称性，用连线法来帮助学生理解、记忆公式。

4. 奇异美

奇异美是数学美的重要特征之一，它表现在数学的方法、结构、变换等许多方面，它是数学发展中的重要美学因素，在教学中教师揭示奇异美，可以采用多方联想、归纳类比、联结试验等方法。

（三）利用解决问题、数学建模等教学活动让学生体验数学美

历史上，微积分中的主要原理来源于几个非常著名的数学模型，极限概念来源于"无穷小"模型，如"一尺之捶，日取其半，万世不竭"；古希腊芝诺（Zeno）提出的"阿基里斯追不上乌龟"的悖论；刘徽的"割圆术"等无不体现出数学思维的和谐美、创造美。

法国启蒙思想家迪德罗特指出："数学中所谓的美丽问题是一个接一个地难以回答的问题。所谓的美丽解决方案是对一个复杂问题的简单回答。"在解决问题的过程中，如果可以的话，可以从数学美学的角度检查问题结构的和谐性，寻找问题解决方案的简单性、唯一性和新颖性，探索命题和结论的统一性，从而让学生达到数学美的境界，陶冶情操，激发学生的好奇心、渴望，激发其学习兴趣，提高其学习效率和培养创造性思维能力。数学中的数字，公式和形状具有漂亮的结构，这种漂亮的结构通常隐藏在问题中。您在教学过程中应使用数学活动（例如问题解决和数学建模）来充分探索问题中的隐藏问题，并有意识地从数学美学的角度来指导学生充分探索问题中定量关系或空间形式的简单性和顺序，对它们进行简化和排序，这通常会使问题解决者采取许多快捷方式，甚至可以找到创造性的解决方案。高数学教师在教学过程中，应不断提高自己的审美能力，大胆探索数学审美教育的思想方法，这能进一步促进大学数学教育改革。

第三节　高等数学教学中的人文教育

现代科学教育中的人文氛围不浓，大学生很难摆脱学习高等数学缺乏动力和无聊的情况。如何在高等数学教育中挖掘人文教育的价值，这是一个亟待探讨的问题。针对大学培养综合素质的应用型人才的目标，结合大学生的特点，将人文教育融入高等数学教育中，实现教育的完美结合，能有效培养学生的数学素养，塑造学生坚强的人格，真正实现了素质教育的目的。

一、高等数学教学中融入人文教育

21 世纪是信息技术的时代，国家实力的竞争越来越激烈。深化教育改革，全面推进素质教育，已成为高等教育的中心。大学应具有新的机制和新的模式。办学的目的是培养具有综合素质的实践型人才。在二十一世纪，许多大学开展了文化素质教育，科学教育与人文教育相结合对于在新世纪的新阶段实施科学教育，促进科学发展具有重要的现实意义。应对大学生进行全面素质教育，培养具有综合素质的应用型人才。

作为一种文化，数学是一门充满人文精神的科学。数学凭借其工具性、理性精神及美感已成为社会文化的基本组成部分。数学具有的文化内涵决定了数学在各个方面的独立发展。理工学院学生的素质发挥着其他学科无法比拟的作用。因此，将人文教育融入大学的高等数学教学中，实现科学教育和人文教育的完美结合，能更好地培养大学生的数学精神、数学方法和数学思维，提高其数学能力，形成健康的人格，真正全面实现素质教育的目的。

（一）在高等数学中融入人文教育的现状

高等数学是大学的公共基础课程。将人文教育融入高等数学是实施素质教育的重要手段，也是大学开展人文教育的重要途径。目前，许多大学的高等数学教学只注重定理，数学证明和公式推导的过程，忽略了数学知识的理论背景和适用条件。这不仅使大学生觉得高等数学很无聊，也没有反映出高等数学课程的教育功能。在中国，许多大学使用的大多数数学书籍基本类同，没有结合自身的特点，无关紧要并夸大了数学书籍的完整性和系统性。高等数学的理论知识与许多工程问题密切相关，而许多大学无法结合与实际工程有关的数学建模实例来传授高等数学的理论知识。

在实际问题和大学数学知识之间建立良好的桥梁。许多学校、学院并不重视将相关的背景知识内容引入到数学教学中。目前，许多大学的数学书籍对数学历史的介绍很少，甚至没有相关的内容。学生无法理解数学知识与数学家之间的联系，无法激发学生学习大学数学的兴趣，也无法培养学生的人文精神和数学能力。由于部分教师经验不足和教学水平的限制，许多学校的数学教学方法已经过时。在教学过程中，他们忽略了对学生的启蒙，对学习科学知识的鼓励和指导，难以培养学生的探索精神以及将人文学科融入教学过程中。教育应潜移默化地培养学生的人文素养。因此这些大学应将人文教育与高等数学相结合，在高等数学教学中，科学教育与人文教育的完美结合可有效提高大学生的人文素质，这是实现大学生综合素质全面发展的重要途径。

（二）在高等数学中融入人文教育的途径

1. 营造高等数学浓厚的人文氛围

爱因斯坦曾经说过：仅仅教人们专业知识和技术还不够。尽管专业知识和技术使人们成为有用的机器，但他们却无法赋予他们和谐的性格。最重要的是，人们希望通过接受教育获得对事物和生命价值的理解及认识。在高等数学教学中，有必要改变传统的教学方法、思维方式，重新审视数学教学，努力营造浓厚的人文氛围，培养学生积极寻求知识的能力。生动有趣的教育和文化氛围既是激发学生积极参与学习的重要保证，又是教学过程中的重要环节。良好的人文氛围可使教师能够与学生进行精神上的交流，有效激发学生的学习热情，并积极投身于学习活动。通过制定更高的数学教学目标，学生能力和知识的培养可以与崇高的情感、价值观、个性的培养有机地结合在一起。在教授高等数学的定义和概念时，要注意在定义和生成概念的过程中创建上下文，从而使这些数学问题人性化，以激发学生的兴趣，养成良好的思维习惯，在数学教学活动中培养学生的人文精神。增强学生对生活的积极看法，实现他们的全面发展。

2. 在高等数学教学中融入数学史和数学建模

（1）在高等数学教学中融入数学史

许多从事高等数学教学的教师只注重理论知识和数学方法的教学，而未能有效发掘高等数学中包含的人文价值。数学史旨在在高等数学与人文教育之间架起一座桥梁。通过研究数学史，学生可以学习数学发展史和数学家史，同时获得相应的人文教育，以培养其数学精神，数学能力、创新能力及爱国主义精神。例如，当在高等数学教学中讲授极限概念时，可以向学生介绍极限思想的出现。在微积分诞生之前，尽管没有极限的真正理论，但极限的想法非常活跃。

（2）在高等数学教学中融入数学建模

数学是根据实际应用的需要产生的，要解决实际问题，必须建立一个数学模型，即数学建模。数学建模是指现实世界中的某些特定对象，为了实现特定的目的而进行的一些重要简化及假设，使用恰当的数学工具来获得数学结构并用它来解释特定现象的真实性，并对预测对象的未来状态提供对处理对象的优化决策和控制，并设计满足有关特定需求的产品。从此意义上讲，数学建模的历史与数学一样悠久。例如，欧几里得几何是一个古老的数学模型，牛顿万有引力定律也是数学建模的一个很好的例子。高等数学的核心内容不是建立数学模型，而是通过数学模型来增强学生对数学理论知识的应用意识，激发学生学习数学的主动性和积极性。因此，教学必须简洁，直观，实用，不仅对理解教学内容有用，而且可以通过总结和思考来解决实际问题。所选的模型应尽可能与实际问题相结合，并且要有趣，以便学生认识到数学是来自现实生活并应用于生活中的，激发学生学好数学的决心并培养利用数学解决实际问题的能力。

3. 开设"数学大讲堂"

"数学大讲堂"的内容不仅要满足学生的特点，而且要具有适当难度；它不仅必须包含数学知识，而且还必须非常有趣；它必须超越书籍并扩大领域。

"数学大讲堂"与普通的"数学课"不同，它不仅是"师生对话"，不仅关注"教学"，而且关注"思想"的传播，从而使新鲜而开放的数学思想在有限的时间内得到无限的思想碰撞。因此，可以邀请国内外知名的数学专家来做学术报告，以使学生了解经验丰富的数学家的亲身经历。专家在讲解数学文化概念和数学素养时，可以将转换和类比的有限和无限方法结合起来，并且它们会发生变化。以恒定和抽象观点为例，它们具体介绍了数学文化及数学能力的广泛应用。"数学大讲堂"应让学生充分体验数学精神，运用数学思维，使用数学语言，掌握数学方法，提高数学的综合应用能力。

将人文教育整合到高等数学教学中，不仅可激发学生学习数学的兴趣，而且可以培养学生的优良思想，使其掌握良好的数学方法，拓宽其视野，实现人文教育与数学教育的完美结合，提高大学生的综合素质。

二、高等数学教学中的人文教育价值

以人为本的人文关怀也是时代发展的主题之一。郭思乐在《数学素质教育论》中指出："数学教育的根本意义在于人的发展。素质数学教育应该是人文教育与科学教育的融合与统一。它要求受过教育的人不仅是工人，而且是生活目标明确，审美品位高尚，能够创造和享受的人。"

（一）适当链接数学史与数学家

高等数学教学应传授数学知识、方法和科学思维，但是数学绝不是绝对的"纯数学"，它包括真实的历史和实践。因此，有必要在适当的时候向学生介绍数学的历史。对数学历史的适当补充介绍可以使在教科书中经过磨炼和无缝衔接的数学复兴。这些材料可通过提供部分"琐事"来丰富教学内容，激发学生学好数学的兴趣，同时渗透科学和爱国主义教育。

数学史是理解数学知识的有效途径。数学史告诉了学生数学知识的真正来源和应用，引导他们体验真正的数学思维过程，营造了研究和探索数学学习的氛围，培养了其探索精神并揭示了数学在科学文化进步史上的影响和地位。彰显人类价值至关重要。它有助于学生认识到数学是一种基本而生动的人类文化活动，并引导他们关注数学在当代社会发展中的作用。

数学史也是数学家史。在不同时期多了解数学家可以帮助学生理解许多问题的起源和发展。

（二）在高等数学教学中融入非理性方法的教育

非理性思维形式的最鲜明特征是它们的反逻辑性质。例如，直觉以某种无法解释的方式突然发生并且出乎意料（对于普通形式的思想而言）。直觉思维与逻辑思维相反。人们常常很难将对事物的直接知识区分为感觉或感知，表示和概念，判断及推论。

非理性思维包括三个部分：直觉，洞察力和灵感。简而言之，他们目前被认为具有逻辑思维的三个不同的直接特征：一个是非感知性的或无意识的。从问题开始到结果的实现，我们不知道创造性行为的结构和方法。二是快速性。所获得的结果常常是突如其来、出乎意料的。三是受诱发性。常受睡眠和各种有关、无关因素所诱发，即所谓灵感激发系统。

一些学者认为，非理性思维的本质是逻辑思维，例如张世荣：如果直觉被认为是创造性思维的重要组成部分，那么必须认识到直觉也是一种思维方式。在这种情况下，应该认识到直觉思维的逻辑本质。爱因斯坦："我相信直觉和灵感。真正有价值的是直觉。"直觉思维和灵感的出现有一定关系。现代心理学的研究表明，灵感是一种直觉的感知，是一种渐进、自觉的思维活动。无意识思维状态的突飞猛进是直觉思维从量变到质变的反应。可以发现但不能寻求启发，但是可以培养数学直觉。坚实的基础是直觉的来源，"一个人的数学成就越深，他就越直观。"解决问题的教学是培养和测试学生的直觉思维的有效途径。建立直觉思维的观念，进行动机归纳，给学生足够的思维和主动性空间，对营造直觉思维的氛围是必要的。

（三）营造人文的数学教学氛围

1. 让高数课堂成为教师焕发师爱的磁场

如果说教育的真正实质是一个词，那就是——爱。遵循的努力：以深厚的基础教学技能，轻巧优雅的教学机制，先进的信息技术方法，丰富的生活教学内容来解释新课程的概念和创新教育的真正含义，和谐民主的教学环境和有趣的活动环境。

2. 让高数课堂成为师生亲切交流的情感场

学生是现实，活跃和富有创造力的生物。积极健康的发展是其权利，也是其的自身需求。为了使数学教室充满活力，您必须意识到教室既属于老师又属于学生，它是生活中的重要人生经历，课堂教学是师生交流的情感领域。人文教育理论认为，学生是教育的起点及终点，应努力通过温暖的成长，静静地滋润来刷新他们的心灵。通过"心"做事，用情感指导，并通过课堂上师生之间的信息交流实现情感整合。例如，应鼓励学生主动在课堂上发言。无论回答是否正确，教师都应尽力发现其值得赞赏的方面，并鼓励和帮助学生增强学习的信心。当学生对老师有深厚感情时，数学教室将真正充满生机，一个活泼的个体将主动参与整个教学过程，从而使所有学生受到影响，充满力量。素质高的学生注重生活，遵循数学学习的认知规律。应在培养学生终身学习能力的基础上，确立高等数学教学目标，提高学生的综合素质。让数学教学深入学生的心中，触动学生的生命，实现数学教育绿色化。

事实表明，在高等数学教学中，我们必须为学生提供更多的实践机会，以数学见解引导学生观察和理解周围的事物，指导学生利用他们的数学知识解决实际问题，并让学生参加实践活动，体验数学知识在现实生活中的作用以及数学知识与现实生活之间的联系。为了探索高等数学教学内容本身所固有的人文价值，有必要在教学过程中优化各种人文因素的结合和渗透，使高等数学教学脱颖而出，充满兴趣、活泼、充满智慧，使学生在浓厚的人文氛围中逐渐形成一定程度的人文意识。

三、渗透人文精神的现实必要性

高等数学教学由于其基础性和抽象性的特点，一贯是大学教学中较受关注的领域。由于高考的需要，高中阶段实行文理科分班教学，使得学生在数学的知识结构和思维方式等方面有了具体的变化，尤其是文科学生选科后降低了对深入学习数学的兴趣，并形成某种程度上的心理障碍，在进入大学后这一问题更为凸显。高等学校的一些学生只是为了考试，才勉强愿意学习数学。究其原因，教师的教学方法不当，也是造成学生高数学习困难的一个重要原因。人文精神切入大学数学教学是一个重要的策略。广大教师除了在教学中要注重知识的传授和技能的训养外，更要从知识的本源出发，激发学生的探究之心、思考之心、情感之心，让学生体会到数学不是无源之水、无本之木，而恰是大学生成长、成才、成功过程的重要知识资源。

（一）高等数学的教育教学过程闪耀着人文精神的光辉

在很多人的印象中，数学教育与人文精神就像是互不干扰的平行线，是两个领域的事，高等数学抽象、理性、无情感、艺术和价值内涵。然而事实上恰好相反，如果接受到较为系统的高等数学教育，这将成为大学生一生前行的重要工具，数学本身去伪存真、尽善尽美的精神和人文精神内在相通，数学知识的形成是一个不断积累和不断完善的过程，这其中尽管会有艰难险阻、挫折和失败，会付出极大的艰辛，但也常常能收获到难以言喻的快乐。如果数学教师能将数学当成一种积极的探索、一种有用的实践来教的话，人文精神必然会得以呈现。

（二）高等数学教育教学的内容体现人文精神的内涵

数学本身是一种特殊的人类文化，数学的应用越来越广泛，它既是人类认识客观世界的重要工具，也在人类文明的发展中扮演着越来越重要的角色，它与哲学、艺术、美学以及人类对宇宙的探索等各个方面都有着不可分割的联系。高等数学是初等数学的延伸与拓展，更能集中地展示人文精神。在当前的高等数学教育教学中，由于教师通常只教授数学知识及其应用，因此很少涉及数学的发展，尤其是数学的人文精神，数学的历史，数学家以及思维和数学方法。文化内容也已成为课堂上难得的精神盛宴。学生们渴求这样的精神滋养。教师们对上述方面重视较少，或是缺少文化传播的能力和技巧。而这些数学素养，恰恰是能让大学生终身受益的精华。

（三）高等数学教育教学中渗透人文精神所具有独特的学科优势

作为重要的基础课程，高等数学既是一种较高层次的数学技能教育，也是一种文化素质以及良好个性品质的培养，在其中渗透人文精神有独特的学科优势。其一，人文素质和高等数学研究内在相通，前者是学术及研究精神的溯源，追求真理的动力，而后者则是探索自然奥秘的实践，两者相得益彰、相辅相成。其二，在信息化的背景下，高等数学知识的应用正呈现这样一种趋势，它作为计算、统计、运筹、博弈、经济分析、管理建模等方面的基本工具，其应用越来越渗透到所有的人文学科。其三，自然科学的发展和社会科学的发展，其可能的融合和交际，就是人文精神的凸显。高等数学作为自然科学的重要组成部分，其学科的发展及其知识的更深入应用，往往是为更深刻的人文精神所引领、所驱动，高等数学无疑属于这样的一个领域。其四，人文元素融入高等数学教育教学，可以有效构建科学的知识结构，培育大学生学习的踏实、求实、求真的学术气质，促进学生科学素养和人文素养全面和谐发展，为大学生世界观、人生观、价值观的形成打下坚实基础。

四、渗透人文精神的主要内涵

高等数学教育教学中渗透人文精神，有三个方面的含义：①自然科学视角的高等数学。特别要挖掘高数中的逻辑思维、系统观念、规范的研究方法以及其中蕴含的辩证唯物主义思想。同时，还要挖掘其中的理性美，例如奇异美、简洁美、对称美等。②文化传播视角的高等数学。将大学数学教学的过程与数学文化的传播相融合，包括数学史、高等数学与传统学科、现代学科的交叉与融合等各个方面进行文化的传播。数学教师要具有较好的人文社科素养，能很好地理解和领悟数学文化与数学哲学，给学生以人文精神的指引，做到文理相融。学生则要在高数学习中善于寻找数学的文化和根源，使数学知识学习的全过程受到古今中外数学文化的浸润。③教育教学艺术视角的高等数学。围绕知识性与趣味性、结合逻辑严密性与直观描述性，除了传授传统的数学知识外，还应该传播数学文化和数学的思想和方法，既要训练学生严谨的逻辑思维能力、定量分析问题和解决问题的能力，又要避免训练学生单一枯燥的解题技巧。同时，要大力发挥现代教育技术的作用，将传统数学的教学方法和现代化的多媒体教学方法有机结合，有效激发学生学习高等数学的主动性和积极性。

五、渗透人文精神的主要途径

目前高等教育已进入大众化教育阶段，作为最重要的基础学科之一，高等数学教育教学要打破"经典教育"的学科定位。克服单一的"传道、授业、解惑"的教学方式，打破标准化、固定化的数学思维，确立创新、求变的意识，让沉淀在数学知识中的人文精神成为大学生求知、治学、做人、发展的不竭动力。

（一）营造教学的人文氛围

作为一门重要的公共基础课，高等数学教师除了要在课堂教学中传授知识外，还要巧妙地选择连接点，自然生动地在数学教学中融入文化教育，有的放矢地渗透人文精神，使大学生在学习数学知识的同时，能进一步了解数学思想及思维，努力掌握数学的方法，真正感受数学课程中人文精神的魅力。

高等数学还是一门以理性、客观、探索为精神内涵的学科，因此，学生的学习过程是一个艰苦的、应对挑战的过程。教师在教育教学过程中要辅以积极的情感教育。教育艺术的奥秘就在于热爱每一位学生，课堂上的教育智慧在于洞察学生的心灵，让课堂成为师生亲切交流的情感场，鼓励学生在课堂上表达观点，引导学生互动讨论，并及时给予正反馈。只有学生喜欢老师、喜欢课堂的氛围、喜欢探究知识，高数课堂才会真正焕发活力。身教胜于言传，教师也要充分运用自身人格的力量，塑造自我奉献、理性、关爱、宽容的人格特性，在课堂内外影响学生。尤其在与学生讨论时，要真正从探求真理出发，给予学生更多的鼓励和包容；面对学生学习中的困难，始终要循循善诱，做好引路人。

（二）适当链接数学史和数学家

将数学史有效融入高数课堂教学中，不仅可以加强对学生的人文数学教育，而且更重要的是，使学生不再感到学习高等数学无聊，从而激发学生学习的兴趣。掌握教学内容。贯穿数学历史的内容也有助于澄清知识的来龙去脉，充分了解相关背景，完善学生的知识结构。数学家的探究有助于拓宽学生的视野，培养学生积极的价值观。因此，在每一章的教学中，老师都可以传播数学文化，数学知识和数学思想，以便让学生充分了解数学在人类发展史中的重要作用。

当然，大学数学的主要任务是使学生掌握数学的概念、思想和方法。数学和数学家的历史可培养学生的好奇心。为了防止"琐事"变成"琐事"，关键是要有效传递它们并简化上下文，并有意识地重现数学的历史场景。在课堂教学中，讲授的历史片段应该是具体的，故事要穿插其中必须紧密基于该概念。

（三）挖掘数学中的美

美丽是人类的共同追求。著名的数学家陈兴申不止一次提出："数学是美丽的"。如果您认为数学美丽，学生会更喜欢数学。教学应向学生揭示数学的美，并指导他们接受适当的审美教育。如学生在学习定积分时，一般都是通过求曲边梯形的面积等实际问题引入定积分的概念，如何计算定积分又成为一个不可回避的难题，通过引入积分上限函数，得到微积分基本公式，即牛顿—莱布尼茨公式，将定积分与不定积分紧密联系起来，从而为解决这类问题提供了一个极其有效的方法。微积分基本公式简洁而优美，在微积分的发展过程中起着里程碑的作用，它用数学的方法揭示了许多自然规律，为现代数学及其他各门科学的快速发展提供了强有力的数学保证。因此，在高等数学教学中，努力发现数学本身具有的独特魅力，并充分利用数学之美来激发大学生的学习动机和学习热情，是每个数学老师追求的方向。伟大的数学家克莱因曾经说过："数学是人类最高的智力成就，也是人类灵魂最独特的创造。音乐可以激发或使人平静，绘画可以使人们赏心悦目，诗歌可以动人的心脏，哲学可以使人们获得智慧，科学可以提高人的物质生活，但是数学可以满足以上所有条件。"

（四）讲授贴近生活与应用的数学

目前数学的应用越来越广，华罗庚曾经说过："宇宙之大，粒子之微，火箭之速，化工之巧，地球之变，生物之谜，日用之繁等方面，无处不有数学的重要贡献"说的就是要学以致用。高数教学中适时补充一些与实际生活密切相关的数学问题，可达到事半功倍的效果。如在讲函数概念时，可以介绍和环境污染、环境治理紧密相关的函数关系，一方面熟悉了建立函数关系的基本方法，同时也是对学生进行生态环境道德教育，树立学生环保意识的过程。如在讲解闭区间上连续函数的性质后，可引入"椅子的稳定问题"模型，提出"如何在起伏不平的地面上将一把椅子放平"的问题，通过适当引导、分析、讲解，使学生们明白用价值定理就能简单、形象地解决该问题。利用此模型，可以让学生了解数学建模的大致过程，掌握闭区间上连续函数的性质，并能调动学生应用数学知识解决实际问题的积极性。在讲完导数应用的理论内容后，可引入"天空的彩虹"模型：无论一场雨下多久，只要太阳出来了，雨滴还在空中，展现在人们面前的将是大自然中最生动的奇观之彩虹。彩虹为什么有颜色？颜色排列有没有顺序？为什么是一段圆弧？在教学过程中，通过分析引导学生了解，当雨滴既反射又折射太阳光时，彩虹产生了。利用导数可得到物理学中著名的光的反射与折射定律，进一步利用导数求出太阳光偏转角的最值，最终解决上述问题。学生听来兴趣盎然，会进一步巩固导数知识，了解导数的实际应用，提高学好导数、学好高等数学的积极性。

（五）在习题课的实战训练中增进人文精神

习题课是高数教学中最重要的人文教育平台。它不仅可以培养学生的探究精神和创新精神，更是师生的思想交流平台。教师应努力变传统习题课中单纯传授知识缺少交流、沉闷乏味的模式，开展热烈的探讨与讨论。通过相互交流、争论、吸纳，使学生在解决数学问题中，学会沟通和交流的方法与技术。在这一氛围中，体现的是尊重、平等、思想的碰撞、自信的表达、协商的精神，使学生学会治学的方法，既张扬个性，又寓于集体之中。同时，习题课的教学也可以培养学生尽真、尽善、尽美的人文精神。

习题课是辩证思维训练的平台。许多高数习题源于自然现象和社会现象，像人口增长、疾病传播、代表选举、市场运输、易拉罐的设计、饮酒驾车等问题。大部分高数习题都是实际问题的简化、抽象与归纳。这些问题的选定也要经过一定的探索过程，如化繁为简，从一般化为特殊，从抽象到具体，或要将具体问题进行抽象，将特殊推广到一般，甚至需从正面思考转向反面思考。习题探索和解决的过程，就是辩证思维的训练过程，利用得好，学生就可以得到有效的辩证唯物主义世界观的教育。

习题课也是精神培养的平台。高数中许多习题反映的是数学的成就和科技文化的发展成果。历史上许多数学家、科学家在成长和研究过程中的案例可以作为习题课的重要素材，教学中可不失时机地引导学生体会灿烂的中国古代和当代数学思想，显示四大文明古国之一的辉煌，如曹冲称象、祖冲之圆周率、陈景润哥德巴赫猜想的突破等。所有这些激励着人们在追求真理的道路上不畏艰险、奋勇争先、不怕失败、敢于挑战，培养学生不屈不挠、勇于进取的精神品质。

总之，在高等数学的日常教学中，您可以结合引入数学图形和数学思想来完善您的人文精神，以正确、客观和公正的论据教育学生，并激励他们进行探索和科学训练，培养其高尚的道德情操，积极的价值观和不屈不挠的毅力。通过教学内容及习题的设置，可以渗透数学思想、数学方法、数学精神的传播，鼓励学生勇于质疑，创造性地解决各种问题，让数学回归社会、贴近实际、服务生活，使学生能懂数学、会数学、用数学，从而真正实现素质教育的目的。

第四节　高等数学教育方式

高等数学是一门重要的公共基础课。高等数学课程教学直接影响着学生整体素质训练的效果。本书中作者结合自己多年的教学经验和实践，针对当前高等数学教学中的许多问题提出一些个人建议。从培养具有高素质的创新型人才开始，从高数教育发展和改革的角度分析了数学教学改革的重要性和必要性，并系统总结了基本的数学思维方式、方法和在高等数学教学中常用的数学思维方法，提出了加强数学教学的有关建议，以为数学高等教育提出一些新思路。

为了适应中国科学技术和社会经济的飞速发展，并培养大批具有较高综合素质的创新型人才，中国正经历着教育的重大变革。在大学中实施素质教育，就是要在教育中培养大学生的创新能力。当代教育的目标是精神与实践能力的培养。为实现这一目标，高等数学教育应与其他学科一样，在教学理念、内容、方法、课程配置等方面进行了一系列的改革。教学方式和教学方法，均已取得初步成果。例如，随着人们越来越意识到高等数学在大学人文教育中不可或缺，普遍和重要的作用，中国许多重要的文科专业，例如文学，历史，外语和艺术开设了"大学数学"课程。为了增强教学模型和使用计算机解决实际问题的能力，一些高校开设了高等数学的"数学实验"或"数学模型"课程。这些都是非常好的尝试。但是高等数学的教育改革涉及面广、内容庞杂、矛盾和问题很多，因此它的改革是一项复杂的系统工程。笔者认为其中根本的一项就是要改革在高等数学教学中普遍存在的形式主义弊端，只注重纯数学知识与技能的传授而忽视对蕴含于其中的数学思想方法的传授。因此必须认真研究在高等数学教学全过程中，如何有效地改进数学教学方法。

一、高等数学基本数学方法

数学发现（科学理解）的基本方法包括：观察与实验，比较与分类，归纳和类比，归纳与抽象，联想和想象力，直觉和直观，理性推理和猜想，数学美学等。

数学概念下的基本定义方法：描述方法，内涵方法，扩展方法，差异方法，递归方法。

数学推理和证明的基本方法：综合和分析，完整的数学归纳，推论，矛盾和反例。

数学知识构建的常用方法：数学对象的表示方法（数学语言，关系，运算和理论等的符号），等价关系的分类，公理和结构方法，同构和不变式方法，方法 RMI，新的添加元素的完整方法。

解决数学问题的基本方法：模式识别方法，数学模型方法，归约方法，构造方法，极限方法（近似），递归方法（迭代），对称方法，对偶方法，定点法，解决方案问题的原理，数量和形状的结合。

数学应用中常用的数学方法：函数分析方法，几何变换方法，线性代数（基和矩阵）分析方法，列代数，解微分或微分方程的方法，概率法统计，优化决策方法，近似计算和计算机方法。

数学中经常考虑的扩展方向或方法：扩展到高维度（从平面到实体到 n 维，从有限到无限维），扩展到问题的深度（弱条件，加强结论）类比，水平扩展（同一学科和不同学科之间的类似物），逆扩展（逆问题），两种或更多种形式的联合扩展，移植方法（概念，原理或方法的移植），从恒定参数到可变参数泛化，从线性扩展到非线性扩展，从离散扩展到连续扩展，从局部扩展到一般扩展，从特殊空间到一般空间（例如，从欧几里得空间到他的空间）。

二、教学中普遍存在的问题

在选书中，存在选书不当的问题。一些高校选择的书《高等数学》过于追求教学内容的实用性，浓缩和融合了书的内容，从论证过程中删除了一些数学原理，并增加了一些具体的应用问题。使用此类书籍进行教学只会使学生只知道其中一个，而不知道其他，这严重违反了教学法。一些高校选择的《高等数学》书籍是根据普通高校学生的较高水平编写的，很少考虑到大学生数学学习的实际情况。书的内容太难了，表达形式也比较抽象，学生很难理解。有的高等院校所选用的《高等数学》书籍过分追求"特色"，在书籍体系的设置上设计了如"多媒体教学系统""多媒体学习系统""多媒体试题库"等环节，从形式上看，书籍很有特色，但这样做，是违背了教学的初衷。高等数学是一门公共基础必修课，学习它，不是让学生成为数学专家，也不是为了培养学生的数学应试能力。

在教学方法上，一些教师的教学方法僵化，传统，缺乏灵活性。由于数学课程时间有限，一些老师经常在教室里忙于赶进度，缺乏与学生的互动，并且教学气氛无聊，导致学生失去兴趣和动力。学习高等数学，害怕高等数学。有的教师在数学教学中过分追求体系的完整性，对每一章节都面面俱到，找不出重点、难点。有的教师在数学教学中过分依赖多媒体课件，在高等数学教学中，利用多媒体课件的确能使"板书"清晰生动，具有强烈的表现力，提高数学概念形成、图形生成和发展的可视性。但是，在数学教学中过多使用多媒体教学材料也有许多缺点。例如，学生过多地关注屏幕，这降低了课堂教学的吸引力，并减少了师生之间的直接交流；上课的步伐加快，学生上课时思考时间不足，使学生难以理解，做笔记时赶不上进度并容易疲倦。有的教师在教学中缺少对中学数学知识的衔接，使学生意识不到中学数学知识的重要性，而丢弃中学数学知识等等。

三、高等数学教学方法的探讨

结合多年的教学实践与经验，针对目前高等数学教学中存在的许多问题，笔者提出如下建议，与大家共勉。

（一）在书籍的选用上，应选用合适的高等数学书籍

针对大学生，应选用应用性和理论性兼顾的书籍，然后在数学教学过程中适当取舍，做到因材施教。如要满足上述条件，老师甚至可以编写自己的教材。当然编写教材时，教师必须首先对数学本身进行深入研究。在此基础上，根据数学课的教学目的及教学目标，教师应争取找到最好的材料，抓住课程中的重点、难点和新点，从而达到最佳的教学效果。

（二）在教学方法上，应灵活多变，努力提高教学的实效性

高等数学是理工科专业的重要核心课程，但是对于刚进入大学的学生来说，很难感觉到高等数学对他们的重要性。在教学中，学生经常问："学习高等数学有什么好处？"如果老师不能帮助学生解决这个问题，那么学生就会厌倦学习。因此，当教师在某个特定的专业教授高等数学时，他们必须首先了解该专业的背景，然后在该专业的数学课堂上，进行一种使学生容易理解的数学数学，并辅以案例说明，让学生体验高等数学的作

用。例如，在谈论曲率的概念时，您可以结合学生的专业课程，例如工程制图中的凸轮绘制方法，其中涉及曲线的曲率度，这需要曲率来计算。例如，在弯曲的铁轨设计中，如何设计地铁轨道的转弯轨道的曲率以使地铁速度最合适，这需要计算曲率。只有这样做，才能使他们了解高等数学对他们有用，他们才会在听课时认真思考。创建方案并使用基于案例的教学还可提高学生学习高等数学的兴趣。

（三）教师在教学中，应注重高等数学与中学数学的联结

由于中学数学是大学数学的基础，因此高等数学是中学数学的延续和扩展，应将两者视为教学中的补充整体。一方面，在教学中，我们应尝试运用高中数学的思想和方法来解决高等数学的问题，以证明应用高中数学的价值。例如，使用拉格朗日乘数法不易解决某些多元函数的极值和最大值，但在高中数学中使用不等式可以轻松解决。另一方面，教师有必要强调高等数学在中学数学中的指导作用。中学数学的一些方法和理论难以解决或无法解决一些中学数学问题。例如，在高中数学中无法完全求解圆锥体的体积公式，但是使用定积分可以很方便地解决此问题。只有这样，学生才能意识到高等数学是有用的，并提高他们的学习热情。

（四）在教学手段上，注重传统与现代相结合，适当使用现代教育技术

数学课的传统教学方法是"黑板＋粉笔"。它的优点是充分反映了数学课的独特特征。严格的逻辑推理过程可以培养学生用数学思维解决实际问题的能力。解释模型问题的最广泛使用和最有效的教学方法不能用其他方法代替。现代教学方法是在数学课堂中引入多媒体。它的优点是生动、直观、有趣地显示了乏味的数学定理和抽象概念，有效地增加了课堂的信息量，减轻了数学课堂教学时间不足的问题。多媒体的运用激发了学生的学习兴趣，提高了教学效率和教学效果。两种教学手段在数学课堂教学中缺一不可，教师应根据教学内容灵活运用，把握好一个度：有必要，就用；没有必要，就不要用。

四、加强数学思想方法教学的建议

加强数学方法和思维的教学是高等数学教育的一项重要、长期和创新性的工作。这项工作的具体实施包括所有方面的教学。领导，教师和学生必须协同努力，特别是要充分发挥教师的创造力。

首先，我们要重视思想意识的教育，尽快将数学方法和思想的教学纳入高等数学课程。教学大纲应明确规定教学目标，教学的基本内容和数学思维方法的具体要求，这是

实施和加强数学思维方法教学的前提。

在编写新的高等数学书时，内容的选择、系统的结构、练习的形式内容和叙述方法应充分反映数学思维和教学方法的要求，并借出每章的简介和概述、最后的评论或总结。根据培养 21 世纪高素质，高素质人才的要求以及文学、工程、科学等各种非数学专业的不同数学需求，整本大学数学书应分为三册供您选择：第一卷是《高级基础数学》，主要包括空间解，线代数，微积分，微分方程和概率统计；第二卷是专业高级数学，主要包括一些理科专业的特殊数学，例如复变函数，积分变换，数学方程，多元分析和应用随机过程等。第三卷是现代高级数学，主要介绍一些基本知识，例如抽象代数，泛函，拓扑，微分流形和小波分析。

在准备课程时，教师应研究书籍并参考相关参考资料。他们必须善于从特定的数学知识中发现和提取数学思维方法。他们应该预先确定整本书中所包含的数学思维方法，每一单元章节及其之间的联系，并安排好它们之间的连接，然后有计划地、有要求的方式教授数学思维方法。教师必须了解和掌握知识和思维方法的结合。

应根据教学内容的类型及特点来设计和实施数学思维方法的教学方法。因为数学思维方法是数学知识产生、发展和内涵的基础，因此一般可采用基于分析和解决问题的启发式及发展性教学方法。具体讲，我们应注意引导学生理解和掌握以下要点：可视化或分析过程，例如概念形成过程，公式推导过程，发现定理和定律过程，过程探索测试想法和解决问题的方法等；揭示的本质是指揭示概念、公式、定理或方法的本质。例如，极限方法本质上是一种数学方法，它以运动、互相联系及数量变化的辩证观点来分析并解决引起质变的问题；寻找有关方法以找出相似概念与定理之间的联系与差异；提出意见、建议问题是指如何对重要的定理、概念或解决方案一分为二，以提出新问题供进一步研究。总的来说，数学思维方法应渗透到表达概念及其他知识的过程中，数学思维方法应在公式证明、解释定理或进行思维的教学活动过程中加以揭示，并在实践中应用。

此外，有必要充分利用数学思维方法来突出重点，分析和解决困难，区分疑惑和提出改进意见。入门班和复习摘要班是教授数学思维方法的良好机会和地方。例如，入门班通常讨论知识产生的背景，发展的简要历史，研究对象，基本和主要问题以及研究思维方法。以及与其他知识章节的联系等。因此，教师可以借此机会在导言中直接介绍相关的数学思维方法，并在复习课中总结本章中使用的数学思维方法。因此，教师应充分准备并解释每章的介绍并认真复习。

精通数学思维方法必须要有反复训练、理解和应用的过程。因此，在每章和期中、期末考试的课外练习中，必须有一定数量的数学思维方法。此外，应指导学生总结每个单元或章节，阅读有关数学思维方法的书籍，或完成阅读报告。

教师应不断提高自身素质，加强对大学数学和数学方法史的研究，积极投身于数学教学改革的实践和探索，提高自己的教学水平、学术水平和数学方法论的水平。

综上所述，现代高等数学教育工作的重要性越来越突出。高校高等数学教学的质量高低直接影响着高素质人才的培养，应怎样开展高等数学教学工作？应用正确合理的方式方法很重要。高等数学教育工作者要在自己岗位上不断地总结经验，研究新教学方式、方法，总结新思路并与实践相结合，为我国高校人才培养做出应有的贡献。

第二章　数学文化的研究层面

第一节　数学文化的观念

数学文化研究的目的是要表达广泛的数学意识，即不仅要超越纯粹的科学主义作为科学系统的概念，而且要超越数学的数学哲学作为一条线。主要方法是将数学置于其真实的历史状况和社会文化背景下。数学文化研究的目的是从宏观的角度探讨作为人类文化有机组成部分的数学本身的内在本质和发展规律，并研究数学与其他文化之间的相互作用。

一、数学文化观提出的背景

它具有悠久的历史，以文化为研究对象。早在 2000 年前，中国历史志中就有关于文化的含义的记录，即"文化统治和教育"，而古希腊人将文化解释为技能和能力。随着 19 世纪进化论的出现，人类问题已成为哲学研究的重要课题。哲学人类学派研究了从古希腊以来关于人性的三种主要哲学观点，即人是理性动物的观点，人是创造的观点。关于上帝和人类是地球发展的最终产物的观点，并提出"人类是文化存在的命题"，认为文化是区分人与动物的重要标准，哲学的介入为文化研究注入了动力，中外学者从不同的角度和层次进行了文化研究，使得文化研究的深度和广度大大提高。莱斯利·怀特在书《文化的科学》中建立文化研究学院。他将文化研究作为哲学和文化人类学的一个分支，标志着工业依赖文化研究作为一门科学。在哲学和学术界的共同推动下，文化的重要性已上升到前所未有的水平。

人们之所以如此重视文化，是因为从哲学的角度来看，文化是人类的基本特征，是将人类与自然界中其他生物区分开来的重要标志。关注文化意味着关注人类自己。从学术角度看，文化与人类活动息息相关，所有学科与文化息息相关。怀尔德（Wilder）在其著作《作为文化系统的数学》中提出了数学文化的概念，他强调各种亚文化对数学发展具有重要影响。从 1980 年以来，中国的数学教育教学的专家学者对数学文化进行很多研究，特别是在《普通高中数学课程标准》中，数学的文化内容作为一部分被纳入数学教科书，意在在克服"数学曾经存在的孤立主义倾向",并"努力使学生在学习数学的过程中受到文化上的影响"。与文化共鸣,体验数学的文化品位及社会文化与数学文化之间的互动。"

二、数学文化观

广义的文化是人类在社会历史实践过程中所创造的物质财富和精神财富的总和,也就是人类创造的所有非自然物体或事物。

数学是人类文化所独有的,它是一种普遍的表达形式。数学文化概念可以涵盖和包括人类活动与数学有关的所有方面。研究数学文化不仅可进一步揭示数学的内部科学结构,而且还可以描述整个社会的数学趋势,深刻表达数学的文化特征及人性化。数学文化的研究应基于数学本身的客观性和人类文化建设的主动性及创造性。社会和人的和谐统一自然而然地被视为数学文化价值的标准。数学文化的概念包括了数学,人文科学及社会科学。数学和数学在非自然科学领域的应用价值之间有着非常密切的关系。

数学文化是人类的基本文化活动之一,它在总体上与人类文化息息相关。从现代意义上讲,数学文化是一种属于科学文化的范畴基本的文化形式。从系统角度来看,数学文化可以表示为强大的精神及物质身体,它以数学科学体系为核心,通过数学精神、思想、方法、知识、技术和理论辐射出相关的文化领域。数学的功能动态系统。基本要素包括数学(各种分支)和与之相关的各种文化对象(各种自然科学,几乎所有的人文,社会科学以及广泛的社会生活)。它的作用方式包括数学,具有促进人类文化进步的独特力量,而数学则吸收营养并从其他相关领域获得动力。当数学文化以健康的方式发展时,两种形式的动作将相互作用以形成良性的互动。数学的基本文化因素包括数学、教育、艺术、哲学、历史(不仅仅是数学史)、社会学、思想科学、物理、化学、生物学等。数学既是物质文明的基石,又是精神文明的宝贵财富。

正如钱学森所解释的,在现代科学系统的分类中,数学已经和自然科学及社会科学并列,而不仅属于自然科学的范畴。这一新的分类标准适应了现代数学的发展要求,并在理解数学文化的性质方面发挥了重要作用。作为自然科学与人文科学和社会科学之间的联系,数学扮演着文化使者的角色,该信使传达艺术和科学知识,具有包容性并弥合文化鸿沟。现代数学文化处于人类文化发展的高级阶段。数学作为科学的典范,在现代文化中已逐渐取得其文化优势。这种优势首先是在科学思想与理性思想击败错误的神学宇宙思想与宗教信仰的过程中获得,在自然科学的数学化进程中被强化巩固的,最终是以数学在几乎所有的人类活动中的广泛应用得到确立的。数学已成为信息社会必不可少的支柱力量,在信息革命和新技术革命的浪潮中,数学及其技术已成为非常宝贵的思想与理论财富。

因为"数学是人类最大的智力成就,也是人类思想的最独特创造,无论是从事实结论

（命题）还是从问题，语言和方法上讲，它们都是人类的产物。人类的思想，而所有人都必须被视为"社会建构"，这意味着只有"数学界"一致接受的数学命题，问题，语言和方法才能真正成为数学的组成部分"。这表明尽管数学对象具有客观的现实，但它们不是物理世界的现实，即不是物质世界的实际存在，而是抽象的人类思想的产物。因此从这个意义上讲，数学是一种文化。在现代人类文化研究中，另一种流行的观点是：将文化视为由某些因素（居住区，职业、民族等）联系起来的各个群体的独特行为，态度和观念。每个小组的独特"生活方式（行为）"。在现代文明社会中，数学家还构成了一个特殊的——数学社区。在这个社区中，每个数学家都必须不可避免地以社区成员的身份参加自己的研究活动，因此必须具有一定的数学传统。这种数学传统包括中心思想，规范性元素和"启发性"部分，是一套完整的行为系统，并保持一定程度的稳定性，构成了数学界独特的行为，概念和态度。也就是说，数学是一种创新活动，它以数学共同体为主体并参与某种文化环境。因此，从这个意义上讲，数学也是一种文化。

在研究数学的历史发展时，一个重要的观点是，数学的发展是外力（环境力）和内力（遗传力）共同作用的结果。它的外力不仅为数学的发展提供了重要的动力，而且还提供了必要的调整因子和测试标准。其内在力量主要体现在两个方面：一方面是历史的继承和积累。作为一个有组织的，独立的和理性的问题，无论如何发展，数学都离不开历史和积累的过程。正如亚历山大指出的那样，数学的发展"不是通过破坏和取消原始理论，而是通过深化和普及原始理论，并利用先前的发展准备来提出新的一般理论来进行的"。这即表明了数学发展的历史性和连续性。另一方面是数学传统与数学发展现实状况（包括已取得的成功及种种不如人意的地方，如长期未得到解决的问题的存在，不相容性的发现，现有符号的不适应等）的辩证关系，这是决定数学发展的主要矛盾之一。以上分析表明，数学的发展是相对独立的，但外力在其发展中也起着决定性的作用，即数学体系是普遍开放的，在其发展过程中可以被视为人类整个文化的子系统。这是数学文化的高级视图。

简言之，数学的文化观点是人们对"数学是什么"的基本理解和看法。文化是人类在社会历史实践过程中所创造的物质财富和精神财富的总和。人类文化的内涵包括人类的思想、历史观念和行为模式。数学是人类文化的重要组成部分，它由数学活动的完整性、数学对象的人工性和数学发展的历史性所决定。

首先，数学的研究对象是抽象思想的产物，而不是物质世界中的真实存在。因此，从文化的概念来看，数学是一种文化。它与一般的文化对象相比，其特殊性在于数学世界的有序性和无限丰富以及数学对象的形状的构造，数学对象被视为社会构造，即只有那些他们已被社会各界一致接受的数学命题，问题，方法和语言可以真正成为数学的组成部分。

其次，从事数学活动的数学家是数学活动的主要组成部分。由于在现代社会中，数学家必须以某个社会共同体的成员的身份从事他们自己的研究活动，换句话说，他们的数学活动必须在一定的传统取向下进行。从家庭的角度来看，数学文化是指特定的数学传统，即数学家的行为方式。

同样，在数学活动的历史演进中，即数学发展的历史中，数学文化的内涵是可变的。从历史的角度来看，数学最初是人类文化的一部分。随着数学本身以及整个人类文明的发展，数学逐渐显示出相对独立性，特别是获得了特殊的内在发展动力，并显现出独特的发展规律。因此有些学者认为现代数学文化已经处于人类文化发展的较高阶段，可被认为是一个相对独立的文化体系或文化子系统。

通过对数学活动的完整性、数学对象的人工性以及数学的历史发展的以上分析，我们可以看到数学是一种文化，并且是文化的重要组成部分。此外，现代文明是一种基于数学和理性精神的文化。没有现代数学，就不会有现代文化，没有现代数学的文化注定会衰落。

三、数学文化观的理论意义

在西方学者的观念中，数学的文化观是随着西方数学哲学和人类学的发展而形成和发展的，是一种文化体系。从人类学文化的角度来看，数学被认为是一种文化，强调数学作为文化体系的子系统的文化特征。从数学哲学的角度来看，数学被视为一种文化，强调数学本身就是一种特征、一种猜测。这种数学文化观导致传统的数学哲学开始关注数学的结构性以外的文化和社会属性，同时强调数学的广泛社会实践。数学文化视野的理论意义主要体现在以下几个方面：

（一）数学文化观为数学教育提供了一种新的理念

数学的文化观不仅为数学的历史和哲学提供了新概念，并且更重要的是，为数学教育提供了新概念。西方学者把数学看作一种文化体系。他们认为数学知识是一种文化传统，数学活动是社会活动。因此，人们可用社会科学方法来解释数学活动，并发现了一些支配文化系统的规则，并使用这些规则来解释及支配文化系统中的数学子系统。

在数学教育方面，西方学者使用数学的文化观点，重视数学家的文化及社会特征和数学教育活动，并将数学视为一个动态且有相对逻辑的系统理论建构。开展有关问题、语言、思维、论证活动等的数学教育活动。

（二）数学文化观使我们从人类文化的层面理解数学文化的中西方差异

人类学文化认为文化具有三个层次：（1）文化的精神层次，包括心理学，观念、思想等。（2）文化的社会层面，包括习俗、规则和生活体系；（3）文化的物质方面包括生活工具、生产工具，技能和操作方法。

对于中国的数学教育，数学文化的概念不但使我们模仿西方形式的数学教育活动，并且更重要的是，数学文化的概念使我们能将数学理解为一种中西文化的差异。

中西文化的特色塑造了不同的文化心理和价值观。数学作为一种文化显然受到中西文化不同文化心理和价值观的支配。在数学文化的研究和应用中，寻找中国儒家文化与西方基督教文化在数学文化子系统中的文化心理和价值观的差异，并以此差异来解释并指导数学的发展。汉语数学教育活动是数学文化视野对中国数学教育界的理论指导。数学文化观的最基本理论在于其文化分析，即强调不同民族和不同地区文化在数学文化上的差异。数学作为一种文化体系，在教育意义上强调数学教育的内容和方法应根据中西文化的不同价值观和文化心理而有所不同。因此，可以认为在中国数学教育领域，数学文化的概念应首先（或主要）解决以下两个问题：第一，中西数学文化差异的研究（形式的外观，当前的影响等）；其次，研究中西方数学教育中的文化心理学和价值观（深层文化因素，价值形成等）。

从文化层面上，通过对中西数学文化差异的分析，我认为西方数学处于文化体系的精神层面，影响着整个文化体系，即西方数学它们是文化体系的主要层次。中国古代数学处于文化体系的技术和应用水平上，属于文化体系的驱动水平。中西数学在各自文化体系中的差异，为中国数学文化史和中国数学教育的研究提供了独特的文化研究（文化传统）思维空间。

在数学教育的历史研究中，由于中西方数学文化之间的差异，客观地形成了数学、数学价值观和数学的不同取向。

第二节　数学文化的实质和特征

数学文化的本质是数学具有客观存在性。数学的存在完全依赖于人类意识但独立于个人意识。数学概念存在于文化中，即传统思想和人类行为的主体。数学的现实是文化。

一、数学文化的实质：数学的实在即文化

数学哲学研究中的一个基本问题是数学对象的实在性问题，即数学的本体论问题。我们究竟应当把数学对象看成一种不依赖于人类思维的独立存在，还是看作是人类抽象思维的产物？在这一问题上存在的尖锐的对立观念由来已久，可以追溯到古希腊。

古希腊的柏拉图就明确提出了关于"理想世界"与"现实世界"的区分，并具体指

明，数学对象就是现实世界中的存在，因而是一种不依赖于人类思维的独立存在。的确我们都有这样的体会：数学所从事的是一种客观的研究。就是说我们只能按照数学对象的"本来面貌"去进行研究，而不能随心所欲地去创造某个数学规律，因而在很多人看来，数学对象确实是一种独立的存在，即所谓的"数学世界"。

古希腊的亚里士多德和柏拉图有相反的看法。亚里斯多德指出，数学研究的数量和对象不被我们所感知、占据、扩展和划分，而是具有特殊（抽象）性质的。从对哲学分析的讨论中可以看出，亚里士多德认为数学对象只是抽象的存在，是抽象的人类思想的产物。甚至有一些数学概念越来越远离现实世界，这就是为什么它们通常被称为"思想的自由创造"。

这种相互对立的观念一直延续到近现代。著名数学家哈代（G. Hardy）在他的名著《一个数学家的自白》中写道："我认为，数学的实际存在于我们之外，我们的职责是发现它或遵循它。"持对立观念的是卡斯纳（E. Kasner），他指出："非欧几何证明数学……是人亲手创造的，它仅仅服从思想法则所设定的限制。"

虽然这种对立的观念在数学哲学领域内是根深蒂固的，但是从一般文化物的角度来说，并不存在类似的问题。一般而言，人类文化是指人类在社会历史实践过程中创造的物质和精神财富的全部。根据这个定义，我们应该将人类思想而非自然创造的物体和事物视为文化物体。可以看出，人类文化的基本特征是任何文化成分都是人类思想的产物。但是，对于每个人而言，任何文化成分都具有相当大的独立性。而且可超越各个具体个体而得到繁衍。这种一般文化物的"二重性"可解释为是由于一般文化物通过由个体向群体的转移实现了主观创造向客观实在的转移。

二、数学文化的特征

数学文化的特征包括：数学的抽象和形式化，数学的严谨性，数学的广泛应用，数学符号语言的简单性，数学思维方法的独特性，数学之美和数学的优雅文化的稳定性和连续性，数学发展的重要本质以及数学精神的深度。其中，数学的抽象化和形式化，数学的严谨性和数学的广泛应用是数学文化的重要特征。此外，数学文化的特征还应强调其象征性语言的简洁性和思想性。该方法的独特性，美丽的优雅，及时的开发和精神的深度。

（一）数学的抽象性和形式化

数学的严谨性和数学应用的广度。作为一种相对独立的知识体系，数学的基本特征是抽象、严谨、统一、建模、形式化、广泛应用和高渗透性。从数学文化的本质上不难看出：无论从事实结论（命题）还是从问题、语言和方法上来讲，它们都是人类思想的产物，必须予以考虑。作为社会建设，也就是说，只有社会共同体接受的数学命题、问题、语言和方法才能真正成为数学的一部分。因此，数学的本质是研究客观世界中数量之间关系的科学。

从数学这种定量关系的基本特征的总结中，数学的文化意义表现为：数学首先从定量方面揭示了事物的特征，这决定了数学必须是抽象的，并且数学抽象性作为数学理解的起点，已成为数学是一门科学的标志。其次，客观世界中的所有事物都具有定性和定量特征。因此，应扩大数学的应用范围，并将数学方法应用于所有有关的科学领域。数学的适用性正在增加。数学思想也广泛渗透到人类的不同文化领域。数学模型已成为连接抽象理论和现实世界的桥梁。第三，事物是相互联系和相互影响的。这些方法是多种多样且复杂的，而数学则研究数量之间的关系以寻找不同的模式。随着对数学理解的加深，数学的严谨性及形式化程度越来越高，数学的分支也在增加，这扩大了数学的内在统一性。

数学文化是一个具有较强应用价值、内容丰富的技术体系，由其各分支的基本思想和思维方法组成。在当今的信息社会中，数学的方法论的性质也发生了变化。从基于推理理论的传统研究模式，已逐渐扩展到新的研究方法，包括计算机的有关实验。除了将基础理论渗透到多学科之外，随着数学方法在多学科领域中的应用和扩展，特别是和计算方法有关的数学方法的广泛应用，数学越来越呈现出高水平的特性技术。

由此，我们可清楚地看到，数学应用程序的模式、多功能性和抽象性均由数学的本质决定并从中衍生而来。因此数学的抽象性、数学的严谨性和形式化以及数学的广泛应用都是数学文化的重要特征。

（二）数学符号语言的简洁性

数学文化是一种传播人类思想的基本方式，作为人类语言的一种高级形态，数学语言是一种世界语言。

在数学中，描述现实世界中各种量的关系及其变化都是用数学符号语言来表示。这种符号语言不仅具有规范、简洁、方便的特征，而且刻画精确、含义深刻。正如 M. 克莱因所描述的那样：数学语言是精确的，它是如此的精确，以致常常使那些不习惯于它特有形式的人觉得莫名其妙。然而任何缜密的思维和精确的语言都是不可分割的。

正是这种简洁和普遍性使得数学语言变得如此普遍，以至于它被广泛应用，成为一种科学语言，并受到科学家的特别青睐。因此，伽利略将其描述为："数学符号是上帝用来书写自然的伟大著作的统一语言。如果不理解这些词语，就不可能理解自然的统一语言。数学概念和公式可以识别自然"。

数学文化是人类智慧及创造力的结晶。凭借其特殊的意识形态体系，数学文化史保留并记录了特定历史阶段中人类文化发展的状况和特定社会的形式。更多的证据表明，人类发明的某些最早的数学符号要早于单词的发明。对数学史的研究表明，在古代不同国家和不同民族之间的文化交流过程中，数学是交流的重要手段和内容。在漫长的发展过程中，数学语言已呈现出统一的趋势。作为科学语言，数学语言涵盖了历史、时间和空间，并逐渐演变为世界语言。在现代数学语言中，计算机和人工智能已经获得了产生和发展的理论基础。

（三）数学思维方法的独特性

数学文化是一种具有强大认知功能、以理性知识为主体的意识形态结构。从思维科学的角度来看，数学思维是一个以理性思维为核心的完整思维空间，它包括多种思维方式。数学思维包括逻辑思维、直觉思维、潜意识思维和想象力。不同类型的思维的结合和精致的组合，既是数学思维的本质，也是所有科学思维的本质特征。

数学使用抽象思维来理解数学现实，使用抽象及象征性方法来描述世界，通过研究人类思想中的抽象来了解宇宙，接触事物的根源，并揭示世界的规律。在研究实际问题时，通过抽象建立模型，并对数学模型进行数学计算和推导，以形成对问题的理解、预测和判断。

数学赋予科学知识逻辑上的严谨性和结论上的可靠性。它是从知觉阶段到理性阶段发展知识，并进一步加深理性知识的重要手段。数学中的任何调查对象都有其明确无误的概念，每种方法都是从明确无误的命题开始，并遵循明确无误的推理规则来获得正确的结论。"正是由于这个原因，并且仅由于这个原因，数学方法已成为理解人类方法的模型，并且它也成为人类必须保持客观态度来理解人类的标准。宇宙和人自己"。

以欧几里得《几何原本》为代表的数学公理方法使用一些概念和命题作为必要依据，并通过清晰的定义及逻辑推理建立了知识体系。这种思维方法已成为分类和表达理论的最佳方法，并已被各种科学广泛采用。现在，它已超越自然科学领域，并已扩展到政治科学，经济学，伦理学和其他方面。

从广义上讲，数学思维和人类思维之间的关系可以用全息法或全谱法来概括和描述，从最低的数学知觉和数学经验到最高的数学感知水平。数学知识和数学美学以数学推理，数学运算，数学直觉，数学猜想，数学类比，数学归纳，数学想象力，数学灵感等形式来促进人类的思维，从简单模糊到复杂清晰，有很大的范围和演变性。

（四）数学美的高雅性

数学文化是美学的一个分支，具有自己独特的美学特征和结构。如果说数学的真实性代表了数学的科学价值，而数学的善意代表了数学的社会价值，那么数学之美就代表了数学的艺术价值。数学之美是一种理性之美，作为科学之美的有机组成部分，它开创了美学的新领域及新维度。数学美在系统、结构、语言、方式方法、形式、思想、创新、理论等方面都有丰富的表达。应当指出，数学美本质上是其真理品质的一种特殊体现，即数学之美来源于该真理。正如钱学森所指出的那样，美丽与宇宙的真理是和谐的。避免科学唯美主义忽视数学的真理和美德并讨论美的趋势尤其重要。研究数学美学和数学之美的主要目的是从数学文化的角度出发，进一步探索数学本身具有的科学结构和规律，并从教育的角度出发，促进教与学以提高学生的综合素质。

邓东高教授提出："数学之美是一种严峻的美，一种崇高的美，干净，简洁，有序，和谐，深刻。"哲学家拉塞尔（Russell）相信数学之美是一种至高无上的美，一种严谨、冷漠的美。这种美没有绘画或音乐的华丽装饰。它可以达到最高的纯净度，并且能达到只有伟大的艺术品才能展现的完美状态。同时，数学之美是数学文化的组成部分，是数学文化的重要特征。它主要表现在以下几方面：

1. 简洁性——简单、明了

一方面，它是指数结构的简单性，或者是数学表达式和理论系统的简单性；另一方面，它是指使用简洁的数学语言和数学公式来揭示复杂自然现象的基本定律的能力。的确，当纷乱的自然现象以一种简洁的数学公式的形式显现在人们面前的时候，人们不能不为它美丽的数学形式而深感赞叹。

2. 和谐性——协调、协同、相容，即无冲突、无矛盾

就像美容师加尔泰（Galtai）所说："数学的和谐不仅是宇宙的特征，原子的特征，而且是生命的特征和人的特征。"这种和谐包括内部协调和数学内容（因为大多数数学可以基于公理集理论），这一事实表明数学分支的不同学科是协调和兼容的，并构成一个和谐的整体。它还包括数学的外部协调，诸如各种数学模型与现实模型的一致性，自然科学中各种数学理论的正确应用等兼容性也表明了数学与科学之间的协调。和谐还常常表现为一种对称—美观、协调。数学家约翰森说："数学有着比其他知识领域更大的永恒性，它的曲线和曲面具有平衡和对称，就像艺术大作那样令人愉快，并且在自然的图案和定律中处处可见。"

3. 统一性——部分与部分、部分与整体之间的和谐一致、相互协调

数学中看起来相隔甚远、毫无联系的分支理论，竟然有着深刻的关联，能够统一在一个一致的基础上，这无疑将给人带来极大的美感。看到错综复杂、互不关联的理论统一到一种简洁的理论之中，就可以体验到一种很美好的情绪。

4. 奇异性—奇妙、新颖、出乎意料

然而，奇异中蕴含着奥妙与魅力，奇异中也隐藏着秩序和规律。

（五）数学文化具有相对的稳定性、连续性

数学知识具有高度的精确性，数学文化具有相对的稳定性及连续性，数学是人类相信知识确定性的重要来源。

著名的科学哲学家波普尔认为数学是具有很强自律性的学科。从数学的发展历史来看，数学知识曾被视为确定性知识的典范，虽然现代数学已不再支持经典的形而上学数学观，但数学依然是各门学科中最具确定性和真理性的学科。虽然数学发展中不乏变革，但从整体看数学始终保持着其稳定和连续的发展状态。

（六）数学发展的鲜明时代性

数学作为一个开放系统，具有内部及外部的文化基因。一方面，数学的内容、方法、语言和思想深刻影响着人类文明的进步。另一方面，受一般文化的发展影响，数学也受到时代文化的制约。

数学发展史表明，不同的民族文化产生了不同的数学风格，它具有鲜明的时代文化烙印，在很大程度上时代的总体特征与该时代的数学活动密切相关。例如，中国古代数学倡导实用性，促进了实用数学的发展，进而产生了"善于微积分"并具有很大实用性的《九章算术》。

为解决因社会需要而直接提出的问题是数学发展的一个主要动力，数学思想的建立离不开人类文化的进步。所以，"当整个文化系统的成员都认为数学是一种表现宇宙万物的方式、理论的时候，数学必然按照表现宇宙、理性的方式'修饰'、发展和构造自己；当中国文化及其社会成员都认为数学是一种技艺、可以计量使用的实用技能时，数学的发展就必然地会使相应的计算更加方便、快捷，并运用当时社会所承认和规定的直观、类比、联想、逻辑、灵感等方法作为自己的依据以获得社会的承认和应用"（郑毓信等）。而且，当涉及数学家时，当他们创建数学时，他们也会不断培育一般文化。正如庞加莱（Poincaré）所说："一个纯粹的数学家会忘记外部世界的存在，就像一个画家，他知道如何在没有模型的情况下协调色彩和构图，他的创造力很快就会耗尽。"

克莱因（M. Klein）对数学发展的先验性质作了深刻的论述：数学是一棵充满生命力的树，它将随着文明的兴衰而盛衰。自从它诞生以来，它一直在为自己的生存而战，这场斗争跨越了几百年的书面历史和几百年的史前历史，终于在肥沃的希腊土壤上定居。并且幼苗在短时间内生长。在此期间，一朵有着欧几里得几何形状的美丽花朵蓬勃发展，其他芽也盛开了。如果仔细观察，您会看到三角学和代数的基础，但是这些花随着希腊文明的衰落而褪色，并且一棵树睡了1000年。后来，这棵树被移植到了欧洲大陆。再次扎根在肥沃的土地上。

（七）数学精神的深刻性

数学家 M. Klein 指出，数学从广义上讲，是一种理性精神。正是这种精神激发、激励、促进并推动了人类思想的最大化。这种精神试图决定性地影响人类的道德、物质和社会生活，并尝试回答有关人类生存的问题。试图理解和控制自然，并试图探索并确定知识的最深层及最完美的内涵。

这种数学精神的第一个要素是寻找原因。郑育新先生在他的《数学教育哲学》中总结了数学理性的主要含义：首先，必须严格区分主体和客体，在研究自然时，必须采取纯粹的客观理性态度，没有任何主体性。情感成分。正如齐民友先生在《数学与文化》中指出的那样，数学中的每个论点都必须有基础并且必须合理化。除了逻辑上的要求和实际考验之外，数千年来的风俗习惯，宗教权威和皇帝下达的命令，所有流行的时尚都没有用。这种追求真理的态度，使他毕生致力于用理性的思想来解决伟大而永恒的奥秘——宇宙和人类的真实面目是什么？这表明人类文化已经发展到一定程度。

第二，对自然界的研究应当是精确的、定量的，而不应该是含糊的、直觉的。

第三，批判的精神和开放的头脑。即把理性作为判断、评价和取舍的标准，不迷信权威、不感情用事。

第四，抽象和先验思想，就是超越直觉的体验，并通过抽象思维理解事物的本质和普遍规律。

数学理性的这些特征构成了理性思想的内涵，并成为人类思想的象征，这就是为什么数学理性是人类文明的中心部分之一。数学精神的另一要素是追求完美。数学家高斯曾经在回顾二次互惠法则测试过程时说过："寻找最美丽，最简洁的证明是学习的主要动力。"追求简单，追求统一，追求和谐和追求完美是数学家学习数学的最强大和崇高的动机之一，这使得数学家沉迷于搜索数学理论。庞加莱曾说过："科学家之所以学习自然，是因为他们热爱自然。他们之所以热爱自然，是因为自然是美丽的。如果自然不美丽，则不值得理解；如果自然不值得理解，则生命就不值得。当然，这里提到的美不是激发感官的美，也不是质地的美和表达的美……我要说的是和谐与秩序的深刻美。在各个部分之间，这就是人类的纯洁心灵。可以掌握的美丽。"因此，数学家在进行数学研究时，经常根据美学标准和使用方式选择自己的研究方向。评估和选择数学理论的美学标准，恰恰是数学的内在美，激发了数学家的极大兴趣，这是数学中蕴含的无限奥秘和美吸引了许多人去探索，旅行和奉献自己。这是数学精神的深度，魅力和力量所在，这也是数学文化的价值。

（八）数学文化的多重真理性

数学文化是一个包含着自然真理在内的具有多重真理性的真理体系。数学自诞生时就成为描绘世界图式的一种极其有效的方式，伽利略说，大自然这本书是上帝用数学语言写成的，拉普拉斯说自然法则是为数不多的数学原理的永恒推论。现在人们已广泛认可数学是关于模式的科学知识。它的基本过程是对现实世界现象及各种科学原理进行数学处理的结果。作为一系列抽象、概括、形式化和符号化的结晶，通过从现实中选择数学真理，数学的真理价值就转化为社会价值。

第三节 数学文化的三种形态

一、数学文化的三种形态

数学文化有三种形态：学术形态、课程形态和教育形态。下面笔者对这三种数学形态文化的内涵及特征作简要概述。

（一）学术形态的数学文化

1. 学术形态数学文化的内涵

数学文化的学术形态来自一群数学家，他们在研究数学中提到了这一群体的优秀品质，这些优秀品质在社会进步和发展中发挥着重要的作用。

数学文化的学术形式是数学作为载体而产生的一种人类文化表达的特殊形式，它是通过应用数学科学的本体论知识来表达的一种人类文化形式。

许多数学研究者提出的数学文化概念是这种形式的体现，而众多数学家提出的绝大多数数学文化概念也属于这一类。一些研究者关注的焦点就是数学的学术文化内。综合各种观点，研究视角大概可以分为人类学、数学史和数学活动三个维度。这就从三个不同的方面指出了数学文化的重要性：数学对象的人工性质、数学活动的完整性和数学发展的历史性质。

例如数学是一种文化。文化可以分为广义和狭义的。广义上讲，文化是与自然世界相关，指的是人类所有活动所创造的非自然事物。从严格意义上讲，文化指的是人类精神生活的领域。数学是人类文化的组成部分之一，是一种独特、自主的文化形式。

再举一例，数学文化作为人类的基本文化活动之一，与整个人类文化息息相关。数学文化从现代意义上讲是一种基本的文化形式，它属于科学文化的范畴。根据系统的观点，数学文化可以表示为具有强大精神和物质功能的动态系统，它作为有机成分，以数学科学系统为核心，并通过数学精神、思想、方法、知识，技术和理论辐射到相关的文化领域。

又如，现代数学已成为一种超越国家和地区的文化。数学文化由知识的组成部分（数学知识）和概念的组成部分（数学概念系统）组成。这些都是数学思维活动的产物。数学家在创造数学文化的同时，也在创造和改造自己。在长期的数学活动中，他们形成了具有自己鲜明特征的共同生活方式，并形成了相对固定的文化群体数学共同体。《全日制义务教育数学课程标准》指出："数学是一种人类文化，它的内容，思想，方法和语言是现代文明的重要组成部分。"《普通高中数学课程标准》指出："通常，数学文化是在数学的起源上表达的，它对人类发展产生重大影响，是在开发，改进和应用过程中的各个方面。它不仅包括对概念的微妙影响，人的思想和思维方式，还包括人的思想的塑造功能和人的发展；创造性思维的功能还包括探索和创业精神，以及在人类发展过程中可以实现的广阔领域。人类对数学的理解和发展的过程"。

从社会学的角度，郑强等提出的数学文化概念也应属于数学文化的学术形式范畴。"考虑到数学文化形成的全过程，我们借鉴了"群体"和"意义网络"这两个社会学的概念，将数学文化定义为：数学文化是由一群热爱数学的数学家有意识地形成的。数学世界是一个相对独立并相对稳定的社会意义网络。在此意义网络中，有数学研究人员、数学思维方法、数学语言符号、研究结果、精神、价值观和群体。数学社区是一个特殊社会团体，由数学研究人员和数学文化主体构成；数学语言的符号应用于数学社区内，相互交流并显示结果；数学研究人员及工作者使用的数学思维方法研究成果是数学的理论、实践和实验的成果；共享群体是指受数学文化及数学文化主题影响的广泛的人类群体。

2. 学术形态数学文化的特征

数学的抽象和形式特征是数学文化的重要特征。数学的严格性也是数学强大文化本质的重要特征。数学文化的重要特征是数学的广泛应用。有人认为，数学学术文化特征主要包括以下几方面：①数学文化是人类思想传播的基本方式，作为人类语言的高级形式，数学语言是一种世界语言。②数学文化是衡量自然，社会和人之间关系的重要手段；③数学文化还是一门充满朝气和活力的科学生物学。④数学文化具有相对的稳定性和连续性，数学知识有较高的确定性。⑤数学文化是一个包括多种真理的真理。⑥数学文化还是一种具有较强认知功能、以理性认识为主体的思想结构；⑦数学文化是由思想观念和基本思想观念相交构成的，它内容丰富，是一个应用价值强的技术体系的分支；⑧数学文化是一个有自己独特美学特征、结构和功能的美学分支。

以上论及的这些范畴都属于学术形态数学文化的特征，这些观点都是从数学的学科视角或者是从人类文化学的视角提出来的，是这些特征的共同基础。这一共同基础涉及的社会群体主要是数学家群体。

3. 学术形态数学文化概念的提出及意义

学术形态数学文化概念的提出不仅能够充分发挥数学知识载体在人类社会活动中的作用，反映数学家群体所特有的共性文化特征，而且能使数学文化成为一个专门的研究领域，这进一步加快了数学文化科学理论化的步伐。

学术形态数学文化概念提出的意义不仅在于能够充分发挥数学知识载体的作用，而且能够汲取具有这些特长的数学家身上的优秀品质。同时能够从学术的视角来审视数学文化这一领域，更突出了数学文化向专门化、科学化和规范化发展的必然趋势。

（二）课程形态的数学文化

1. 课程形态数学文化的内涵

学术形态数学文化概念的提出使数学文化走向科学化、专门化，这就使得数学文化发展为一门理论或者学科成为必然了。

什么是课程形式的数学文化？郑强说："作为数学文化的一种课程形式，我们认为它应该反映数学文化研究的成果，为从实践层面实现数学文化和教育的价值奠定基础。应该基于这个层面。哲学语言表达了深刻的数学思维和概念体系，并以某种方式呈现给学生。

"将数学文化扩展为课程形式应包括对数学历史的了解；这些故事反映了数学家对真理的追求，对善的追求，对美的追求，智慧，创新，理性，勤奋，自我完善，理性和探索精神；反映了数学中许多重要概念的产生、发展的过程和本质。重要的数学概念、数学方法和数学思想可扩展到数学应用的方向，例如对称性、功能概念、直觉和合理性、时间和空间、小概率事件等，数学思维方式和处理问题的方式，表达作用的方式和数学科学在人类社会及经济发展中的作用"。

可以看出，课程形式的数学文化是"吸收"教育领域学术数学文化研究的结果。它的基本目的是教育人们以及如何在教育领域进行数学科学的人文科学。

2. 课程形态数学文化的特征

课程形式的数学文化特征不仅包括学术数学文化的特征，而且还具有以下特征：①具有课程的特征。这主要意味着这种数学文化形式易于传达，并且非常易于操作和实施。②具有直接反映数学性质的特征。这主要意味着这种数学文化形式从数学历史，数学哲学和人类学的宏观角度体现了数学。这恰恰是反映数学本质的重要方式。一个典型的例子是数学的公理化方法。目前新的基础数学课程所提倡的方法反映了这一特征，而传统课程所采用的方法将数学的公理化方法"投入"到证明和计算的"海洋"中，从而失去了解数学本质的机会。③具有多元化的特点。这主要表现在既关注数学的发展，又关注数学的研究者。数学的发展既包括基础数学的发展，也包括数学应用的发展和对人类社会发展的重大影响及作用，以及对数学哲学的理解和发展。在关注数学时，研究人员必须同时关注个人研究人员和所有研究人员，这是一个数学界。④具有促进学生体验的特征。课程形式的数学文化既考虑科学数学，又考虑人文数学，即学生的情感态度、价值观和经历。

3. 课程形态数学文化概念的提出及意义

数学文化课程概念的重点是如何在教育和教学活动中实施学术数学文化。它是用于学术数学文化教育实施的计划和设计，还包含数学文化的价值，数学教育和教学活动的成就程度。

从某种意义上讲，课程概念对数学文化的重要性是利用数学文化研究成果的学术形式。从数学文化教育的角度来观察，数学文化课是一种复习、计划、实施及设计的形式。通过这种检验，我们可以发现更多的数学教育价值，尤其是学生非智力因素的发展。

课程形式数学文化主要涉及数学教育研究人员，因为数学教育研究人员是数学课程的主要设计者。

（三）教育形态的数学文化

1. 教育形态数学文化的内涵

什么是教育形态的数学文化？郑强等人认为："从社会学家的角度来看，文化是一种意义的网络，教育形式的数学文化是一种文化活动，它在意义的网络中使数学专业的学生社交化。数学文化。社会化的结果是学生可以使用数学语言，数学方法，数学思维和数学的科学态度，在数学文化的意义网络中自由交流，逐步扎根数学文化在学生的思想和整个社会文化中所承载的文化精神"。教育形态的数学文化强调教育的社会化功能，还强调从更广泛的交流角度来探讨数学文化的本质。

2. 教育形态数学文化的特征

郑强等人认为："教育形式的数学文化是通过教学法来处理的，而容易让学生体验、感觉和接受的数学文化是活跃的数学文化。学生受数学文化的教育，您可以从其中充分感受和体验数学文化的魅力及数学的深度，并自觉地接受数学文化的影响和熏陶，产生文化共鸣，体验数学的人文精神和数学文化的精髓。数学是人类创造的，肯定要以社会为标志。"

可以看出，在教育方面，数学文化的特征是教学法的激活和处理。这种数学文化形式也将数学文化的学术形式与学生结合在一起。应区分教育方面的数学文化和学术方式的数学文化。数学教学不仅要强调推理，而且要强调实践。

3. 教育形态数学文化概念的提出及意义

从某种意义上讲，教育是一种社会化活动，教育形态的数学文化这一概念就是在数学科学对人的影响下从社会学和传播学的角度提出的。

教育形式的数学文化概念为学术形式的数学文化研究提供了新的视角，同时丰富了课程形式的数学文化概念。

在教育上涉及数学文化的主要群体是师生，因为师生是数学教学活动的参与者。

二、数学教育文化

数学文化作为一门科学研究的对象，它是随着人们对其认识的不断加深而进一步得到强化和重视的。通过进一步分析和研究数学文化，提出了数学教育文化的概念，它是文化视野下数学教育理论研究的重要成果。

（一）数学教育文化概念

数学文化概念的共同点是从文化的角度来看待数学理论，数学研究以及数学教育、教学活动。在此基础上，提出了从文化角度出发的数学教育理论研究的重要概念，数学教育文化概念和学术形式的数学文化，课程形式的数学文化和教育形式的数学文化这三个概念。教育被视为数学教育文化的基础。从教育价值实现的角度看，学术形式的数学文化是处于萌芽状态的一种数学教育文化，课程形式的数学文化是一种数学教育文化，而教育形式的数学文化则是一种数学文化，它强调数学教育文化的动态传播过程。

（二）数学教育文化观

数学教育的文化视野是基于数学教育文化的概念而产生的。它是表达数学教育文化价值的一种形式，从文化的角度构成了数学教育理论研究的重要内容。它没有从数学科学的学术角度考虑数学教育和教学的价值，而是从教育文化或普及文化的角度来看待于数学教育和教学的价值。数学教育文化观的形成是一个长期的过程，其内容在此过程中逐渐形成。

数学教育的文化视野的内容主要表现在数学家群体的数学研究活动，数学教育研究者群体的教育研究活动以及教育教学活动中老师对学生群体的数学。

第四节　数学文化的学科体系

由于数学文化是一门学科，它自然具有自己的学科体系。那么数学文化的框架或其支点是什么？美国文化科学家克罗伯和克拉克洪对文化的定义对我们对数学文化学科体系的研究具有启发性作用。他们认为文化由显性和隐性的行为模式构成，这些行为模式通过象征符号获得和传播。文化代表着人类团体的重要成就，包括在人工制品中的体现。传统文化的概念是文化的中心部分，尤其是它所承载的价值。一方面，文化体系可以被看作活动的产物，另一方面，它是后续活动的决定因素。显然，根据先前的理解，文化的概念与社会活动、人类群体有关，诸如行为模式和传统观点之类的概念密切相关。因此，数学文化的学科体系包括概念定义、现实原型和模型结构，这些都是必不可少的。概念定义、现实原型和模型结构被称为数学文化的三元结构。

一、现实原型

数学来源于现实世界。现实世界中人和自然之间的许多问题都是数学对象的现实原型。如没有现实世界中的社交活动，就不会有数学文化。人们通过大量观察及对现实原型的理解，借助经验和不合逻辑的逻辑手段，将其视为数学概念（定义或公理）。

如果数学学科距离其专业知识来源还很远，并且继续朝着远离其来源的方向发展，并分裂为各种荒谬的分支，那么该学科将成为烦琐的材料积累。正如冯·诺依曼（von Neumann）在《论数学》号文章中所说："从经验的角度来看，由于处于"抽象"近亲繁殖中，数学学科将面临降级的危险"。

二、概念定义

数学概念的形成是对客观世界人类科学理解的具体体现。显然，我们有理由相信数学起源于各种实际的人类活动，后来又通过抽象成为数学概念。数学抽象是一种建设性的活动。与现实的（可能的）原型相比，概念的产生通常涉及理想化、简化和精确化的过程。例如，几何概念中的点和直线是理想化的产品，因为在现实世界中不可能找到没有尺寸的点和没有宽度的直线。同时，借助清晰的定义来建立数学抽象。具体而言，最基本的原始概念是在相应的公理（或公理组）的帮助下隐式定义的，而派生的概念是在现有概念的帮助下明确定义的。正是由于数学概念形式化构造的特征，与现实的可能原型相比，通过数学抽象形成的数学概念（和理论）具有更一般的意义，它们所反映的不再是具体。就数量而言，事物或现象的定量特征是一类事物的共同特征。

另一方面，数学抽象不一定直接从真实事物或现象中抽象出来，也可以使用作为原型构建的数学模型间接抽象出来。正如当代美国著名数学家 L. Steen 所说："数学是模式的科学。数学家正在寻找存在于数量，空间，科学，计算机乃至想象力中的模式……模式暗示了其他东西。这导致了模式的形成。数学是通过这种方式并遵循自身的逻辑：从源于科学的模式开始，对先前的所有模式进行补充，从而使画面更加完整。"

三、模式结构

可以从两个不同的角度研究数学模型的客观性：首先，合理的数学模型必须是具有真实背景的抽象对象，并且完成模型构建的抽象过程遵循科学抽象的定律。因此，我们应该肯定数学模式在其内容来源上的客观性。其次，数学模式往往是创造性思维的产物，但是它们一旦得到了明确的构造，就立即获得了"相对独立性"，这种模式的客观性可称作"形式客观性"。基于上述两种"客观性"的区分，我们引进两个不同的数学真理性概念：第一，现实真理性。这是指数学理论是对于现实世界量性规律性的正确反映。第二，模式真理性。这是指数学理论决定了一个确定的数学结构模式，而所说的理论就其直接形式而言就可被看成关于这一数学结构的真理。一般来说，数学的模型真理和现实真理通常是一致的。这是因为人脑最初是数学概念的生成器（反应器），是物质组织的最高形式。此外，数学家的思维方式始终遵循客观性的逻辑规律，因此思维的产物——数学模型与反射的外部世界（物质世界中关系的结构形式）通常是一致的，不仅仅矛盾。

第五节 数学的文化价值

数学非常重要的价值体现在数学为人类文明进步和社会发展提供的力量，以及整个社会中许多基础学科和工程技术领域对数学需求的不断增长。在这一过程中，数学文化的价值体现在：

（一）数学文化是人类思想传播的基本方式。在长期的发展过程中，数学语言显示出统一的趋势。它作为一种科学语言，穿越了历史和时间，逐渐成为一种世界语言。

（二）数学文化是衡量自然、社会与人之间关系的重要指标。现代社会发展的一个基本特征是人和自然的关系不再是简单直接的，而是需要强大的社会生产力的帮助。社会制度变得越来越复杂和发达，科学管理尤为重要。为了解决人口过度增长，资源合理配置，可持续发展，生态平衡和环境保护等问题，数学是必不可少的理论工具。由于数学独立于自然科学的传统分类，并且数学思想和方法在人文科学和社会科学中得到广泛应用，因此自从那时以来，数学已成为自然科学与社会科学之间的联系纽带。

（三）数学文化是一个充满朝气和活力的科学生物。数学作为一个相对独立的知识体系，其基本特征是抽象、严谨、统一、建模、形式化、广泛应用和高渗透性。数学的研究对象是一个动态的概念系统。随着不同时期数学的发展，它逐渐变化，有了日益丰富的特征。作为数学理解的起点，抽象是数学已经成为一门科学的标志。随着对数学认识的加深，数学的严谨性和形式性水平越来越高，数学的不同分支在不断扩展，数学获得了更多的内部统一性。

（四）数学知识有高度的确定性，因此数学文化有相对的连续性和稳定性，数学是人类相信知识确定性的重要来源。

（五）数学文化是一个具有多种真理的真理体系，包括自然真理。

（六）数学文化是基于理性知识并具有强大认知功能的一种意识形态结构。数学是理性主义的摇篮，是人类提出问题并寻找自然法则的工具，是创建现代科学强有力的理论基础之一。作为理性主义的典范，数学的思想活动体现了理性思想的本质。数学思维既包括逻辑思维，还包括直觉思维和潜意识思维。不同类型的思维结合和精致的组合，既是数学思维的本质，也是所有科学思维的本质特征。

（七）数学文化是一个内容丰富，具有较强应用价值的技术体系，由其各个分支的基本思想和思维方法组成。在信息社会中，数学的方法论性质也发生了变化。基于推理理论的传统研究范式已逐渐扩展到包括计算机实验在内的新研究方法。除了其基本理论，数学已经越来越多地渗透到多个学科。随着数学方法在多学科领域中的扩展，特别是与计算方法相关的数学方法的广泛应用，数学越来越显示出其高科技特征。

（八）数学文化是美学的一个分支，具有自己独特的美学特征和结构。

数学的文化价值表现在数学在塑造国家的理性精神及良好的思想习惯方面所起的重要作用。可以从宏观和微观两个角度来具体分析数学的文化价值：从宏观上讲，数学在塑造国家的理性精神方面起着重要的作用。从微观上讲，数学在形成人们优良的思维习惯方面发挥着重要作用。

一、数学的文化价值体现在形成民族理性精神

理性精神对于一个国家、民族的生存及发展特别重要。它体现了人们对外部客观世界和对自己的一般看法或基本态度。在理性精神的形成和发展中，数学起着重要作用。数学理性精神的合理性含义包括以下几方面：

（一）主客体的严格区分

主体与客体之间的严格区分意味着在研究自然时必须采用纯粹的客观和理性态度，而没有任何主观或情感因素。客观调查的观点就是数学调查的特征。换言之，尽管数学研究的对象是抽象思想的产物，不是现实世界中的真实存在，但在数学研究中，我们必须采取客观的态度，即必须考虑对象是不依赖人类的物种。严格的逻辑分析表明，它们的独立存

在揭示了其内在本质和相互关系。主客体的严格区分，就是承认一个独立的、不以人们意志为转移的客观世界的存在，这是自然科学研究的一个必要前提。

（二）对自然界的研究是精确的、定量的

对自然界的研究必须精确而定量，而不是模糊和直观，这一基本思想是数学合理性的核心。它不仅揭示了科学研究的基本方法，而且揭示了科学研究的基本目的，即揭示自然的内在规律。具体来说，这个基本思想是自然界中的存在规律，这些规律可以被理解。数学为复杂的自然科学提供了一定程度的可靠性，如果没有数学，这些科学就无法实现这种可靠性。精确的、定量研究是客观性的标志，据此可以对物质的属性做出第一性质和第二性质的区分：凡是能定量地确定的性质是物质所真实具有的，是第一性质；凡是不能定量地确定的性质则并非物质所固有的，而只是由主体所赋予的，是第二性质。当知识通过感官直接提供给大脑时，它是模糊、混乱和矛盾的，因此是不可靠的；而现实世界实际上只是从数量的角度来看具有数量特征的世界。只有通过研究，我们才能获得真实的知识。因此，自然科学的研究就应该严格限制于第一性质的范围，即应局限于那些可测量、并可定量研究的东西。尽管关于第一性质与第二性质的区分有着明显的局限性，但这对科学研究对象的首次严格界定有着重要的历史意义。

（三）批判的精神和开放的头脑

批评的精神实质是对真理的看法。任何权威或个人坚强的信念都不能被看作是判断真理的可靠依据；所有真理也必须接受理性法院的判决；在获得理性批准之前，我们必须严格批评所有的所谓"真相"。批判性思维属于理性思维的重要内涵。

数学在批判精神的形成和逐步发展中发挥了非常重要的作用：首先，从古希腊到现代欧洲，数学被视为真理的典范。其次，可以进一步说数学为人们的认知活动提供了必要的信心，以免人们因普遍批评而陷入怀疑和虚无主义。最后，从历史的角度看数学的贡献，正如 M. 克莱因所说："在各种哲学系统纷纷瓦解、神学上的信念受人怀疑以及伦理道德变化无常的情况下，数学是唯一被大家公认的真理体系。数学知识是确定无疑的，它给人们在沼泽地上提供了一个稳妥的立足点。"

数学作为一种"看不见的文化"，对于人们养成批判的精神的影响还在于批判的精神是由人们的求知欲望直接决定的，因此在对真理的探索过程中应始终保持头脑的开放性，即如果当一个假说或理论已经被证明是错误的，那么，无论自己先前曾有过怎样强烈的信念认为其正确，现在都应与之划清界限；相反，如果假设或理论得到了合理的证实，那么无论您以前有过何种厌恶，您都必须有意识地接受这个真理。

从思维发展的角度看，头脑的开放性与强烈的进取心有直接联系，它与批判的精神更

有着互相补充、相辅相成的密切关系。

（四）抽象的、超验的思维取向

抽象和先验思想的取向意味着我们必须努力超越直觉的经验，并通过抽象思维来理解并掌握事物的本质和普遍规律。在数学中，先验和抽象思想取向具有最典型的表现。数学作为一种"模型科学"，不是对现实事物或现象的直接研究，而是抽象思想的产物，即定量模型，例如研究对象；数学定律不是反映单个事物或现象的定量特征，而是反映一类事物或现象的共同特性。寻求普遍性已成为科学家的共同目标。

二、数学的文化价值体现在形成人们良好的思维习惯方面

数学对于人们养成良好的思维习惯非常重要，尤其是某些人的思维方式或研究思想，这些思想或数学直接来源于数学或在研究中表现最为典型数学。更重要的是，这些思维方式或研究思想在数学之外具有广泛的影响和成功的应用。这些思维模式或研究思想在以下几个方面得以实现：

（一）数学化的思想

数学调用是指如何根据实际问题构建数学模型，以及如何应用数学知识和方法来解决问题。

数学过程和数学的实际应用直接相关。从更深的角度观察，数学过程涉及一些非常重要的思考和思想研究方法：从定量到定性的研究思想以及简化和理想化的思想。

第一，从定量到定性的研究思想意味着在研究事物和现象时，应尽可能地使用数学概念来描述对象，使用数学研究来揭示其内在规律。定量分析方法的应用在现今已不再局限于物理学、化学等自然科学，而是进一步扩展到人文科学和社会科学的范围，数学的应用不存在任何绝对的界限，这点从由经典数学发展到统计学、由精确数学发展到模糊数学就可以清楚看出。因为精度一直被认为是数学的主要特征之一，所以人们一直认为数学无法长时间研究令人困惑的事物和现象。但是，数学的现代发展，特别是由美国控制论专家查德率先提出的模糊数学，已经克服了这一历史局限性。

其二，数学过程和实际问题相比必须包括一些简化和理想化，即在建立数学模型的过程中，我们必须关注起关键作用的数量和关系。牛顿对天体运动的研究大大简化了研究的对象，即假设太阳本身不运动，并且太阳和相关行星可以被看作数学点，即其他行星的引力在这个星球上。而且这颗行星向太阳的引力可以忽略不计。

必要的简化是科学研究能够顺利进行的一个必要条件，数学世界只是真实世界的一个

简化了的模型。至于说理想化，社会科学研究中"理想人"的概念就是一个理想化的例子。具体来说，统计表明，尽管每个人在智力、体力等方面可能存在差别，但整体上人类所有特征又都呈现出正态分布现象。因此，可通过理想化，即以数学为工具的理想化创造一个"理想人"的概念：以各分布曲线的平均值为特征值。

（二）公理化的思想

所谓的公理化意味着在组织理论时，必须使用尽可能少的概念和命题作为必要的基础，并且必须通过明确的定义和逻辑推理来建立演绎系统。公理化作为一种组织形式，涉及诸多命题和概念间的逻辑联系，从而包含了由个别向整体的过渡，因此，相对于数学化，公理化的思想达到更高的抽象层次。

公理化过程包括将单个命题和概念的研究对象扩展到相应的集合，并且可以清楚地揭示概念和命题之间的逻辑关系。因此，公理化通常被视为一种汇编和最佳呈现形式。正如爱因斯坦所说："所有科学的伟大目标是从尽可能少的假设或公理开始，并通过逻辑推论总结尽可能多的经验事实。"

数学的公理化思想的影响已经超出自然科学的范围，扩大到政治学、伦理学、经济学等各个方面，各个领域的学者都试图建立公理化的理论体系，代表著作有洛克的《人类理性论》、杰文斯的《政治经济学理论》、瓦尔拉斯的《纯粹经济学要义》、斯宾诺莎的《伦理学》、穆勒的《人性分析》等。希尔伯特说："在一个理论的建立一旦成熟时，就开始服从于公理化方法，通过突出进到公理的更深层次，我们能够获得科学思维的更深入的洞察力，并弄清我们的真实的统一性。"

（三）思维的自由想象与创造

数学作为一种"模式科学"，将抽象思想的产物作为直接研究的对象，这为思想的自由创造提供了可能性。现代数学发展的决定性特征是其研究对象的极大扩展，即具有明显现实背景的量化模型对可能的量化模型的扩展，即在一定范围内，它可以被简单地信任。自由的想象力和思想创造。建立了几种可能的定量模型，因此数学为充分展示人类创造力提供了最理想的场所。

庞加莱（Poincaré）相信数学科学是人类精神从外部世界借鉴的最少的创造之一。数学是人类精神在其中发挥作用或似乎在发挥作用的活动。并按照自己的意愿工作。在现代科学研究中，当理论科学家探索理论时，他们越来越必须倾听纯粹的数学和形式上的考虑，即"要能够使用纯粹的数学结构来发现概念以及将这些概念联系起来的定律。这些概念和谐律是理解自然现象的关键"（爱因斯坦）。

数学创建不是要使用已知的数学实体进行新的组合，而是要通过识别和选择来进行一些有用的组合。在这一选择中，美学起着核心作用。因此，数学美学在数学创造中起着核心作用。科学家对数学美的追求通常反映了他们对简单性和统一性的追求。

（四）解决问题的艺术

解决问题是指人们如何全面和创造性地应用已掌握的知识及方法来解决各种问题。它是数学活动（包括数学学习和数学探究）的基本形式。从这个意义上讲，数学也是解决问题的艺术。通过解决各种问题的实践，数学家逐渐开发出了一整套高效地解决问题的策略，它们既可以用于数学，也可以用于人类实践的其他领域。

在人类的历史发展中，人们总希望找到一种成功解决所有问题或可以有效参与发明创造的方法，即研究数学发现方法。笛卡尔曾提出了"通用方法"：将任何问题都转化为数学问题，将任何数学问题都转化为代数问题，再将任何代数问题简化为求解方程。显然，没有"一刀切"的方法。但是，波利亚说："仍然存在各种各样的规则，例如行为准则等，这些仍然有用"。也就是说，通过现有的成功实践，包括解决问题的过程。以一般的思维方式进行总结的深入研究在启发和指导新的实践活动中起着重要作用。因此，波利亚将该行为准则称为"启发式规则"。此外，波利亚在她的作品中提出了这样的启发性模式和方法：分解和组合，笛卡尔模式，递归模式，叠加模式，专业化方法，泛化方法，推动，设定第二个目标，合理的推理模型（归纳法和类推法），绘制方法，查看未知数，返回定义以考虑相关问题，扭曲问题等。

除了特定的问题解决策略外，数学在提高人们的元认知水平和培养人们提出问题的能力方面也非常重要。

第三章　数学文化研究与数学素质教育

第一节　当代数学教育观的综述

随着世界范围内数学教育改革的兴起，许多数学教育者对传统的基础数学教育进行了抨击。他们认为，从根本上讲，数学教育不仅是理论知识的教学，而是涉及到智力及非智力因素的全面教育。数学教育不仅是用数学知识及实例进行说明，而是一种涉及文化、环境、心理学、结构、认知、评估、诊断、情感、意志、实验、美育和道德教育的多维教育。

一、数学文化观

越来越多的国内外数学教育者认为"数学文化是人类文化的重要组成部分"。人类发展的历史和数学发展的历史证明，数学一直是人类文明的主要文化力量。它与人类文化息息相关。在不同的时代和文化中，这种力量的大小已经改变。一些学者认为，数学文化除了具有文化的一些一般特征外，还具有以下特征：（1）数学文化及其历史以思想体系保留并记录了特定文化形式和特定历史阶段的人类文化。发展状况。数学文化是传播人类思想的基本方式。（2）随着数学抽象性和严格性的发展，数学语言逐渐发展成为一个相对独立的语言系统，具有形式化和符号化，精确性和简单性，泛化性和现代化性。数学语言是人类创造的语言的高级形式。（3）数学文化是连接自然与社会的工具。（4）数学文化是一个连续的，累积的，渐进的整体，其基本组成部分在一定时期内具有相对恒定的含义。数学文化具有相对的稳定性和连续性。（5）数学文化具有无限的发展可能性和高度的渗透性。数学文化凭借其独特性已传播到人类文化的众多领域，它既改变了人类物质及精神生活的许多方面，又为构建人类文明和物质文明提供了日益更新的理论、方法和技术手段。

二、大众数学观

著名的数学教育家 G. Polya 认为，只有 1% 的人学习数学并从事数学教育，有 29% 的人使用数学，有 70% 的人不使用数学，有 99% 的人陪同 1% 的人们将实现成为数学家的梦想。近几十年来，数学教育要面向大众的呼声日渐高涨。国际数学教育界提出了比较一致的看法是，数学课程应该照顾到各国，特别是发展中国家的国情，绝不能照搬西方的模式。印度尼西亚的埃里芬（A. Arifin）指出，每个国家都应根据自己的国情来设计本国的普及数学教育的水平。他建议在发展中国家应鼓励本国的数学家参与课程设计，因为他们最能理解他们所处的文化背景、社会的需要、民族的挑战和国家的希望，应该尽一切可能去传播他们所拥有的知识。在普及数学教育的过程中，让更多的人去了解数学的发展。

这为人们提供了一个例证：通俗数学体现了义务教育在数学教育中的基本精神。这是义务教育意义中的数学教育与过去选择和淘汰数学教育之间的根本区别。就课程而言，流行数学意在建立一种新的数学课程，它可以根据学生的真实情况发展并满足其未来发展的需求。在评估方面，流行数学将树立一种信念，即每个人都可以并且可以很好地学习数学。在教学方面，对问题解决和数学建模的探索是与流行数学相对应的教学策略，这种探索为我们探索流行数学的理论与实践开辟了新的领域。

三、数学意义建构观

建构主义的数学学习观直接否定了传统的数学教育思想。这种学习观认为，数学学习不应是接受知识的被动过程，而应充分肯定学习过程的创造。在数学教学中，必须建立以学生为中心的教学方式，学生应积极探索、猜测和纠正。

总结建构主义的学习数学观点，大约有三点：（1）以学生为主体，教师的主要任务是创造一个环境，其中包括引起必要的概念冲突，并提供适当的问题和示例，以促进学生的反思。最后，通过其积极的建构，建立了一个新的认知结构。（2）建构实质上是对什么是数学发现、什么是数学结构以及问题解决中的思维活动所作出的新的思考及分析。（3）建构就是"适应"，并非"匹配"。一把钥匙开一把锁，称"匹配"；而"适应"指一把钥匙能开这把锁，还有无数把钥匙也能开这把锁。每当学生表现出一种具有学习意义的意图时，就是在刚学到的材料与已知知识之间建立一种实质性、非任意的联系，这种学习的意义就是意义的学习。

根据他的观点，学生应该用自己的语言来解释新学的东西，以增强记忆。教师应该重视新知识在学生认知结构中的稳定性，并帮助学生将自己的认知结构与数学知识结构联系起来。

四、数学层次序列观

著名的教育家加涅（Gagne）认为，数学学习任务可以分解为更简单的任务，而学习复杂的数学可以从学习已分解的几个简单任务开始。从简单到复杂，共有八级学习任务。它们是：信号学习（由刺激引起的无意义的学习），刺激响应学习（由刺激引起的有意义的学习）和链式形成（将按顺序学习的事物联系起来），语言联想，歧视性学习，对事物的学习概念，规则学习和问题解决。每个学习层次都必须经历四个理解，获取，存储，搜索和检索序列。从加涅的角度来看，教师应该设计从容易到困难的学习顺序和学习任务。例如，教"三角形"这个概念时，诺学生已经会说"三角形"了，则重点在以下几点：举大量三角形的例子形成概括；举与三角形有关但本质不同的图形，如菱形、梯形等，增强学生的辨别意识；举不是三角形的图形，如扇形，加深学生的对三角形概念的理解。因概念学习有赖于语言线索，故要让学生经常使用学到的概念，并要增加学生的词汇量及句型。

五、数学智力结构观

基于因子分析，吉尔福德提出智力是由三个变量决定的，即心理操作（即记忆、认知、评估、聚集、差异），学习内容（图形、符号、语义、行为），学习成果（单元、类型、关系、系统、转换、隐式）。三个变量各取一项便可构成 120 种智力状况。例如，处于"记忆""图形""单元"这种智力状况，表明能够记住看到的单个图形并作图。若能同时记住许多图形并作图，则达到"记忆""图形""种类"这一水平了。根据吉尔福特的观点，教师应根据学生所处的智力水平，诊断影响学生数学学习的因素，并采取相应的措施。

六、数学实验活动观

著名数学家波利亚（Polya）指出，数学具有双重性，它既是一门系统的演绎科学，又是一门实验性的归纳科学。欧拉（Euler）说："数学这门学科，需要观察，还需要实验。"拉普拉斯（Laplace）说："甚至在数学里，发现真理的重要工具是归纳和类比。"就连大数学家高斯（Guass）也说："我的许多发现都是靠归纳取得的。"数学家们认为在数学教学中，诸如归纳、猜想、类比等技术也应该受到重视。关于数学活动的概念，两人最有影响力，一个是苏联数学教育家斯托利亚尔，另一个是荷兰数学教育家弗赖登塔尔。前者认为数学教学应是数学活动的教学，并指出数学活动应包括三个方面：经验材料的数学，数学材料的逻辑组织和数学理论的应用。后者认为，数学教学是基于活动的，并提出了数学教学的三项基本原则：数学现实原则、数学原则和娱乐原则。瑞士心理学家伯爵（Piaget）认为，数学教学应开展数学活动而不应教授数学结论。

七、数学情感育德观

数学课程本身包含许多情感教育因素。阿尔伯斯特说："数学可以唤起人们的热情，抑制不耐烦，净化心灵，消除偏见和错误。数学的真相对于年轻人放弃恶习更有利。"苏联的赞科夫说："数学方法一旦触及到学生的情绪。在意志领域，这种数学方法就可以发挥有效的作用。"布卢姆（B. S. Bloom）在《教学评价》中指出："认知可以改变情绪，情绪也可以影响认知。学生表现的四分之一可以用个人的情绪特征来解释。"美国数学教育界一直主张，发展兴趣、愿望、态度、欣赏、价值观和责任感等特征是数学教育中最重要的理想之一。

同时，国内外许多著名的教育家都认为数学是一本很好的德育教材。数学对德育的意义分为德育的内在意义和德育的外推意义。科学本身的内在道德教育意义指数显示了概念的纯度，结构的协调性，语义的精确度，分类的完整性，演算的标准化，推理的严格性，主动性建设，技能的灵活性等。这些特征体现在思维方式上，被称为辩证，清晰，简洁和深刻。数学在完善人的精神和道德方面的作用更加突出。数学外推的道德意义主要是指从教科书的内容中提炼出的道德教育的内涵。

最终，义务教育阶段的中小学数学教育的基本出发点是促进学生可持续、全面和和谐的发展。它既应考虑数学本身的特征，也应遵循学生学习数学的心理规律，强调从学生现有的生活经验入手，让学生体验将现实问题抽象为抽象的过程。数学模型并加以解释和应用。在理解数学知识的同时，他们在思维能力、价值观和情感态度方面得到进一步发展。这迫使我们从现代数学教育的角度来审视传统的中小学数学教学，并赋予其新的内容。

第二节　数学教育研究的文化视角

一、数学教育研究的文化视角

由于数学教育研究有多学科交叉及跨学科的性质，因此从学科关联的角度看，除了从教育学、教育心理学和心理学等学科去审视数学教育外，还可从文化视角了解数学教育的问题和本质。文化视角主要包括数学文化的科学视角、数学文化的哲学视角、数学文化的历史视角和数学文化的文化与社会视角。以下笔者从这四个视角具体分析。

第一，数学文化的哲学视角是从哲学视角理解数学教育。国外的英国数学哲学家 P. 欧内斯特有《数学教育哲学》，而中国著名的哲学家和数学教育家郑玉新教授则著有《数学教育哲学》。这些都是开创性的作品，它们从哲学的角度来看待数学教育的本质和规律。

第二，数学文化的科学观点。数学是具有良好的思想、知识和方法的系统，它本身就是科学知识的模型。因此，数学精神是科学和理性精神的典范。数学和其他科学有着内在的联系。自然科学及人文社会科学都与数学关系密切。数学的科学观点对于中国现代化和精神文明都特别重要。科学观念对传统文化变革的重要性也很深远。相对而言，数学的科学观点属于数学的内部观点。

第三，数学文化的历史视角。法国著名的数学家庞加莱说："如果我们要预测数学的未来，正确的方法就是研究这门科学的历史和现状。"数学的历史不仅生动地描述了数学科学的发展，而且还生动地描述了数学文化。由于不同社会、文化和历史造成的影响，不同时期和不同民族的数学形式及概念也具有不同的发展水平和特征。

第四，数学文化的文化和社会视角。数学不仅是一门科学，而且是一种文化。郑育新教授解释说："因为数学对象不是物质世界中的真实存在，而是抽象人类思想的产物，所以……数学是一种文化。"除了文化性质外，数学也和社会相关。例如，数学知识在其构建过程中将不可避免地受到相应的数学共同体和社会性质的影响。数学的文化和社会视角着眼于从数学作为一种社会文化现象以及数学与其他人类文化之间的相互作用的角度来探讨数学的文化本质和社会进化特征。数学的文化和社会视角比数学的视角更广泛。

关于数学的文化和社会观点也可以帮助弥补和克服数学方面的科学偏见的缺点和弊端。

二、数学教育文化视角的相关概念

这里侧重对数学教育文化视角的若干重要概念进行初步的分析和考察。

（一）数学文化与后现代文化

关于"后现代"这一概念，据学者们考证，从语源学看，英国画家查普曼在他个人画展中首先提出"后现代"油画的概念。德国的卢纳尔夫曾提出一般的"后现代"的称法。德国作家潘维兹在其《欧洲文化的危机》一书中也使用了"后现代"这一概念。还有著名历史学家汤因比在其《历史研究》这一名著中也有所提及。作为一种哲学思潮，后现代的许多思想可以追溯到尼采和海德格尔那里。而后现代成了一股强劲的文化潮流和哲学思想。从哲学层面看，在各种对后现代观念的论述中，具有代表性的是法国哲学家利奥塔尔关于知识的报告。利奥塔尔明确地提出了后现代的基本观念和立场，指出元叙事或具有合法化功能的叙事是现代性的一个主要特征，借助于元叙事可以建立起一套自圆其说的被赋予合理性的游戏规则和话语。而后现代文化的一个鲜明特征就是对元叙事的怀疑。随着元叙事走向衰亡，主体和社会领域的非中心化逐步成为后现代的主题。因此，利奥塔尔倡导抛弃绝对标准、普遍范畴和宏阔之论，支持局部类型、容忍差异、历史的和非中心化的后现代科学知识。

法国哲学家福柯通过对权力，考古学和知识谱系的研究开始了对西方意识形态和文化传统的深刻反思。尽管福柯不赞成在他的理论观点上将固定的标签定为后现代主义（这实际上是某些后现代思想家的转变和不遵循传统的特征），但福柯的整体思想无疑是非常后现代的。像许多后现代思想家一样，福柯的思想具有深刻的尼采思想和海德格尔的思想渊源。福柯主张放弃对知识库和知识系统的搜索，强调去中心化世界的重要性，并支持采用族谱替代科学。

法国哲学家德里达（Derrida）是解构主义最著名的代表人物。秉承了尼采和海德格尔的反形而上学立场，德里达发起了对追求普遍性、本质性的逻各斯中心主义（在《西方后现代主义哲学思潮研究》一书中，中国学者同力的标志中心主义概述是：标志中心主义是指所有思想，例如理性、本质、最终含义、真理、第一原因、超指称和指称、上层建筑等。解构语言，经验和一切基础。

通过对数学知识演变历史维度的考察，我们注意到，数学的文化角色转换也经历了一个从现代性到超越现代性或者也可叫作某种后现代的转换。这是由数学发展历史上一系列重要的观念演变形成的。数学的现代性观念形成的一个重要标志是神学与数学的结合。继而又从自然一上帝一数学的"三元复合结构"（三位一体）过渡到数学与其他自然科学的联盟。当数学从独立化逐步迈向数学理论发展的多元性时，数学就开始了对其现代性的超越。

在数学知识的变革过程中，与后现代科学的某些共同特征（如否定、摧毁、完全解构等）有所不同的是，数学在进行新的理论创造和构建的同时，除了破除某些错误的认识（如不恰当的限制或不适当的随意性）和观念之外，又在一定意义上保持着其对于传统的某种协调性和一致性，超越了单一化的理论指向，数学发展开始沿着多元化的路线蓬勃发展，随着数学统一性的新要求的出现，有可能将这种多元化予以简化，生成相对稳态的数学本体以及螺旋式渐进和循环演化，其复杂的演变过程同时也把数学文化从现代性状态引向了超越现代性的方向。

从数学文化的外围领域看，当大众充分享受着高科技（数学是其中极为重要的理论和技术）支撑的现代物质文化的同时，当下占主导地位的作为精英文化和专业资质文化重要一部分的数学文化却开始越来越远离大众文化。与一般科学一样，数学的理论进展似乎跟数学工作者内部的权力结构紧密相关，尤其是前沿数学中的纯粹数学研究，依然是由极少数精英式专家控制和从事的工作。前沿数学如此专业化，以至于它远离大众文化，甚至偏离了科学热点。我们认为，从社会发展的角度来看，精英文化与大众文化之间日益严重的分离趋势是危险的。对后现代文化而言，数学文化的这种层次性和分散性特点值得引起数学教育工作者的关注。

（二）数学史与传统文化及数学教育

数学文化研究的重点之一是对数学文化史的深入研究。就数学文化史而言，数学的历史发展包含着丰富的文化材料。不同类型、不同层次和不同数学文化范式在不同民族和不同文化背景下成长。数学文化史研究的中心主题之一是对不同民族的数学文化进行比较研究。但是，对数学文化现象的各种解释都可能导致对数学历史事实的误解，这似乎是不可避免的。此外，在关于数学文化的许多主题的观点中，思想的分歧也是不可避免的。

对数学文化含义的不同理解，导致了某些认识上的偏差，例如，在某些人看来，数学文化就像茶文化等饮食文化一样。在这种理解中，数学文化就像一簇色彩斑斓的杂色花一样，被偏颇地看作是数学的花絮和点缀形式。在一些关于数学历史的研究中，数学文化被认为是具有神秘、民间或民族性的数学历史的一部分。对数学文化的这种理解不仅是单方面的，而且是有害的。因为当数学文化的含义仅指神秘，有趣，民族风格，民俗甚至是陌生的知识、技能和概念时，公众对数学的理解和定位就不可能是详尽无遗的客观和正义。

通俗文化与传统文化不仅直接并从外部影响着数学教育，而且对数学教育产生了深远而潜在的影响。特别是，后者的作用不可低估。例如，教师的各种概念（包括数学和数学教育的概念）和学生的各种概念是在特定社会结构下特定社会价值和文化心理的投射。这些潜在的文化因素有可能是我们在无意识中实现或形成的。这些复杂、互动、全面的因素构成了具有中国特色的数学课堂背景文化，直接或间接地影响着数学课堂文化的形成，表现和总体特征。中国数学教师的数学文化视野是由数学文化、传统文化、现代文化以及西方文化作为基本要素相互作用、相互交织和矛盾形成的复合体。我们认为，数学老师应努力在数学课堂上营造一种情境和文化氛围，使其融合数学的特点，高起点，并展现出科学性、社会价值、思维特点以及数学的独特美学。只有这样，才能在教学实践中进行文化素质的数学教育。

鉴于上述复杂性，我们需要进一步反思：在什么意义上数学可以被称为文化？它必须是世界上几乎每个国家都拥有或共享的一种文化形式，才能被认为具有国际性和普遍性吗？从文化的某种特定含义（例如民族、民俗、地区等）开始，在中国以及其他没有西方数学文化和历史的国家中，似乎没有某种普遍意义上的数学文化类型。在当代，数学已经以国际竞争，全球化和科学发展的需求所必需的形式得到了加强和维护。但是，现有的历史、传统、甚至传统数学和民族数学对于一个国家的文化和文明的发展，特别是对于该国数学和科学技术的发展而言，都是非常重要的。它真的是必不可少而且非常重要吗？无论答案如何，我们都必须努力做到的是抑制其负面影响并促进其积极因素。例如，在中国，算盘可能具有民族特色，但是在信息化数字时代，手工计算和机械计算无法成为可以称为常规数学文化的事物。实际上，一个国家或国家进步的关键是能够在正确的时间和开放的心态中学习其他文化和丰富的知识。事实表明，数学文化（无论哪个国家单独创建或哪个国家一起创建）都可以成为共享的世界文化。

（三）数学的文化性与超文化性

进而，我们可以深入思考的是，数学在何种意义上可以称之为文化的问题。作为一种文化进化的产物，数学可以被赋予强烈的历史主义色彩。数学文化的历史观否认数学先天的合理性和神性，否认数学知识和结构预设的完整性和合理性，取消了柏拉图主义的理念世界和康德的先天综合判断，从而消除了关于数学的形而上学观。数学不可能摆脱时间变量（即历史维度）而成为某种永恒的知识形式，但在某些历史时期和特定的形式及结构当中，数学是具有超越性的。数学文化性质的一个明显特征是在不同的历史文化背景下产生的不同形的数学形式（如经验数学和演绎数学）。然而，与一般文化不同的是数学的独特性。不同文化的所有数学都有共同的或非常相似的起源，概念和问题。例如，无论是经验数学还是演绎数学，几何与代数都是共同的研究对象。这不仅说明数学对人类而言具有共同的客观性基础和经验来源，而且证明不同民族文化（至少在科学文化层面上）具有共同性（目前数学文化研究的一个误区就是过分强调了差异性而忽视了共同性）。所以数学文化既有文化的一般意义，又有其独特性。

更进一步看，谈到数学文化的普遍性特，就要考虑是否存在超历史、超文化的数学形态。或许某些数学知识与特定历史时期的某种社会思想、科学形态和观念没有直接的关联。某些文化形式可能与数学密切相关，而另一些则关系不大甚至没有关系。这取决于数学文化的中心内核结构及其与其他文化的层次关系，以及不同文化之间的联结和扩散方式。

从上述复杂多样的情形看，我们认为有必要提出关于数学文化的一个对偶观念：即数学的文化性与超文化性，亦即数学的文化相关性与文化不相关性。如果对文化作狭义的理解，那么我们必须承认数学一方面具有文化性，另一方面又具有相对的超文化性（在笔者的数学文化语境中，文化通常是取其广义理解的。但考虑到某些相关研究对"文化"概念的狭义理解，为了得到某种共同的理论平台，我们有时候也需要在特别强调的情况下采用其狭义理解）。

数学的超文化本性具有层次。一方面，在涉及国家数学或传统数学时，在数学知识的特征或数学发展的机制上没有绝对和不可调和的差异。例如，尽管研究深度和范式不同，但不同民族和国家在其数学文化发展的早期，几乎都不约而同地要研究"数字"和"图形"这两种基本的数学对象。这种趋同性就是数学的超民族文化性的体现。著名哲学家胡塞尔在《几何学的起源》一文中表达了这样的见解："几何学及其全部的真理，不仅对于所有作为历史事实而存在的人，而且对于所有我们在一般意义上能够想象得到的人，对于所有的时代、所有的民族，都是无条件地普遍有效的"。虽然胡塞尔所表达的见解过于强硬了，其非历史的、具有强烈形而上学色彩的数学观值得商榷，但数学知识能够被不同民族共享，这的确是一个事实。

但另一方面也应该看到，数学的确在许多方面，如数学思维、数学观、数学价值观等，都是与文化紧密相关的。例如，虽然柏拉图主义数学理念只是一个幻象，但为什么它会在那么长的时间内一直占据数学观念的主导地位？这是一个值得深思的问题。这里面就有一个共性与个性、共同性与差异性的关系问题。就整个数学而言，数学与其他文化的密切关联性也并不是在所有情况下都是呈现显性表现形式的。我们有这样一个推断，在某种社会文化情境中被孕育的数学文化，在其被转换成为某种纯粹的数学知识形式时，作为背景的和隐式的文化色彩和特征常常被（有意或无意地）过滤掉了。此处我们不仅要考虑复杂、并且不断变化的现代数学形式，还要考虑古希腊、古埃及、古罗马、中国古代、印度古代等。如何处理西方的中枢数学理论（文化）是一个重要的理论定位问题。我们初步认为，由于西方数学及其教育理论框架与范式在学校教育中占重要地位，我们不应过分强调它和其他文化的差异。如果我们不掌握西方用来发展自己的多种强大的意识形态武器，我们将重蹈覆辙，退回到国际舞台上的被动挨打中。因此，列宁所说的吸收世界上所有优秀文化并使之与民族文化融合，从而促进民族文化发展的必然选择是完全正确的。

数学"超文化性"概念的提出，是想表明数学所具有的很少受到社会文化变化和发展影响的相对独立的固有知识成分。固然，特定的数学知识或许是某种社会需要的产物，如二次世界大战对情报、密码破译、高速运算的需求催生了计算机的发明等。但是，计算机却远远不是仅仅只为战争服务的。数学与其社会文化具有多样复杂的互动关系。数学的发展是多种社会和文化因素的结果，它们可以被称为数学发展的外部力量。但是一旦产生了数学理论，它就有自己的生命力和发展道路。在一定时期内，数学可能对外界不敏感。例如，一个明显的事实是，数学不像意识形态那样在社会变革中具有较为强烈的律动性。因此，数学作为一门科学，有其相对独立的客观性、学科传统、知识范式和演化路线，而离开数学的科学性去奢谈数学的文化性（狭义的，即驱除了科学性的文化）是行不通的。但从另一个角度讲，从事数学研究的人（数学家和数学工作者）却无时无刻不受他所生活的时代的社会观念、哲学思想、信念、价值观的影响。特别是受到社会政治结构（制度、意识形态）、世界观、哲学观、价值信仰、经济结构、技术形式、生活方式、利益选择、创新导向、数学共同体、研究经费、科研计划的支配和作用。这些又都必然对数学家的研究方式、研究兴趣、课题选择产生影响。相对来讲，数学的知识实体较为稳定，而主体则相对活跃。数学共同体是数学工作者较为直接的组织，数学共同体是联结个体数学家和社会的一个渠道。

从外部看，前面"超文化性"概念的提出就是对数学"普遍性"概念的肯定。数学的超文化性意味着数学并不是由种族决定或文化决定的。在这种普遍性的观念之下，在不同的民族数学范式之间并不存在库恩所称的不可通约性。因此，"民族数学"等概念的提出，就不能作为消除数学普遍性的恰当理由。从数学内部看，多样性（无论是理论、观点与方法）已经是一个事实，并不存在绝对的、唯一的先天的数学世界。

通过对数学双重性（文化性与超文化性或文化相关性与文化不相关性）的认识，可以看出，我们需要慎重看待民族数学在数学教育文化研究中的作用，避免认识上的偏颇和误差。

（四）警惕某些危险的研究倾向

应该看到，在国内外，关于数学文化观念各种见解的分歧是很明显的。或许我们可以把这一现象理解为数学文化研究的多元化趋势。这也同时显示出我们的某些数学文化研究确实还处于一种混乱和无序的状态。对数学文化精神不恰当的认识、定位、偏见和极端理解，将会对数学教育造成有害的影响。

国际上，在包括后现代主义在内的更为广泛的世界范围的社会文化思潮中，数学等科学的研究被裹挟在殖民主义、后殖民主义、西方中心主义、民族科学、女性主义等社会文本和语境当中。有些科学被冠以"女性友好的科学"的标签，而有些数学则被当作是所谓欧洲中心主义或男性主义的产物。例如，在女性主义者看来，西方哲学传统和逻辑表达的是男性权威和权力的声音，其特征是单一化的和压抑其他不同声音的。

又如，在被标榜为后现代数学的某些国际数学教育研究中，就有把诸如性别、种族当作数学教育的决定性因素加以夸大和予以强化的倾向。

我们认为，将数学学习与性别、种族特征、种族等方面的差异联系起来的研究趋势是数学教育的更广阔的社会、文化和历史的研究视角，值得惩罚研究的一些方向。然而，上述研究的误区在于其文化、种族、性别和本能决定论的思想和立场。按照上述认识，学习者的数学学习只能顺应性别性、种族性而无法超越之。比如，按照上述认识，女性的数学学习只能局限在其本能和本性之内。而某个人的数学认知也只能受制于其民族思维的特征。这些看法都是既不符合事实，也不符合数学教育目的的。他们没有看到人的学习过程和认识过程是一个不断超越的过程，人不仅能够超越自身的性别局限性，而且可以超越其民族思维的局限性。况且，即使是同性别、同民族之间也存在着很大的差异性，并不具有某些后现代研究所假设的内部普遍性和一致性。如果我们相信上述立场，那么数学教育就只有放弃自己的教育目标，在性别、种族、文化等固有特征面前缴械投降了。上述偏颇认识对我们的启发是：我们在进行数学教育研究时要特别注意方法论的抉择。我们觉得社会、文化等因素与数学教育的关系定位很重要。我们倡导社会、文化的相关性，但反对社会、文化、种族、性别决定论。

特别值得注意的是，在中国这样的发展中国家，向西方学习和借鉴一切有利于生产力发展和社会进步的有益的文明成果仍将是一个长期的抉择。因此，在科学教育和数学教育领域，我们就要对上述类似的文化研究倾向保持警惕。我们要防止某种集自卑与自傲于一体的极端民族主义心理，避免使其变成阻碍接受西方科学与数学的借口。像数学这样的学科，即使我们承认了其多元性（无论是在西方数学与非西方数学之间，还是在西方数学内部），对于其性质、特点和特色，终究需要有一个价值判断，需要给出一个优劣比较。我们认为，有些研究对不同民族数学之间差异性的过度强调，有时候是混淆了数学的本质差异与形式差异，混淆了数学的差异性和层次性。有些被认为是数学的本质差异只不过是形式差异，而某些被夸大的所谓差异性，其表现形式本质上可能只不过是数学的多样性和层次性而已。

第三节 数学教育的文化研究

数学文化是从辩证法和综合的角度来审视数学世界及其现象，并尝试给出自己独特的答案。数学文化研究的兴起可以被看作是数学哲学研究范式转变的必然结果。中国对数学文化的研究已有十多年的历史。自 21 世纪初以来，我们与数学文化有关的研究取得了很多成绩，特别是数学概念及文化内容在数学课程中的渗透和体现。所取得的进展对所有人都是显而易见的。但是，相对而言，数学文化在理论研究中并没有进步很多。

为了深化数学文化研究，探索如何进行数学教育的文化研究，有必要扩大其相关领域的研究，逐步解决相关的理论难题。这也是数学文化作为一门新兴学科逐渐成熟的标志之一。

对数学文化的研究为数学及其教育开辟了广阔的前景。数学和数学教育的概念，数学的社会历史研究，民族和传统文化，通俗文化，科学文化及人文文化，都是数学文化研究的重要相关领域，也是突破口。这些不同的相关研究领域探索了数学文化中理论发展的新点。

一、数学观与数学文化观及数学教育观

数学的概念是人们对数学的性质、规律和活动的各种理解的总和。在历史上，不同的数学观点发挥了自己独特的作用，其中从长远来看，最著名和占主导地位的是柏拉图的数学观点。尽管当代数学思想的发展已经消除了数学对象作为一个整体存在于永恒理想世界中的现实观点，但柏拉图主义和形而上学对于数学发展的历史价值无论如何都不能抹去。例如，在数学史上，正是通过抛弃经验标准，数学才获得了超越敏感性的自由。尤其是在方法论层面，某种形式的柏拉图主义观点所具有的价值不仅不能被否认，而且还有待于进一步挖掘。而相对于爱丁堡学派科学知识社会学偏颇的认识立场而言，某种修正了的或弱化了的柏拉图主义实在论数学观念可能会具有更高的理论适应力。与数学的观点相比，数学文化的观点无疑是从越来越广泛的理论角度来看待与数学有关的各种问题。具体而言，尽管将采用数学的内部观点，但数学文化更多是一种文化观点，是对外部观点的分析。例如，数学概念可能没有考虑数学与其他人类文化创造之间的关系，而只考虑数学的本质、知识的特征和发展规律为感兴趣的对象，而数学文化必须总体上考虑人类文化中数学的状态。当谈到两者之间的关系时，数学文化对几种不同的数学观点采取了辩证而全面的观点，而不仅仅是采取一种。

总体来看，在各种数学观念中，当代数学文化的观念无疑是倾向于（社会）建构主义的、进化论的、辩证发展的数学观，而拒斥柏拉图主义、绝对主义、先验论、形而上学的数学观。但这并不意味着数学文化在所有问题上都采取非此即彼的二元论立场。

对数学文化的研究已经超越了对数学本质的传统理解，并且与数学教育研究有着紧密的联系。数学文化概念下构想的数学教育概念必须克服传统的西方数学理性模型。这种模式的核心是柏拉图以来形成的西方理性主义精神。这种精神追求知识的逻辑性，讲求知识

发生过程的严密性，重视推理的明晰性和结构的公理化，因此可以断言，西方数学与西方文化是交互的，西方文化的逻辑理性由于数学的相同品质而被强化了。而这些作为西方文化现代性的基本特征在其发展的历史逻辑进程中走到了绝境。

数学文化观念下的数学价值和功能的基本定位是反对关于数学的任何片面的、固定的和狭义的理解。因此，在数学教育领域，诸如单纯的智力体操说或思维体操说、功利主义、工具主义、科学主义和实用主义的观念，都是无法被接受的。

二、数学文化与大众文化

尽管数学与人类文化之间的广泛联系是不争的事实，但是在不同的历史时期，数学有时会给人以超越人类文化的印象。在当代，自然科学的许多新进展和发展，例如克隆，大爆炸，基因作图和基因工程，超导性，纳米等，可以被普通人迅速接受并成为很快就会流行文化的一部分（尽管它们可能会流行），但数学的情况要差得多。随着数学专业化程度的提高，数学的最新成果难以为公众所理解，甚至流行的解释也非常困难。诺贝尔奖是众所周知的，但非数学家很少知道菲尔兹奖——这是数学上的伟大奖项。例如，庞加莱猜想的解在最近的数学界是一个重要事件，但是很少有人知道这一点，更不用说庞加莱猜想的一般内容和拓扑概念了。难怪美国著名数学家哈尔莫斯（Halmos）曾经感叹说，即使是一位非常杰出的数学家的著作也没有得到公众的关注。可以看出，公众忽视数学是一种相对普遍的现象。

在现代社会中，由于数学专业的高度发展，数学作为一种工具、技术和语言，已广泛渗透到现代科学和工程学的众多领域，并且数学文化具有更强的渗透和隐式。通过与其他科技文化的互动，公众可以享受这种潜在形式。另一方面，现代数学正越来越远离公众。数学专业知识，由于其高度专业化和困难性，仅由少数数学精英掌握。因此，当代数学文化很难作为大众文化被公众共享，这是一个令人担忧的现象。更令人忧虑的是，如果超出数学的科学范畴对数学进行文化诠释和解说，会不会由于过分的通俗化和简单化而违背了数学或多或少有些艰深的甚至有些晦涩的真义，抑或由于过度的专业化和过于细碎而阻碍数学文化的传播。

三、数学文化研究与数学社会研究

随着数学文化研究的深入，数学社会研究必将成为一个热点。

数学的社会化和人类思想文化的数学，包括自然科学、社会科学以及人类文化的几乎所有领域，构成了知识经济社会的基本特征，这是二十一世纪的基本社会现象。数学的发展趋势使数学具有更广泛的文化含义。从这个数学意义上讲，人类文化正在逐步走向统一。数学的社会化程度是数学促进社会进步的重要指标。各种科学的数学是促进社会进步的数学科学技术的基本体现。数学将成为社会进步的重要标志。这也证实了马克思的一句名言："科学只有成功地运用数学，才能真正发展。"概括地看，数学社会学的研究将从理论与实践两个方面回答数学及其技术发展与人类思想文化变革和社会文明进程之间的若干问题，为中国的现代化和社会可持续发展提供思路与对策，并对数学素质教育的深层次理论问题做出回应。

数学文化研究与数学社会研究的区别何在呢？在我们看来，数学教育中的文化研究与数学教育的社会学研究的侧重点是不同的。就内在性和外在性的关系而言，文化是一门学科固有的、传统的、独特的、内部的本质，而社会性则更关注外部世界与学科的联系和作用，关注于人与人、人与团体之间的相互关系。

从数学社会文化的角度来看，社会文化无疑对数学的发展具有一定的影响。由于数学界的成员都是社会的成员，因此他们必须将其时间的各种概念和价值判断纳入数学研究，这些都是毋庸置疑的。我们也必须承认，数学的知识中含有社会文化等因素或成分＝这是因为除了自然现象之外，社会现象中也有数学的规律、结构和关系。我们可以把这种可被数学化描述的社会现象称为社会文化的客观性。但社会文化等外部因素究竟在多大程度上能够对数学的知识内核产生影响？或者说，用数学的语言说，社会文化作为数学的知识、理论体系的一个变量，是主变量还是协变量？这其中的关系十分复杂，还有待于进一步探明。我们认为，数学社会研究应被视为数学文化研究中极为重要的部分，而不应被视为两个相对独立的跨学科研究领域。或者，为了突出数学文化中社会探究的特征，我们也可以将其称为数学中的社会文化探究。可以预见，数学社会学将成为科学探究社会学的重要组成部分。

四、数学文化与民族文化及传统文化的关系

在历史上，不同的种族在数学上达到了不同的程度，并拥有自己独特的数学文化（尽管有些人有共同点）。这样，数学文化研究的更深领域就涵盖了数学文化的历史调查及数学文化历史的比较研究，包括各国历史中对各种数学文本的解释，和对特定的历史条件下数学社会结构的理解。

如前所述，如何对待西方数学和其他民族数学的关系，是此关系中的一个焦点问题。客观地讲，在科学层面上，应该是不存在不同文化的数学这样一个概念的。在数学的内部，即其科学的意义上，并不存在那种不同文化、不同民族之间的明显差异性。但在更广泛的外部视角下，数学却也有一个社会—文化—心理背景的问题。

一般来说，在各种文化风格中，有些是肤浅的，有些是在骨髓深处的，这几乎可以称为文化遗传学。因此，从数学文化与民族文化之间的关系的角度来看，我们的关切是，即使是那些非常精通数学的学生或学者也将保持较高的数学能力水平，而没有达到数学水平。换句话说，数学概念并没有成为深层文化心理学的资料库，也没有成为流淌在民族文化血液中的东西（当然，它不像某些学者具有所谓的文化心理学那样）。

五、数学文化的历史研究

数学文化的研究与数学的历史息息相关。正如法国著名哲学家德里达所指出的那样："将科学视为一种传统和文化形式，就是对它的整个历史进行考察……所有文化的存在，因此也包括所有现今的科学家，全部都包含了过去"。

应该注意的是，数学文化的历史调查不同于传统的数学历史调查。两者之间的主要区别在于，前者更多是外部视角，而后者基本上是内部视角。传统的数学史研究与数学史中的知识发展有关，而数学文化的历史研究不仅应与个人思想，知识和方法的历史发展有关。数学（即内部历史），但也改变了对数学和社会，文化的看法。经济学与政治之间的历史互动（外国历史），尤其是数学历史传统与其现代表达之间的关系，以及与数学教育相关的不同社会，历史和文化的数学传统。从现代意义上讲，它位于不同数学文化范式与当代数学发展的启示之间的比较研究中。简而言之，数学文化的历史研究不应成为与现实几乎无关的孤立的考古文本、历史数据和文献研究，而应发挥其作为历史继承的参考作用、发展传统并加以创新。

随着对数学文化的深入研究和对数学课程发展的需求，应逐步加强对数学文化史的研究，包括数学文化角色的转变，数学史研究的定位，数学文化史对数学教育的价值，数学历史传统与其现代表达之间的关系，数学文化史与数学教育之间的关系，以及不同数学文化范式之间的关系，插图与当代数学发展等的比较研究等。

六、数学文化与数学文明

鉴于上述认识，在数学文化概念之中或之外，是否还有一个数学文明的概念？这一问题一直困扰着我们。这里把它提出来，希望得到数学教育界同仁的关注和评论。笔者认为，这一划分关系到数学知识的进化机制和数学课程研究中如何选择数学历史材料的问题。因为对一门科学的发展来说，由于文化概念强调了一种已有的、固有的存在性和存在状态，而不同文化表现形式之间并不具有明显的优劣性和可比较性，所以单一的文化概念或许会遮蔽我们的认识视线。相对而言，文化概念是中性的，有时候是不涉及价值判断的，而文明的概念则有进步性、发展性等倾向性价值表征。这是我们提出数学文明概念的初衷。如果我们确认存在数学文明的概念，那么数学文明与数学文化之间的关系是什么？显然，数学文明的概念小于数学文化的概念，可以弥合数学科学与数学文化之间的鸿沟。这种理解有助于回答上述有关如何处理不同种族数学以及传统数学在数学中的位置的问题。

数学文明概念的提出可以起到深化数学文化研究的作用。虽然数学是一种文化，但却不是一般的文化，它还是一门科学，这一点是万万不能忘记的。科学自有其客观的一面，对一般文化来说适合的东西未必就一定适合数学，所以我们也不必纠缠于某种多元性之中。数学作为一种科学世界语的价值不正体现了人类共同的理想和精神追求吗？所以，现代数学文化处于人类文化发展的较高阶段。作为科学文化的一个典范，数学文化以其特有的、广泛认同和共享的数学共同体观念、方法、命题、论证构成了一种多样统一的世界文化范式。

七、数学文化是科学（技术）文化与人文文化的综合

从学术研究的角度看，人文科学与自然科学两大阵营对峙的一个典型表现形式就是数学与人类文化的分离，而这在很大程度上又是一种错觉和误解。造成这种误解和错觉的部分原因应归咎于不当的数学观，其中最典型的就是柏拉图主义的数学理念论。因为按照柏拉图主义的数学观，数学知识并非是由人创造出来的，而是原本就存在于"理念世界"的。这样一来，数学就不可能是一种文化，而是游离于文化之外的。数学游离于人类普遍文化之外的误解随着数学日益强烈的专业化和封闭性而被强化，后来逐步凝结为唯理论的、形而上学的、先验论的、具有浓郁神学色彩的数学观。然而，现代数学的发展一再表明数学并不是早就存在的绝对真理王国，而是人类对于客观事物量性规律性及各种模式的一种认识，以及建立在这种认识之上的知识建构和各种文化创造。

随着新数学理论的构建和理想化、虚拟化及基于模型的数学构建方法的不断扩展，数学的范围和应用变得日益广泛。除了为数学家提供许多可以引发数学思维和灵感的模型之外，人类社会各种复杂的现象已日益成为数学理论的基准。数学的定量特征及模型，作为世界上一切事物的抽象概括，以及一切事物的数量和结构之间的关系，已经成为自然科学、科学技术、工程技术和人文科学的共同财富。由于数学理论能够为不同的自然与社会现象提供模式，在定性研究中迥然不同的现象可以采用相似或相同的数学模型加以描绘和解释。数学理论的广泛应用价值、多样性理论建构和日益丰富的解释学意义为重构人类知识，使人类整个思想体系在更高层次上获得整合和统一做出了积极的贡献。因此，在数学与数学教育发展新的历史条件下，我们需要对科学精神、技术精神和人文精神在现代社会

形态下各自的本质和相互关联予以新的阐释。我们需要构建具有时代精神的新的科学观、人文观和世界观。

需要指出的是，数学的科学价值有必要进一步地予以揭示。我们对数学的科学性的认识不是多了，而是还很不够。尤其是对于数学新的认识论和知识论的意义，还有待于挖掘。数学作为科学技术的一个重要门类和典范，在现代和未来的发展中会呈现出许多新的特点。这些新功能反映在数学的科学和技术、社会，历史和传统方面。因此，它们深刻地揭示了现代数学的科学性，对于充分发挥数学的作用促进社会生产力和社会主义的发展至关重要。精神文明在使数学更好地服务于人类物质文明和精神文明建设中发挥着重要作用。从广泛的意义上讲，这一领域的研究将有助于科学主义与人文主义的融合和统一，从而对人类文化的整体性发展，对数学（素质）教育的作用，对数学教育的改革与人的全面发展都有重要意义。

数学文化的概念坚持数学在人类文化中的基本地位和重要性，主张维护人类文化与数学文化之间的有机联系，要求对事物进行客观，真实的定位和判断。

八、数学文化与数学教育

（一）数学文化的概念引导老师和学生建立更广阔的数学、科学和世界视野。数学文化运用广泛、相互联系和跨学科的特点，加深了对学生对世界一般概念的理解，这将使人们更深刻地理解数学教育基本规律。

（二）文化上适当的数学概念可以帮助数学课程正确定位。由于数学文化的视野比数学的视野广，因此通过数学文化的视野，可以更清楚地看到数学的价值及其在整个学校课程中的位置。在数学文化的概念下，传统的课程将数学知识和数学（历史，社会和人物）创造的上下文区别开来。数学文化展示了知识的实际情况以及抽象形式，从而增强了数学知识的上下文和历史感。数学知识是新鲜有活力的，而不是冷酷的骨架。

（三）数学文化概念帮助加深对数学教学活动本质的理解。在数学文化的概念下，数学教学不仅把数学看作一种孤立、纯净、个体的知识形式，而且还把数学纳入文化素质的整体结构中。数学文化是数学素质教育的核心。数学文化建设的视野呈现了数学的认识论特征，加强了数学认知活动的相互作用。数学文化概念和建构主义非常一致。从数学文化的角度来看，教条、机械和形式主义的数学教学方法将不再有市场。

（四）数学文化概念下的学习方法会更接近生成数学知识的过程，更接近学生的实际知识和思维活动。数学文化的概念可以增强学生的交流与合作意识。数学文化的概念反对以数学为客观知识和客观真理的先验观点，而是认为数学是在主观知识和客观知识相互作用的情况下产生的。因此，个性化与社会化的互动知识建设形式已获得应有的教学地位。

（五）数学文化的观点也有利于促进教与学的融合，克服人文与科学文化之间的对立。

我们可以期待的是，在数学文化的旗帜之下，人文文化与科学文化这两种文化之间的对峙有望得到一定程度的遏制，数学文化教育能够成为现实的数学教育行为。借助于数学在两种文化之间的纽带和桥梁作用，学生的知识结构将不再是分裂、片面和残缺的，而是相互交织、有机联系。我们还期望，随着数学课程中数学文化观念的广泛传播，未来的人才培养模式不是偏科的，而是通才的，不是片面科学主义的，而是科学和人文相互融合的。

第四节　数学文化观之数学素质教育

一、数学文化观念下数学素质的含义

自从素质教育成为教育界的共识，素质教育的思想已深入人心。从研究现状来看，作为教育思想，素质教育的各种研究似乎已是硕果累累，然而各门学科的素质教育研究却显得比较薄弱，已有的一些研究成果也存在就事论事、缺乏理论高度等不足。我们相信，只有深入研究主题的文化水平，而不仅限于该主题的知识水平，我们才能对主题的质量及其培养方式有新的认识。关于数学，从作为一种科学的数学到作为一种哲学的数学，再到作为一种文化的数学，因为我们对特征、价值、数学的功能和意义逐渐扩大和深化，数学文化的概念为我们提供了一个不同寻常的视角来讨论数学素质教育的问题。从数学文化研究的角度，我们应有一个准确的认识。在此基础上，在实施优质数学教育方面取得巨大进展对数学文化概念有非常大的教育意义。它在数学的文化传统中首次得到体现，因为作为科学思想的长期积累，数学文化具有自己独特的科学传统和组织，包括如何传播知识和创造数学知识记录。交流，其文化遗产是普通数学教育活动。其次，从数学文化发展的历史角度来看，不同民族和地区在不同时期都有自己的民族数学萌芽，有的学科发展较快。随着民族文化的发展而兴衰的固有数学传统深刻地反映了不同国家的精神追求，思想兴趣和自然观念。尽管以古希腊数学为基础的西方数学从文化功能的角度引领了现代数学的发展趋势，但作为一个国家文化教育的一部分的数学教育却不能与其国籍分开。如果我们忽略文化冲突和文化差异，仅从科学数学的意义上理解数学教育过程，就无法得到与文化密切相关的深度教育问题（如数学教育）的满意答案。当我们从西方的理论和数学教育经验中学习时，我们一定不要忘记这一点。质量是与文化密切相关的概念，根据对教育学中质量概念的理解，重点是通过在固有质量的基础上发展教育和社会实践活动而获得的人的主体性，也就是说，质量是人类智慧，道德和美学的系统整合。可以看出，质量观念的实质在于各种素质的融合。所谓的教育是忘记了在学校学到的一切后剩下的东西。

在数学方面，可能不再有人记得他们学过的某个几何定理，但是几何的严谨性，逻辑性和独特之美给他们留下了深刻的印象。这应该是质量。从精神科学的角度来看，质量是人类教育理想中的一个主导概念，包括启蒙，社区意识，判断力和关注度。对于人文主义者来说，质量的本质超出了技术技能的水平，它是一种人类的才能和天赋。从社会学的角度来看，质量可以理解为个人们对社会发展和变化的心理准备。面对挑战，质量就是适应性、竞争力和创造力。从马克思主义的观点来看，质量的本质是人的整体发展。这也是对质量概念的最哲学理解。

从以上观点出发，结合数学文化的特点，作为文化和科学素质的重要组成部分，我们认为数学素质是个人所具有的每个数学文化水平的总体素质，包括数学概念、知识、技能、能力、思维、方法、视野、态度、精神、价值取向，认知和非认知领域，应用和许多其他数学素质。

（一）数学的思想观念系统

数学思想观念体系主要包括：独立思考的素质，敢于质疑和敢于创新，形成数学思想观念，看问题，分析问题和解决问题的能力。观点和数学方法。建立理性的世界观、方法论和认识论，自觉抵制各种伪科学及反科学和封建迷信的侵蚀，对数学具有科学、客观和现实的态度和视野有重要意义。例如，我们不仅必须认识到数学的重要性和作用，而且必须认识到当今时代数学的局限性和不足。我们必须注意数学和其他科学方法的协调和互补，并避免对数学的训练不足，对数学的偏向思维和盲目崇拜；应有客观、正确和良好的感知，对数学的真理，善与美及其价值做出正确的判断和评估。

（二）数学的知识系统

随着现代教育越来越强调能力和素质，在理解方面存在偏见，好像知识不再重要。从数学质量的构成角度来看，知识是最基本的成分，知识与能力，知识与质量不是对立而是互补。对于数学知识，最重要的是将知识整合到学生的认知结构后如何构造新知识。不同的知识构成方法决定了知识在认知结构中的功能与作用。优化后的知识结构具有大容量的知识功能单元和良好的载体功能。只有优化和激活的知识才能充分发挥作用。为此，不仅要解释知识本身是什么，而且要弄清知识为何如此。不仅要揭示知识的最终结果，而且要揭示知识的全过程，从而使知识是相互联系的、动态的、发展的，其辩证关系和全球关系相结合，而前述的知识特征应作为前提其数学成分的基本要素。

（三）数学的能力系统

数学能力的发展过程是一个包括认知和情感因素在内的复杂的心理锻炼过程，在更高层次上相互关联和组织，其中多种思维方式涉及到不同的方面。数学能力有很丰富的内容。作为数学能力的有机组成部分，数学创造力在数学能力的构成中占据中心位置，因为它在数学素质教育中及其重要。数学创造力不应简单地被看作是数学作为一门科学的创新及发现，而应扩展到数学教育的过程及范围。在数学教育过程中，数学认知的个体活动是人类数学文化过程的代表，其中独特的心理矩阵是真正创造力的起点。尤其重要的是，在数学教育中，创造力的显著特征是娱乐。对于每个人来说，娱乐的教育重要性是无与伦比的。

（四）数学的心理系统的非认知、非智力因素

数学创造和学习活动作为一种智力探索活动，需要良好的心理素质，对数学的热爱、赞美和欣赏，高度的精神专注和长期的精力投入，克服一切困难的毅力、坚持下去的意志和勇气，不屈不挠的艰苦奋斗精神，诚实守信，不做虚伪的良好作风以及相互竞争与合作的科学作风。

二、数学文化素质教育的构想

数学素质教育的过程就是在个体主观心理特征中内化数学文化的精髓和基本概念。从数学文化及质量的概念出发，回顾历史，有许多值得反思的地方。

从一般社会和文化环境的角度来观察，没有完全令人满意的社会及文化环境有利于包括数学在内的科学发展。在整个国家的思想基础中，科学主义与理性主义的萌芽尚未完全扎根。近年来，我们与各种邪教和伪科学进行的艰苦斗争使我们想起，科学思想，科学精神，科学观念，科学态度和科学方法尚未充分扎根于民族文化的灵魂及公众的科学意识内。有必要继续提高科学精神和科学知识。尽管从社会发展趋势的角度来看，已经出现了有利于科学技术进步的价值取向，但也隐藏了一些令人担忧的因素。

综观中国近代史，在无数志士仁人的强国梦中，始终有一个无法避免的认识误区，即把西方的强盛简单地归结为物质力量的强大，而没有触及西方文化的科学内核。更有许多学术巨匠沉醉于传统文化的幻影中，失去了对西方文化的科学估计和正确判断，具体到像数学这样的科学，其理解也仅仅停留在技艺、数术这样的表层，而没有达到哲学和文化的深度。实际上，数学向我们展示的不仅是知识系统、科学语言和技术工具，而且还是思维方式，理性思维和认知方式的范式以及新的空间。世界美学层面的精神层面，充满人类创

造力和想象力的文化领域，以及充满人类理想和长期愿望的世界计划。为了实现现代化，需要建立一个新的社会文化坐标，应该转变价值观念和整个社会的价值取向，以形成倡导科学和热爱科学的良好社会文化倾向。

在学校教育中，在一般社会价值的强烈控制下，纯粹功利主义价值取向非常明显地体现出来。在各种考试中取得良好成绩几乎已成为数学教学与学习的唯一目标和动机。优质数学被误认为就是参加数学测试的能力，而优质数学教育变成了毫无意义的空谈。要实施优质的数学教育，必须在教育观念，教育方法和教育内容上进行坚持不懈的改革。

（一）数学教育理念

要逐步确立数学文化教育在数学教育中的主导地位，把提高全民科学文化素质作为数学教育的职责，结合 21 世纪对人类数学的要求，将数学教育的长期目标与社会发展对人才的需求紧密联系起来，新时代所需要的数学人才能具有现代数学素质。因此，仅仅将数学看作一种智力活动来进行训练是不够的，将数学看作适用知识也是不够的，将数学看作实现某个目标的跳板是不可能的。必须打破传统数学的教育框架，改变传统数学作为其他科学工具的作用，并赋予其更广泛的内涵和意义。在数学教育的过程中，要特别重视挖掘数学的科学教育材料，体现数学的科学教育价值，充分发挥数学教育的科学教育功能，塑造和培养科学精神，科学观念，科学思维和科学态度。必须敢于使用数学和其他科学武器与伪科学和反科学做斗争。改变对数学只是一堆冷酷的公式和符号的偏见，并充分证明数学的自然真理。人类的真理和特征表明，数学是人类文化创造的精髓。有必要打破数学的外在形式，深入研究其思想精神的核心。在培养学生的数学观念时，有必要捍卫数学是人类文化的共同财富，减少文化冲突，促进文化融合与交流，利用数学和其他科学文化来改造传统文化，促进知识的现代化。

（二）数学课程改革

现代人必须掌握大量的数学文化材料，充分发挥数学课程建设的强大选择功能，这也是数学课程建设中必须掌握的一个准则。数学课程为数学文化提供反馈。可以根据数学文化的要求，把邓小平提出的"三个面向"作为建设 21 世纪数学课程的指导原则。举例来说，现代数学已经或正在展现出许多新的科学特征和文化特性，迫使我们要不断地更新数学教育观念，诸如数学真理观念；从绝对主义向建构主义的变迁；计算机时代数学强烈的实验性质；离散数学日益增长的重要性。这些新的变化必须逐步反映在数学课程中，必须改变传统课程的构建模式，有效改革传统课程。建立与计算机技术应用相关的数学课程。数学课程必须充分反映数学思维的过程，数学与现代社会的紧密联系，培养学生的创造力，进行素质教育。数学教育改革必须发挥作用。数学课程改革的基本观点是管理数学

（如科学），数学（如文化）和数学（如教育）之间的关系，以便以适当的比例将这三者整合到课程设计中，逐步实现科学、文化、教育三位一体的课程目标。同时，有必要有效提高教师的数学文化素养，为实施优质数学教育打下基础。

（三）教学方法和策略

由于数学课程丰富的文化内涵，教学方法改革充满机遇与挑战。

首先，必须改正传统教学的缺点。例如使用大量机械加强的练习以使学生掌握所学内容，忽视培养发散思维、丰富的想象力和创造性的想象力。必须改变将教条主义灌输给充满生命力的数学体系，改变被动接受和机械接受的学习方式，以构建综合有效的学习方式。传统的基于粉笔的教学模式正在转变为以多媒体教学为重点的动态现代教学模式，从而将基于知识的系统传递和缺乏创造力的传统教学转变为以人为本的人文化教学。

其次，通过注重数学和审美教育，增强非智力素养，激发学生的学习兴趣，调动学生的学习热情，唤醒其内在学习的动力。创造自由、放松、充满活力的数学课堂环境。

同样，从发展数学文化的曲折道路到理解数学学习的本质。我们注意到，个体数学认知的过程在某种意义上类似于数学文化的发展，因此我们可以从数学文化的曲折发展中理解数学学习的本质。为此，我们必须注意学生数学文化经验的总结和积累，包括实验、观察、发现和对数学的认识。无论其成功或失败，这都是有价值的。我们必须重视数学的历史经典故事和数学家传记的道德教育功能。

数学素质是人们整个素质结构的有机组成部分，是现代人必不可少的素质。数学素质教育是培养和提高人们数学文化素质的基本手段。为了实现素质教育的目标，无论在理论上还是在实践上都需要做大量的工作。在实施优质数学教育的过程中，应考虑数学各方面的特点，应试教育的现实和数学的具体应用，例如数学中高质量教育目标的水平，不同层次的教育教学需求以及社会对数学需求的多样性等因素。

第四章　高等数学教学的基本原理

第一节　问题驱动原理

　　问题是数学的核心之一，解决问题是数学教学的目标之一。所谓问题驱动，就是要积极明确地向学生提出与数学教学内容有关的问题，使学生在思考问题的过程中锻炼、培养自己解决问题的能力。受问题的驱使，您可以避免书中定义，定理和证明之类的简单陈述，尝试创新性地解决问题。问题中有些是大问题，涉及一门课程或者一大章节，我们要问：为什么要学它？有些涉及一个概念，我们问：为什么要建立这个概念？有些涉及一个定理，我们要问：为什么会想到这一定理？这些问题，教材里是不写的或者很少写的，因而需要教师加以揭示。事实上，"照本宣科"地教学，往往是没有受问题的驱动，只是按教材的顺序在黑板上重写一遍而已。

　　因此，为了避免将教材搬家式教学的出现，首先要善于提出问题，把教材平铺直叙的内容，组织成有意义的提出问题、分析问题和解决问题的过程。

一、描绘一门学科要解决的问题，树立教学目标

　　大学数学教育，面对的是已经具有多年数学学习经验的大学生。他们首先要问的是：为什么要学这门课程？我们必须从一开始就展示课程的目标，说明本课程要解决的问题，以激发学生的学习积极性。

二、重要的概念，往往来自一个问题的求解

　　一般的微积分课程应以问题为导向，而每个主要章节也应以问题为导向。提出一个好的问题可以激发学生的学习兴趣，激发他们的探究热情，使教学迈出成功的第一步。

第二节　适度形式化原理

一、形式主义数学哲学的适当运用

以微积分为核心的分析数学用 $\varepsilon-\delta$ 语言得以完成严谨化的历程。希尔伯特将不够严谨的《几何原本》改写为《几何基础》，制定了完全严谨的欧氏几何的公理化体系。一些数学家追求完全形式化的纯粹数学，认为全盘符号化、逻辑化、公理化的数学才是最好的数学。法国布尔巴基学派的《数学原本》是其中的杰出代表。但是随着以计算机技术为代表的信息时代的数学迅速崛起，形式主义的数学哲学思想渐渐退潮。

但是，数学的形式特征将永远不会消失。正如数学家和数学教育家 H. 弗里登塔尔（H. Friedenthal）所说的那样："关于其发现方式的数学思想从未发表过。一旦解决了问题，它就成为一种技能，结果，炽热的思维就变成了又冷又美丽。"

迄今为止，学术形态的数学依旧是形式化地加以表述的。公理化、符号化、逻辑化，仍然是数学保持完全健康的绝对保证。我们看到的形式化的技巧，是我们必须学习掌握的能力。形式化所显示出的冰冷美丽，更是理性文明的标志。我们绝对不可以否定或轻视形式化的数学表达。我们所要关注的是，怎样避免把火热的思考淹没在形式主义的大海之中。

大学数学教育中也表现出了过度形式化的数学。写在大学数学教材里的数学知识，总是从公理出发，给出逻辑化的定义，列举定理，然后加以逻辑证明，最后获得数学公式、法则等结论。这是形式化的必然结果。至于其内涵的数学思想方法，教材一般是不提或者很少提及的。

这就是说，尽管形式化的数学呈现出那种冰冷的美丽，非常可贵，也应当引导学生学习、理解和欣赏，并且还能够加以掌握和运用，但是数学教育毕竟不能停留于此。成功的数学教学，还要进一步恢复当年发现这一美丽结果时的火热思考。

当形式主义数学思潮渐渐消退的时候，数学教育研究提出了"非形式化"教学诉求。这种教学主张并非要全盘拒绝数学的形式化，而是说要适度的形式化。通俗地说，就是要把数学的形式化的学术形态，转换为学生易于理解的教育形态。

一般来说，形式化的严格的定义和数学证明来自实际的思考，所以，概念教学需要从非形式的问题入手，用问题驱动，借助朴实的语言、具体的例子来描述数学概念，让学生

73

首先对所学概念有一个比较清晰具体的认识，然后再用严格的数学语言进行定义。

同样定理的证明，也要根据问题的特点和性质，进行合情合理的推理和猜想，找出思考的方向，以有效探索解决问题的途径。下一步是从非严格描述过渡到严格描述，从非正式描述过渡到正式描述。反映出数学家首次发现问题时的"热思考"过程，是数学教学创新的基础。

二、不同"形式化"水平的适当选择

以微积分为例，就有以下的几种形式化的水平：特高的形式化水平。例如将微积分和实变函数打通，将黎曼积分和勒贝格积分统一处理。

高要求的形式化水平。以 $\varepsilon - \delta$ 语言处理的微积分，即"数学分析"课程。

一般要求的形式化水平。整体上要求形式化表述，但对极限理论等的论证采用直观描述，辅以 $\varepsilon - \delta$ 语言的表述。

较低的形式化水平。全直观地解说微积分大意。

每一种水平都是有一定道理的。我们要做的事情是根据教学目标的设置和学生的特点进行选择。这是常识，无须赘述。

进一步说，即使是高水平的"数学分析"课程，也不能过度追求形式化，不可沉陷于繁琐的形式化陈述之中。

这样的基石性的数学内容，不妨看作一个平台（借用计算机科学的一个名词），可以放心使用，却不必一一加以论证。正如我们会用 WORD 软件打字写文件，却并不知其制作的过程那样，只知其然，不完全知其所以然。

这样的"平台"，对数学教学有特殊的意义。数学科学不同于其他学科，具有严格的逻辑结构。因此，数学的现代化不能废弃以前的理论，而要从古希腊的源头开始。例如，非欧几何的发现并不否定欧氏几何，现代分析学仍然建筑在古典分析之上。那么，越来越多的数学内容怎样在时间有限的教学过程里加以呈现呢？我们只能采取跳跃式的前进方式，在保留一些数学精华的同时，将一些经典的结论作为"平台"接受下来。至于哪一些理论作为平台，需要教师根据实际情形进行选择。例如，在微积分教学中，阐述闭区间上的连续函数性质（有界性、最值达到性、介值性）的几个定理，可以严格证明，也可以选择不证明，利用画图说明，作为"平台"接受下来。这就是说，如能理解其意，以后会用来解释一些函数特征，也是一种关于形式化水平的选择。

三、冰冷美丽和火热思考之间的适度平衡

高等数学课程中的绝大部分内容都是形式化，或半形式化陈述的。公理化、符号化、逻辑化的形式表示，具有简洁、明快、严谨的特点，具有数学特有的冰冷的美丽。与此同时，更要注意恢复原有的火热的思考，取得二者之间的适度平衡。

第五章 高等数学教育教学问题

第一节 高等数学课堂问题的设计

高等数学已成为许多学院和大学非数学专业的必修课，它是高等教育必不可少的基础课程。一方面，它为学生学习进一步的课程铺平了道路，并且对于培训也非常重要。

一、浅谈高等数学课堂问题的设计

为了保证教师能以优质的教学质量完成教学工作，下面笔者对怎样设计高数课的问题进行详细的分析。

（一）铺垫性问题的设计

这是一种常见的方式。共享新知识之前，先提出与旧知识有关的问题。例如，在讨论定积分法和部分积分法时，您可以提出有关不定积分法和部分积分法的公式的问题，然后引入牛顿－莱布尼兹公式，最终得出积分计算的各种方法。另一个示例是在谈论"在间隔中找到单变量函数的最大值"的问题时询问有关函数的单调性和极值的问题。当提出"可以将某个区间内函数的最大值作为一个函数的极值找到"时，鼓励学生积极思考"找出一个区间内函数的最大值"的问题。在发现了有关"在一个区间内找出一个函数的最大值和最小值"问题的几种情况后，在此基础上，让学生整理问题并自己解释，要求学生总结"关于在区间"中找到一个函数的最大值和最小值。"问题定律不仅可以培养学生的数字和形状相结合的数学思维能力，而且可以提高学生分析和解决问题的数学思维能力。"

（二）迁移性问题设计

学习转移是指一种类型的知识学习经验影响另一种类型的知识学习。许多数学知识在内容和形式上均有相似之处，在此情况下，教师可以在询问旧知识的基础上提出问题，以让学生将已经掌握的方法和知识转移到新知识中。例如，当谈论一个点的路径方程的概念，即空间表面方程和空间曲线方程的概念时，您可以先询问平面曲线方程的概念，然后谈论"将二维向量空间扩展到三维向量空间，即平面曲线方程，类似地，提到"空间曲面"或"空间曲线方程"的概念，然后讨论曲面和曲线方程的定义，使学生更容易将获得的知识或方法转移到学习未知的知识。

（三）矛盾式问题设计

矛盾式问题设计是指让问题之间产生矛盾，并使学生产生怀疑，从而培养学生较强的探索动力，并通过判断和推理来获得特殊的识别能力，加强思维的深度。

（四）趣味性问题设计

数学课不可避免地会存在枯燥无味的内容，这就要求老师要有意识地提出问题，创造轻松、快乐的课堂氛围，以激发学生的学习兴趣，鼓励他们去积极地思考。

（五）辐射性问题设计

辐射问题是以知识点为中心、引导学生从多角度来思考问题，将所学的知识关联起来，从不同的角度思考知识和方法的不同部分，这能有效提高学生的思考和探索的能力。这类问题更加困难，必须考虑学生的接受程度。完成示例问题后，启发学生，使他们对一个问题或扩展的问题（例如属于此类的问题）有多种解决方案。例如，将半径搜索为圆的周长？可以先使用直角坐标曲线的弧长公式来解决此类问题，然后可以使用参数方程形式的曲线弧长公式来解决该问题，最后您可以以极坐标曲线方程式的形式使用弧长公式。

（六）反向式问题设计

问题的逆向设计包括考虑负面情况或问题的含义，或将原始陈述转换为反陈述，从而得出探索的结果。例如，当讨论空间分析几何图形的表面方程的定义时，会提出一个问题："在空间分析几何图形中，任何表面或曲线都可以视为满足某些几何条件的点的轨迹，表示为一个方程或方程组，获取表面方程或曲线方程的概念"。

（七）阶梯式问题设计

楼梯式问题设计是指利用学生已经知道的知识，沿着教师设计的"楼梯"爬上台阶，这符合学生的认知心理，也能有效培养他们深入思考的能力。例如，当讨论所有基本函数在其定义域内的区间上的连续问题时，可以提出以下问题：连续函数的四个算术运算是否可以从极限的四个算术运算中获得？是否可以根据一元函数的复合函数的极限和连续性的定义来推出复合函数的连续性规则？是否可以通过五个基本初等函数的有限算术运算和组合获得所有基本函数的规则？那么所有基本功能在其域中都是连续的吗？通过这种方式，从特殊问题到一般问题，逐步引导学生思考问题并最终解决问题。

（八）变题式问题的设计

变题问题的设计是对原始问题进行转化，以使问题的本质渗透到问题中，从而使学生可以在思考中打破原始的思维方式，改变思想的方向并通过现象揭示本质。这样，通过问题转换，可以开拓新的探索方向，并培养学生的创新思维能力。

总之，教师需要仔细设计课堂教学问题，不建议使用简单且常见的问题，例如"是否正确"和"正确"。他们应该从多个角度和从多个层面提出问题，以激发学生的意识和欲望，增强学生在分析、综合和逻辑推理方面的思维能力。

二、以培养数学意识为目标的高等数学课堂教学设计

数学意识是使用数学思维来思考和解决问题的意识和思维习惯。在处理问题的过程中，所有意识包括推理意识、抽象意识、还原意识和应用意识等都是不可分割的整体，只有当所有类型的意识都同时起作用时，它们才可以反映出完整的数学意识。数学意识是连接数学知识和能力的桥梁，对培养学生的精神品格具有一定的影响。

教育的宗旨在于优化人的意识结构，提升人的精神品格。在知识爆炸的时代，一个人掌握一门学科的所有的知识是绝对不可能的。数学知识的形成包含着数学家的千辛万苦，数学意识也极为重要。因此，现代数学教育除了要获得数学知识和发展数学技能外，还应具有渗透数学意识，增强精神品格的作用。正如米山国三说的那样："学生在不到两年的时间里就把数学作为知识而忘记了。只有深刻地印在他们身上的数学精神，数学概念（意识），研究方法和方法等等。思维，它们随时发生。发挥作用并终身受益。"也就是说，教师应进行教学设计，目的是培养学生的数学意识，合理建立问题的教学环境，使渗透数学意识的教学得以实现。教师必须将高等数学知识及其隐藏的要素转化为学生的精神财富，以培养学生的数学意识。高等数学的教学包括接二连三的问题的教学，但这并不是这些问题教学的简单清单，而是根据数学教学结构和过程原理组织的教学，否则您将无法有效进行高等数学的教学。教师首先要对课程有宏观与微观的深入理解，然后依据高等数学知识的抽象性等特征以及学生的数学知识储备和心理适应性情况做出宏观（知识模块或整章）和微观（一课时或一个知识点）的教学设计。高等数学教学不是让学生对知识的简单积累，而是促进学生数学知识结构的优化，进而带动学生的认识结构的优化与升级，是一个整体、有序的过程。

教学的目的是提升学生的内心力量，引导他们前进。合理设计课堂教学目标对于实现

高等数学教育的目标至关重要。教学目标的设计必须是具体的，可观察的和可衡量的，并且必须基于预期的学习成果和学生可以评估的标准。考虑到知识的广度和开放性，以"记忆因素"，"理解因素"和"探究因素"为主要标志，将教学目标分为三个层次。设定教学目标的水平是教师专业水平的重要指标。课堂教学目标太多，教学目标"太全面"，将导致教学目标失效。制定合理的教学目标后，教师应根据课堂教学效果和学生的反应，创造条件引导学生朝既定目标前进。优化教学过程是完成教学目标的关键。高等数学教材上所呈现的知识点是经过历代数学家压缩的抽象的知识，只提供给学生一种知识发生的逻辑过程，而凝结于数学知识之上的数学意识机能进行的一系列活动的过程却被隐藏起来，通过教材很难呈现，学生不容易亲身经历知识发生过程，知识自身也不能明确地向学生说明。学生必须像数学家一样进行各种各样的活动，才能将外在的数学材料组织成含有结构性的数学知识。在这种活动过程中学生精神资质得到滋养，意识结构得到历练，形成了数学意识，使高等数学教育的高层次目标得以实现。因此，教师要根据课堂教学的教学内容合理地安排课堂教学结构，恰当选择以问题为导向、开放式、情境式的建构主义教学模式，灵活运用还原、展开、重演、再现等一系列教学方法，借助计算机、多媒体设备的强大功能将高等数学知识根据学生认知程度有序打开，展现高等数学知识发生时意识机能活动的全部过程和凝结在数学知识中的数学意识和精神力量。再由教师从打开获得的众多的知识发生途径与线索材料中比较、辨别、做出选择，将这种充分展开的过程进行压缩，生成书籍中用数学语言描述的知识点。这样的教学过程的设计既使学生学习到了高等数学知识，又渗透数学意识，充分发挥了高数课程的教育价值，还达到培养学生数学意识的教学目标，实现了高效的高等数学课堂教学。但是教学设计一定要把握宏观过程与微观过程的平衡、逻辑过程与心理过程的平衡、教师给予与学生创造的平衡。

评价体系既是对课堂教学质量的检验，又是对学生学习的督促，其最终目的是要激发学生的主观意识和能动性，将数学意识自主地发挥在创新意识的结构中。教师要根据教学目标和教学内容设定课堂教学的评价方法，对于高等数学课程来说，布置教师精心准备的相当数量且较难的数学题不仅可以加深学生对知识点的理解和记忆，而且在他们一步一步解决问题的过程中，数学意识不知不觉地逐步建立起来。

总之，在进行高等数学的课堂教学设计时，教师要从宏观和微观上统筹数学材料，了解学生的知识贮备和心理适应状态，制定教学目标，优化教学过程，制定合理的考核办法，通过高等数学知识教学，帮助学生学会运用这些知识，并从知识的运用中获得新观念，积累新经验，从而培养他们的数学意识。

三、提高高等数学课堂教学质量应注意的问题

数学课堂教学既是教学工作的基本形式，也是提高数学教学质量的关键环节。在课堂教学中如何提高教学质量涉及很多因素，下面将详细论述。

（一）合理制定教学目标

班级的成功首先取决于班级的教学目标。其次是所选的教学内容和教学措施是否足以实现目标。最后，查看是否以及在何种程度上实现了教学的总体目标。

目前的高等教育是大众教育，授课时既要兼顾大多数同学的利益，同时又不能忽视少部分能力强、有考研需求的同学，所以高等数学教学目标的制定要以《教学大纲》为主、《考研大纲》为辅综合制定。

另外每节课教学目标的制定还与授课时长有关，比如讲极限概念一节时，同学们刚从高中进入到大学，一下子接受极限这种抽象的概念需要有一个过程，所以教学目标的制定不能期望过高，因此初次讲解极限概念及运算法则要求"正确理解、正确运用"就可以了，至于"深刻理解、熟练运用"需要以后慢慢完成。

教学目标的制定还与学生的专业情况相关。比如经济管理学院的学生大部分是文科生，所以在制定教学目标时难度要适当降低，并需要根据其专业特点适当补充部分内容，比如需求函数、成本函数、价格弹性、边际成本等概念，为其以后学习专业知识奠定基础。

除此之外，教学目标的制定还与所讲的知识在书籍中的所处的地位有关。比如函数导数这一节在整个的书籍中都占据着至关重要的地位。因为后面所涉及的积分和微分方程等知识都是以导数概念作为基础的，因此从整个书籍的地位来看，要求熟练掌握导数概念及其相关法则公式。

总之，高等数学教学目标的制定是基于教学大纲、授课时长、学生情况、在书籍中的地位等几方面来展开的，只有遵循上述几点才能制定出合适的教学目标。

（二）重视新知识的引入

如果把每节数学课比作一场演出，那么新课的引入就是演出开始的亮相，效果的好坏直接影响这节课的成败。新课引入常见的方式有下面几种：

1. 创造情境提出问题

比如新开导数一章时提出学生熟悉的自由落体运动，如何求出任意时刻的瞬时速度？

导数的概念很多同学在高中都接触过，但并不知道这一概念的由来，通过提问使学生产生好奇，从而化成学习的动力。

2. 由新旧知识的关联提出问题

例如介绍不定积分一章时，提出问题：如果知道某个函数求导的结果是 sinx，如何来求这个函数呢，从而引入不定积分的概念。

3. 开门见山法

有些知识不能借助旧知识引入时，可以直接介绍本节要学习的主要内容，在讲完函数和差积商的求导法则后，举一例：tanx 的求导公式已经知道，但 arctanx、lntanx，f（tanx）对 x 的导数如何来求，为了解决这些实际问题就有必要学习下面的知识，即反函数求导法、复合函数求导法和抽象函数求导法。通过提问使学生意识到数学法则是来源于客观实际问题的解决，从而使其迅速进入学习状态。

（三）加强基础知识的教学

高等数学的基础知识是指教学大纲规定的概念和法则，包括定义、定理、重要公式、运算法则以及推理方法等。

要加强基础知识的教学，必须重视数学定义，数学定理和定律的教学。对于一些基本的数学概念，最好从实际示例开始。在具体讲解时，应将具体内容与摘要相结合，指导学生观察、分析和归纳与新概念有关的实际问题，最后获得正确的概念。对于相似且容易混淆的概念，应引导学生区分他们的本质属性和两者之间的逻辑联系。例如，在解释方向导数的概念时，学生很容易与先前学习的导数概念混淆，因此在教学时应明确说明导数和方向导数的区别和联系。关于公式，定理和规则的教学，我们必须要使学生充分理解介绍、演绎、证明、应用和记忆的联系。

（四）强调知识的关联性

对于基础知识的教学还要注意使学生把所学的知识纳入整体知识结构中去，使学生了解所学的概念、法则在整体知识结构中的地位到底如何，与其他知识的相关性如何，否则不顾整体只顾局部就会画地为牢。例如讲完微分方程和级数之后，要向学生指出：表面上微分方程和级数没什么关系，实际上求某些幂级数的和函数可以通过微分方程来求解，从而使学生注意到知识的横向联系。

（五）尝试"应用教学法"

在学习有些高等数学知识时，学生容易产生厌烦的情绪，因为学生不了解这些知识的应用背景，不知道所学内容是为何服务，影响了学习的积极性。比如在讲不定积分和定积分两章的内容时，通篇都是题型与解法，丝毫没有提及所解的积分类型究竟有何应用，教师在授课时可以适当补充这方面的背景知识，使学生了解其应用意义。不定积分涉及很多有理函数积分、无理函数积分等知识在热力学、量子力学也有着广泛的应用。总之，通过教师相关背景知识的介绍，学生就把抽象的理论与现实问题联系起来，拓宽了知识面，也增加了学习的兴趣。

在教学过程中教师应强调所学知识的实用性，以便使学生理解数学知识可用于解决现实生活中的问题。

提高高等数学课堂教学质量要围绕着下面几个方面着手：合理制定教学目标；重视新知识的引入；加强概念、定理、法则等基础知识的教学；强调知识的整体性和关联性，形成有内在联系的知识网络结构；重视知识的实用性。其中强调知识的关联性和实用性是重点，同时还要关注知识发生的过程。数学教育理念在不断更新发展，但不管怎样，"如何切实、有效地促进和改进学生的学习"才是教师教学的中心出发点，只要围绕着这一中心理念展开教学，高等数学教师关于教学方法、教学结构的认识就会不断进步。

第二节　"高等数学"课程教学与后续课程衔接问题

"高等数学"是大学的公共基础课程，毫无疑问，它在整个大学教学体系中占有重要地位。一方面，培养学生的抽象逻辑思维能力，处理各种类型数据的计算能力以及将数字和形状有机地联系起来的空间想象能力，以全面提高学生的数学水平。另一方面，它将为理工科、经济学和管理学乃至人文科学领域的所有类型的学生奠定数学基础，并为将来的专业课程提供必要的数学知识和有力的支持。当然，作为重要的基础课程，它也是国家硕士考试的必修课程。基于这些因素，普通高校都将"高等数学"作为重点基础课程。教师的课堂教学及教学管理部门大纲的制定、教学计划的安排均侧重放在一门考研的必考公共课上，或多或少地忽视或弱化了它的另一个重要作用：为后续课程学习提供必备的数学知识以及强有力的支持。

一、教学过程中的主要问题

笔者曾经长期从事"高等数学""概率统计""工程数学"等基础课教学工作，也多次参加过有关教学工作座谈会，发现以下问题。

（一）"高等数学" 课程教学与后续数学课程的衔接中存在的问题

例如，在"概率论与数理统计"课程的教学中，发现大学生学习本课程的难度大，研究生也是如此（这些学生具有更好的数学基础）。①双积分的计算比较困难。存在三个困难：函数是分段函数，即不同区域具有不同的表达式，积分区域也必须分部分讨论，并且被积数包含参数变量的积分。②对伽玛函数和 β 函数的来源，定义，性质以及计算技巧不熟悉，甚至不了解。③积分变限的求导法则的有关公式不熟。"概率统计"课程学时不多，再加上以上三类问题的出现制约了学生后期课程的学习，多数学生初学此课程时困难较大。

（二）"高等数学" 课程教学与后续专业课程的衔接中存在的问题

例如，物理系的教授和学生通常报告说，一些物理概念需要使用计算公式来定义和描述，例如：梯度，方向导数，流量，发散，循环流量，曲率等。学生学习"大学物理"时，遇到与物理背景有关的实际问题，例如描述或建立一些数学模型公式的微分方程或微积分，学生就很难给出正确的表达式，或者不能正确理解数学公式的含义。在其他专业课程的教学中也有同样问题，专业老师反映许多学生不能使用微积分知识来解决专业数学问题。此类问题的发生影响了学生以后的专业课学习。

二、针对以上问题提出的建议

对于以上问题，思考如下，并提出几点建议。

首先，在"高数"教学指导思想上重视大纲规定的必修内容上的教学，以考研作为教学最终目标。然后一般高校每年能考上研究生的究竟还是一小部分学生。对于每届数千名学生来说，学习"高数"的最终目的是为以后专业课学习打下扎实的基础，提供必备的数学知识与强有力的支持。解决问题（1）需要"高等数学"老师和"概率统计"老师之间的沟通和协调，以及所有老师和学生的共同努力。例如在教授高数课程时，可以添加一些分开的函数，分开的积分区域，甚至添加与参数积分有关的示例和练习，以进行充分的解释和训练。尽管 gamma 函数和 beta 函数是带星号的可选类，但它们可以包含在教学计划中并着重于教学。这样，经过一定的训练，学生就打下了坚实的基础。在完成了这些预备工作之后，在"概率论与数理统计"课程的第二年，老师以适当的方式复习并介绍相关的知识。将"高数学"知识点整合到"概率与统计"的教学中，并将这两个课程的内容有机地结合起来。它既解决了学生在学习"概率统计"方面的困难，又提高了学生学习本课程的信心。

　　对于（两种）问题类型，即"高等数学"课程与专业课程之间的联系，或《高数》知识在专业课程中的应用，虽然其理论体系很严格，但对实际问题前因的介绍和分析还不够深入。重点往往放在对数学定义的叙述，定理证明的严谨及微积分技能的训练上。但是，没能足够重视对于实际问题的背景介绍及知识的应用，尤其是数学概念和方法与实际问题的结合。由于有关书籍数量不足，并且在教学过程中缺乏对实际应用技能的培训，因此学生在完成高等数学学习后很难继续有效学习。解决这个问题相对困难。专业课程的老师既不能盲目地指责高数老师没有充分讲明相关内容，也不能将高等数学教学视为灵丹妙药。当然，这对高数老师也提出了更高的要求。首先，在教学理念上，应将重点转移到理论的应用上，将重点转移到具体的数学证明和计算方法以及培训上，着重于数学思维和实际应用中的数学方法的渗透和完善；重视学生技能的提高和培养。

　　另一方面，作为大学教师，您必须扩展您对其他学科的专业知识。在选择示例并介绍各种数学概念和公式的过程中，您应专注于选择或补充具有实际学生背景的问题，以进行解释和培训。重视将高等数学中的相关概念和定理与实际的先验知识和数学建模思想的教学有机地结合起来。高等数学教师是否可以做出下列努力和尝试：在不增加上课时间的前提下，缩短高数课程中部分高中数学的内容。提倡学生进行自学，例如偏极限微积分，导数微积分，将导数应用于切线和极值问题，向量运算以及在高中已经学习的其他内容？对于专业的需求，增加用于分析、解剖和培训专业的应用示例的数量。这可以增加学生学习"高等数学"课程的兴趣，至少可以让他们相信，很好地学习高等数学非常有用，利用高等数学知识可解决许多专业问题，否则很难前进。

　　在进行应用物理和材料物理的"高等数学"课程的教学时，应增加专题讲座，强调定微分方程和积分方程在物理中的应用，并注意一些固体物理学各种综合数学公式的背景。使用诸如梯度，方向导数，发散，波纹，流动和循环流动等概念来建立数学模型并获得典型的计算公式。在此基础上，学生愿意在课后完成一份特别报告：通过搜索信息提出他们的专业化的实际问题，并建立数学模型，利用微积分知识来解决它。他们还可进行交流和讨论，选出优秀论文，这样可有效提高学生的数学成绩，培养他们的实际应用能力。对于经济学和管理学、生物学和人文科学专业的学生，建议负责各个专业数学教学的教师能够在其专业中多补充一些应用微积分的实例，这些例子不难发现。如果老师们能花更多的时间并做适当的准备，那么结果将显而易见，这对于将来学习相关专业课程的学生非常有益。

　　应关注高等数学中概念和定理的实际先验知识以及数学模型的思想、内涵和扩展的教学，将高等数学教学与各专业的内容有机地结合起来，并运行整个教学过程，而不是被孤立和支离破碎。应讲授一些抽象的数学概念公式以及其他有关知识，这可增强学生学习数学的热情，全面，系统、有效地培养其实际应用能力，为其以后的课程学习打下坚实的数

学基础，能达到事半功倍的教学效果。

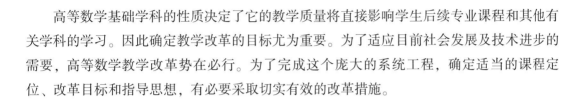

第三节　高等数学课程改革刍议

高等数学基础学科的性质决定了它的教学质量将直接影响学生后续专业课程和其他有关学科的学习。因此确定教学改革的目标尤为重要。为了适应目前社会发展及技术进步的需要，高等数学教学改革势在必行。为了完成这个庞大的系统工程，确定适当的课程定位、改革目标和指导思想，有必要采取切实有效的改革措施。

一、高等数学课程教学改革刍议

作为大学各学科普遍使用的一种基础科学语言，高等数学在提高学生的思维质量，促进其后来学习和发展方面起着重要的作用。它在自然科学、社会科学、工程技术和其他学科领域中的地位也非常重要。从某种程度上讲，数学技术是高新技术。而作为解决各种工程学科和实践中实际问题的工具，它能促进科学技术的发展。鉴于当今世界对数学的依赖程度日益增加，必须加快数学教育的改革以满足现实和时代的需要。

（一）课程定位、改革目标及指导思想

如前所述，高等数学学科的基础性质决定了其教学质量将直接影响后续专业课程和其他有关学科中学生的学习效率。因此，改革落后的教学内容和传统的教学方法，已成为广大教育工作者的共识。在教师改革的过程注定是漫长而艰难的前提下，确定教师改革的目标尤为重要。一般而言，这项改革应该是为不同情况和不同水平的学生学习数学奠定基础，并逐步提高他们解决实际问题的能力，同时使他们养成良好的学习习惯并增强个人的学习能力及自学能力。目前国内许多大学已启动年级教学，开设了一些数学实验和水平辅导班，启动了在线作业，改变了评估最终成绩的传统方法，大力推动建立数学学习兴趣小组，为研究生入学考试和出国学习做准备，这些都是有益的尝试。

但应注意的是：尽管这些活动取得了一定的成绩，但也存在一些问题，如数学课程的方向模糊，对培养学生技能的重视不足或缺乏切实有效的可行方法。另外虽然数学实验已经开课，但实际效果还是相当有限，并且存在一些新问题。因此，高等数学教学改革的真正问题不仅在于是否有新颖的教学方法，还在于如何有效解决改革中出现的各种问题。

首先，考虑到学生的不同专业和水平，必须做好相应课程的定位。例如，对于以数学为专业的学生，教师应进行专门的教学，重点应放在培养和完善学生的复杂而深刻的逻辑

思维系统和计算技能上。在面对以数学为核心课程的普通理工学院的学生时，教师应致力于使学生能够在特定的教学中掌握有用的数学思想，并敦促他们掌握相关的数学概念和理论，精通计算并提高应用能力。当面向偏文科的高等院校的学生时，教师应牢记，此时的数学在很大程度上已变成了帮助学生解决实际问题的一种工具，让学生认识到数学的实际作用并培养起对数学的兴趣，在尽可能的情况下促成其学以致用应是自己最主要的教学目标。简而言之，只有实现了准确的课程定位，随后的教学改革才会避免预期目标与实际效果、理论方法与具体实践的不一致。

其次，为防止改革"乱七八糟"，为课程设置具体的教学目标也很重要。秉承为学生学习后续课程和学习更多数学知识奠定基础的理念，教师应敦促学生掌握基本数学知识（包括微积分）的概念、理论和计算方法，并训练学生应用在课堂上学到的知识解决实际问题的能力，尤其是解决与其专业有关的数学问题的能力。

再次，一旦确定了明确的课程教学改革目标，遵循正确的教学指导方针就是确保可以实现该目标的保证。如何最大程度地适应专业发展目标、学生发展需求和学生的接受能力，如何提高学生的学习技能，培养其解决问题的能力，而不是仅仅灌输知识，这些都是进一步改革教学内容和方法应注意的事情。

（二）改革的具体做法

在特定的日常教学活动中，教师应遵循以学生为中心的人文主义原则，充分利用包括计算机在内的教学辅助工具，帮助学生解决各种问题，同时降低学习难度。应对传统的课程内容进行一定程度的优化，避免让理论推导、演绎证明、计算技巧、特殊题型占据课堂上绝大多数的时间，把关注点放在实例论证、概念强化、模型渗透、思想方法上面；强调培养学生的自学能力和解决实际问题的能力，坚持把"督促学生学会应用"而不是"怂恿学生死记硬背"贯穿于教学的始终。

另外，教师授课时应"因材施教"，即任课教师可针对不同的材（料）——知识模块，采用不同的教学方法。例如，在以帮助学生掌握基本数学知识为主要目的单元教学中，采用直接讲授或精讲多练的方法就是事半功倍的做法，而在以熟练掌握计算方法为主要目的单元授课里，"练习教学法"的采用则是不二之选；至于以利用所学知识来解决实际问题为主要目的内容，任课教师不妨采用"问题教学法"。总之，因情而异，灵活多变，是所有具备改革精神的教师应有的素质。

此外，所有数学老师都应清楚地了解"边做边学"对于培养学生的数学思维，纠正学生的学习态度以及培养其数学学习兴趣的重要性。让学生学习数学，帮助学生实现理论学习与实际应用相结合并不容易。由于数学思维能力的内涵是由抽象思维，逻辑推理及空间想象力等要素组成，因此要加强在这三个方面培养学生的技能，提高学生的数学能力。教师应适当增加数学练习的内容，将建模思想整合到教学改革中。

在许多大学，已经充分证明了实验和建模在培养学生的数学思维能力和借助数学解决实际问题的能力方面的重要作用。因此，有必要进一步培养学生的应用和创新能力。开设数学实验课和数学建模课是大学数学改革的必要措施。为了培养具有一定数学知识和数学思维的学生使用现有的数学软件解决现实生活和科学探究中的实际问题，教师可以秉承以项目为导向的原则，招收 5 ~ 8 人（可以自由组合或由老师指定）在单位（或单位小组）中建立统一（小组）项目，并命令后者实施课堂内外的具体合作事宜。最后，学生向老师发送改进后的研究报告，向老师展示经验数据的获取、图形、软件图纸、调整功能、分析和预测等。在此过程中有效提高了学生获取信息，独立学习，评估，反思和解决实际问题的能力以及与他人沟通的能力。这样老师有了评估学生学习情况的新依据，而不仅仅是期末考试成绩。

二、高等院校高等数学课程改革刍议

在大学中，高等数学是许多专业的重要基础课和核心课程，现在各个学科的发展，特别是理科、工科、工程学和科学，都需要数学的建设。作为一门传统学科，高等数学有其历史遗留的问题，特别是在课程内容、教学方式和方法上。这些问题可以通过课程改革加以解决。高等数学课程的改革应以学用结合为指导，以实际应用为出发点，着重培养学生的创新能力和实际应用能力。

高等数学在后续课程的学习和思维质量的培养中起着重要作用。然而，美中不足的是，多年来，落后的内容和教学方法一直未能满足各学科的发展和数学工程技术实践的要求。进行实践和培养专业技能与数学教育密不可分。为了实现培养高层次创新人才，增强大学生职业和业务能力的目标，数学教育改革已成为当务之急。为了提高学生的综合能力，有必要改革现有的数学课程的教学内容、方式和方法。

（一）高等数学课程内容的改革

如今，作为重要的核心课程，大学提供的高等数学在未来的专业课程中对学生的高质量学习和培训中起着重要作用。但是，从教材的选择上看，目前国家高等数学的教材基本相同，变化不大，有些理论和见解甚至已有数十年历史。因此，这些课本没能满足时代的要求，跟上时代的前进的步伐，也无法捕捉和呈现随着时间的推移数学的最新进展。有些理论已经过时并且仍在使用，因此学生无法掌握最新知识，因此他们在学习中非常被动。此外，自学校教学改革以来，数学教学的内容和计划的课表没有发生根本变化。过时的知识也会挫伤学生学习的热情，直接影响教学质量和教学效果。

（二）高等数学教学模式的改革

教学模式是采用什么培养目标和手段教学，尤其是培养目标决定了教学模式。培养目标中的岗位培养目标是这几年新提出来的，就是学生毕业后参加工作所应具备的能力，岗位能力的培养这些年一直是热点问题，也是各高校非常重视的问题。例如，您可以采用结合工作与学习，即在工作中学习的教学模式。工作和学习的结合是在职学习的结合，是一种结合了知识学习，技能培训和工作经验的教育模式。也就是说，学习是通过工作中实现的。在这里，工作和学习是密切相关的。周济部长曾指出："推进工学结合工学人才培养模式的探索，探索发展适应中国经济快速发展，有中国特色的职业教育。社会已成为当前职业教育改革和发展中的突出问题，必须提高职业教育前沿的认识，积极探索，勇于实践，逐步将技能型人才培养模式转变为专业化人才培养模式"。应与行业部门和企业共同培养一支富有朝气、高效、互利共赢的中国特色职业教育人才，这种培训模式带动了行业的改革与发展。目前我国的专业教育进入了新阶段。随着高校规模的不断扩大，与专业课程相比，基础学科受到的关注越来越少，学生数学水平的差异也越来越大。同一位老师在同一教室里教书，有些学生满意，有些则不满意。另外由于教学方法落后、工作量增加、工作效率低下等原因，严重影响了教学质量和有效性。为避免这种情况，可以在实际教学中采用多项目教学模式，将大学数学分为两个项目：基础项目和专业实践项目，其核心教学内容是在确保满足每个专业的数学要求的基础上确定的。专业实践项目应由专门从事数学教育的老师来确定，同时要参考其他部门专业老师的意见，并针对不同的专业开展不同的项目。例如，工业和民用建筑专业需要更多与绘图有关的数学知识。工程造价专业侧重于微积分的数学知识。这样，具有不同数学水平的学生可以选择学习基础项目或专业实践项目。

（三）高等数学教学方法的改革

近年来，数学高等教育不断发展。传统的教学方法相对落后，一本书，一支粉笔和黑板构成了传统的教学模式，它忽略了学生的感受，会使学生不愿听课。这种方法不利于提高学生的专业素质和创新能力。笔者认为应从以下几方面改进数学教学方法。

1. 使用现代化的教学手段

计算机辅助教学设计、数学建模和数学技能对于培养学生的学习兴趣和独立思考能力是必不可少的。使用多媒体投影设备和计算机软件可使数学教学更加生动活泼，克服过去单调的缺点，加深学生对数学的理解。特别突出的是数学建模竞赛，该竞赛为全国大学生学习高等数学提供了前进的道路。全国大学生数学建模竞赛的目标是：培养创新意识和团队合作精神，关注参与和公平竞争。

2. 大力开展实践教学

以前，大学数学与小学和中学数学相同，许多问题无法离开书本，它忽略了社会实践的作用。学习数学的最终目标是像其他学科一样学会应用数学。为培养数学意识，教师应将数学知识应用到实践中，以便使学生与社会和问题取得联系，并为学生尽可能地提供思考、探索、发现及创新的空间。例如，从事数控技术专业的学生，在实习过程中首先要结合学过的数学知识，应用AutoCAD绘图软件绘制图形，然后执行处理计算，最后修复空白材料。

简言之，高等数学教学改革的目的就是要培养学生的实践能力，提高学生的工作认知和操作能力。这是一个系统的项目，需要做出更多的努力。

第六章　高等数学教育教学建设

第一节　"高等数学"课程建设

按照教育部关于精品课程建设的文献精神，精品课程是具有一流教师，一流教学内容，一流教学方式，一流的书籍和一流的教学管理的示范性课程。按照优秀课程的要求，在"高等数学"课程建设过程中进行一系列探索，对提高教学质量发挥了重要作用。

一、"高等数学"课程建设探索

在"高等数学"课程建设中采取的有效措施保证了教师教学能力、教学水平，教学内容和方法的不断提高。教学更适合有效动员学生学习和实现人才培养目标的要求。教师的热情和主动性进一步提高了高等数学的教学质量。

（一）师资团队建设

为了进一步提高"高等数学"课程的教师水平，确保教学质量不断提高，应加强对年轻教师的培训。

第一，对青年教师实行指导制度，为每位年轻教师任命一名导师，以进行"一对一"的定向培训，以确保持续进行评估。同时，组织教师相互听取意见，加强师生之间的交流，通过多渠道提高自己的教学水平。

第二，积极为青年教师创造更多的学习和培训机会，鼓励他们积极参加多媒体技术和数学实验培训等活动，以提高教师的专业水平。

第三，鼓励青年教师提供其他数学选修课和专题讲座，以增加教学实践的机会，同时帮助青年教师走出去，参加研讨会和学术会议，以提高业务水平。

（二）教材建设

为了更好地适应学校的定位，培训目标和学生的水平，需在原有教材的基础上进行必要的补充和修改。本科微积分理论的内容应更广泛、更详尽、更深入。例如，通过在教学过程中增加一些示例和练习的难度，并在教学过程中添加一些测试题，可以满足某些高水平学生和研究生的需求。

就教学内容而言，该书的内容应根据"有针对性地应用，必要时充分使用"的原则进行优化。首先，根据每个专业的不同需求，调整与每个专业的应用相关的内容，以确保教学内容与时俱进。其次，对教材内容进行适当的整合，对教学内容顺序进行调整，更加注重应用。

（三）教学改革

1. 改革教学方法

（1）强化案例教学

将与专业背景密切相关的应用案例引入教学中，并将数学建模整合到教学中。教师既讲授数学理论知识，还加强了对学生数学方法应用的指导，以解决某些特定问题。在介绍了理论知识之后，介绍了适当的问题实例，并结合数学思想和方法进行说明，以拓宽学生的视野。

（2）根据不同的教学环节，灵活运用不同的教学方法

将这些方法整合到电子教案和多媒体教材中。例如，在教授新知识时，采用系统的教学方法；在教学章节摘要时，采用技巧教学法；在进行重点难点教学时，采用心理障碍消除方法；在对学生进行思维训练时，采用提问情况法；参与式教学法在教学练习中得到使用。

（3）双向互动，激发学生的学习兴趣

例如，某些教学内容可以允许学生自己学习、讨论或总结。老师花在总结和评论上的时间更少，这不仅节省了教学时间，而且调动了学生的学习主动性。此外，灵活运用考核方式，突破了闭卷考试独有的考核方式，逐步形成了问卷和论文考核，注重培养学生的创新思维，提高其应用能力。

2. 积极推进教学手段现代化

（1）全面运用多媒体教学技术

将传统的数学方法与多媒体教学相结合，通过多媒体生动地表达了传统教学方法无法直观表达的内容，从而使学生更容易理解和掌握所学内容；这增加了教学信息量，丰富了教学内容，使教学方法灵活多样，并提高了学生的学习兴趣。课后充分利用教学网络平台，实现了与课堂教学的互补，加强了与学生的互动。

（2）建设课程网络平台

应建立高质量的高等数学课程网站。在此网络平台的基础上，建立用于高等数学教学的辅助数据库，包括与课程相关的内容，例如高等数学课程教学计划，多媒体课程资料，教学大纲，在线教学计划，教学视频和试题库。同时，增加课外内容，例如课程特征、研究生入学考试和数学世界。通过网络平台进行高质量的教学资源的交换，使学生不仅可以通过网络平台学习课程的教学内容，还可以学习其他相关的数学文化内容。应继续丰富网络资源，开放在线问答系统，增加互动功能，搭建良好的师生及时总结、评论和交流的平台。

二、"高等数学"精品课程建设

高等数学在不同学科和不同专业领域中所具有的通用性和基础性，使其在高等院校的课程体系中占有非常重要的地位。但在新时代下出现了新的问题和挑战。下面根据高等院校教育的特点及教育部关于"国家精品课程建设"的要求，就高等数学精品课程建设的实践中存在的主要问题给予分析并提出一些相应的措施。

随着计算机网络技术的迅速普及和人类进入信息时代，全球化、网络，高科技知识的新时代对高等数学教学也产生了影响。高等数学的基础理论和解决问题的方法已成为当代大学生知识体系必不可缺少的重要组成部分。严谨的数学思维方式和解决问题的分析方法是他们进入社会并适应未来社会所必需的基本技能和素质之一。但是，我国的高等教育已经从过去的"精英教育"转变为"大众化"教育。过去，"单一专业"的课程框架已变成"通识教育和文科的渗透"，以"塑造学生的一般科学素质并适应社会的总体发展"。因此，高质量的高等数学课程建设和教学质量的不断提高，既是当前高等教育改革的重大发展，也是目前高等教育改革的重要方向。

（一）高等数学的教学现状和基础定位

目前大学生的数学基础参差不齐，差异较大。不同专业，不同学科对数学基础知识的要求差别较大。高等数学教材和课程本身也存在一些历史沿袭下来的问题，比如：有些内容显得抽象而陈旧，不如其他课程活泼生动、图文并茂。另外，传统的教学方法是老师"满堂灌"，忽略了对学生数学思维能力的培养，导致了对学生的被动教育，不能有效调动学生的主观能动性来寻求和学习知识，这也不利于培养学生的逻辑思维能力和自我表达能力。

纵观国内外高等教育，大学教育阶段大多数专业都开设高等数学这门课程。考虑到我国高等教育发展的历史和现状，在当前的教育新形势下，高等院校开设高等数学课程不仅仅是为了学习基本的数学知识，而且是为了提高学生的科学和文化素养，培养学生的良好思维能力，并使学生掌握科学的方法、思维和解决问题的能力。它还为以后的课程提供知识和方法，做好准备。

（二）高等数学教学改革的目标要求

以现代教育思想为指导。21 世纪的人才需求明确了高等数学教学改革的方向：以不同专业的实际需要来重新构建新形势下的高等数学的教学内容，实现不同人才的培养规格和培养目标；以素质教育和技能培训为目标，将课程建设、科学研究和师资队伍建设有机结合起来，发挥数学思维和数学文化的教育功能，培养学生运用数学方法和数学思维解决实际问题并进行创新的能力。

（三）高等数学精品课程建设的内容

1. 适应学校的发展，重建课程培养体系

在拓宽基础、重在应用的前提下，以现代大学生素质教育所需要的数学思想和素养，培养学生的创新能力、分析和解决实际问题的能力为主体要求，根据实际和发展计划，对高等数学课程的设置、结构、教材体系和教学内容进行认真的研讨，重新修订教学大纲，提出新的高等数学的课程培养计划。

2. 重视教材、书籍建设，开展教学研究活动

教材、书籍既是知识的载体，又是教学大纲的直接体现，是实施教学的必要物质基础。应根据各个专业的专业知识所需数学知识的不同，在条件允许的情况下，将全校的高等数学教材、书籍进行分类。教研活动是交流教学经验，解决难题，促进数学课堂教学的一项有益的活动。高等数学教研室应经常开展教研活动，围绕高等数学教材、书籍、教学内容、教学手段、教学方法以及学生的实际情况展开讨论、进行模拟讲课并总结交流经验，这对提高数学教学质量大有裨益。

3. 改变传统的教学方法，引进现代教育技术手段

高等数学本身是严谨和逻辑性强的，具有高度的通用性和抽象性。在教学过程中，可让学生积极参与有关活动，布置练习让学生在黑板上做，提出适当的思维讨论问题让学生回答，然后老师进行点评，并让学生充分讨论、进行交流。这样不仅可以调动学生学习和求知的主观能动性，还可以提高学生的自学能力、解决问题的能力、逻辑思维能力和综合判断能力。实践表明，传统的"粉笔＋黑板"教学模式仍有一定的用途，高等数学教学无法全面引入多媒体。相反，应合理使用多媒体。传统的数学教学方法与现代教学方法相结合，幻灯片教学和白板书写相结合，使高等数学课堂变得更加灵活而生动，提高了学生学习高等数学的兴趣。

4. 重视调查研究，建立教学监督机制和评价机制

在精品课程建设期间，学校督导组、院系领导和各教研组长应经常听课，并做记录，课后讨论并及时反馈给任课老师；每学年两次由学生对教师教学进行网上评教和督导专家、同行进行评教，给教师打分，对老师的教学态度、教学水平和教学效果等进行总体评价，以提高教学质量。

总之，高等数学精品课程建设内容多，涉及面广，是一项复杂的系统工程，需要学校、老师、学生三方面的努力，需软硬件并举，有计划、有步骤地进行。作为高校教师，要敢于面对新情况和新挑战，充分发挥自己的主观能动性，不断提高教学水平；学校应调动各方面的积极性，加大改革力度，使高等数学精品课程建设更加完善，促进高等数学教学工作的整体水平不断提高。

三、"高等数学"课程评价体系建设

提出在高等数学课程评估的基本原则，给出具体的综合评估计划并进行实施，分析高等数学课程评估中出现的问题并提出改进措施。

（一）建设高等数学课程评价体系的原因

1. 适应高等数学课程性质与任务的要求

在开展高等数学教育的问题上，必须要坚持高等教育的原则，建立符合新时期大学生特性的课程评价体系，以有利于更好地开展高等数学的课程教学工作。

2. 高等数学课程教学的问题和现状

作为高等教育的重要组成部分，高等数学在多年的发展过程中取得了显著的成绩，但也存在一些问题。例如许多大学生经过高中阶段紧张的应试教育，形成的学习方式和思维方法并不适应高等教育，缺乏开放性的思维方式，对知识的深入理解、研究和感悟不多。

3. 高等教育对人才培养提出了更高要求

随着我国经济社会的飞速发展与进步，国家对人才需求越来越大，也提出了新的要求，要求新时期的人才文化素质要更高，综合技能要更强。面对这一现状，全国各地的高等院校都在努力转变办学模式，探索学校发展的新路子，提升院校的整体竞争能力，提高毕业生的综合能力及文化素质，提高人才培养的质量。

从上面的分析以及现阶段的实际情况来看，学生的学习思维方法在一定程度上导致了学生的学习困难，而高等数学又是众多学科中较难的，这就给学校的教育教学方法带来了沉重的负担。因此我们必须从大学生的实际情况出发，研究他们的特征，以便培养他们掌

握学习高等数学所要达到的基本知识和技能目标，培养他们解决实际问题的能力。从树立学生正确积极的学习理念出发，建立一套基于学生学习实际情况的"高等数学"课程评价体系，通过它来找准教学环节存在的问题，并激励学生提高对数学课程的重视程度，不断优化自身的学习模式，提高课堂学习的实际效果。

4. 现行"高等数学"课程评价方式及其造成的问题

现行的高等数学课程评价体系基本还是采用了传统的期末考试一锤定音的终极考核评价方式，公正性很难保证。这种评价方式没有考虑学生原有的基础，不能全面、正确考查学生的学习态度和学习过程，达不到促进学生积极学习的目的，应改革这种评价方式。

（二）建设高等数学课程评价体系的思索

1. 改革评价方法，建立以形成性评价为主的课程评价体系

好的课程评估系统应该能够增强学生学习高等数学的兴趣，促进学生主动和独立学习，并且能够"诊断"学生的学习情况并向师生提供反馈。通过周期性改革建立的课程评估系统必须将形成性评估和最终评价结合起来，而不是仅依赖于学期最后的考试成绩。学生的课堂回答记录、平时作业、课外评论链接、笔记等都赋予一定比例的分值，这样能更全面地评价学生的学习情况。高等数学难度较大，课堂不能掌握的知识内容，学生课后要加强学习力度，吃透消化教师在课堂上讲解的内容。课程评价体系中还要包含对学生学习能力和学习态度的考查，虽然这二者都比较抽象，没有具体的量化标准，但在这方面，学校要不断深入探索，不怕出错，建立起相对合理的评价指标体系。

2. 课程评价体系建立的原则

（1）评价内容要系统化

高等数学内容纷杂，需要进行评价的知识很多，如果没有一套比较科学的评价技术手段，则会导致评价工作的难度加大。因此，必须采用系统的评估方法，根据学生学习数学的思维方式，从上课前学习到下课后巩固，不断优化评估系统，建立合理的评价方式和评价标准，提高评价效率，使学习环节不致丢失。评估的内容不仅包括结果的评估，还包括情感学习的变化。

（2）评价主体要多元化

在评价主体的选择方面，要改变以往传统的以教师为主的局面，因为高等数学的教学更多是师生之间的相互配合，因此，在评价主体方面，要增加学生的比例，可以按照宿舍来划分，一个宿舍可以给一个评价人，并且确保学生评价负责人分布的合理性，同时更加注重优秀榜样的激励作用，鼓励学生们将身边优秀同学的良好学习精神和学习方法向大家介绍，让学生在相互借鉴中共同提高进步。

（3）评价方式要多样化，融入人文关怀

在过程评估系统中，根据内容和评估对象的不同，采用了多种评估方法，例如阶段测试，期末考试，作业评估，小组讨论，个人学习总结，课堂提问，对话和课外沟通测试，个人学习和成长记录也可作为评价方法。同时，我们必须注意评估过程，必须注意并考虑学生的情绪，融入更多的人文关怀，使学生积极接受评估，并愿意受到评估的监督和激励。

（4）评价标准要合理化

评估标准应经常审查。在学生学习的不同阶段，您的方法会有所不同。这需要不断调整和优化评估标准。高等数学知识的学习要遵循一定的规则，以同样的方式，教学评估标准也必须尊重学生的学习规则，并让更多的学生接受。在评价标准上，不要使用绝对的等级评价标准，相关分数的设定，要考虑全面，不要使用"优等生""差生"等评价标签。

（三）建设高等数学课程评价体系的实施方案

高等数学的评价体系应是以过程评价为重要内容的课程评价体系，同时兼顾学习过程和学习结果。应综合考虑学生的基础和实际能力，结合高等数学课程，结合人才培养的目标和标准，以及专业的实际需要，合理构建高级数学课程评价系统，并确定评价项目的内容、难度和权重。可根据以下方案进行：

1. 基础知识与能力的考核（占总分权重的40%）

基础知识与应用能力的考核，以笔试的形式进行，主要考查学生对基础知识的掌握程度，考生可以带课堂笔记参加考试，试题涉及的知识点、难易程度在教师授课时要给学生明确指出，学生把这些知识点作为日常学习和复习的重点。

2. 学习过程的考核细则（占总分权重的60%）

对学习过程中的各环节进行考核评价，称为平时成绩，包括：

（1）课堂纪律（10分）

课堂学习是数学学习的重要环节，所以对上课纪律要严格要求，对迟到、早退、玩手机、睡觉、做与数学学习无关事情的违纪行为要进行监督，这有利于培养学生的纪律观念并促进其学习。

（2）课堂学习参与度和学习效果（10分）

平时课堂或自习时间安排数学知识考查、课堂小测验、阶段考试，课堂参与互动，积极探讨、回答问题，主动演算题等，作为课堂学习效果评价的重要内容。

（3）小组讨论总结课的互评成绩（10分）

根据课程内容的差别，把一个学期的数学课程为多个教学阶段，每个教学阶段最后的时候都要有一堂讨论总结课，对该教学阶段内的重点、难点、知识点进行总结，老师还要准备一些问题组织学生进行讨论并进行互评。

（4）课后作业（10分）

学生必须要按时完成作业，书写认真，错误少和及时纠错改错。

（5）自主学习记录（8分）

敦促学生要养成良好的学习习惯，学生上课时要认真做课堂笔记，积极提问，积极参与问题讨论，记录自己的学习心得，认真做阶段学习总结。

（6）学生自评成绩（6分）

学生还要对自己的学习情况进行打分，包括学习态度、学习效果等。

（7）学习贡献加分（6分）

如果某同学学习态度好，给其他同学的帮助比较大，数学思维具有创造性等，给予特别加分。

（四）对市评价体系应用的前景展望

评价系统是对学生的知识，技能和数学学习过程的综合评估。大班教学的可操作性存在一些问题，但是，如果在学习过程中能充分发挥学生的主观能动性，则可以很好地解决这个问题。该评估系统对其他课程的绩效评估也具有参考意义。

四、高等数学网络课程的建设

依靠校园网络平台创建网络课程，不断促进网络教学，是保证和提高大学数学教学质量的有效途径。高等数学是高等学校的一门重要核心基础课程，在培养具有创新精神和创新能力的人才中发挥着重要作用。随着计算机技术和网络技术的普及，计算机化教学已成为高等教育改革的重点。利用现代信息技术，依靠校园网络平台创建网络课程，不断推进网络教学，是保证和提高大学数学教学质量的有效途径。

目前，为了促进在线教学的应用，高等数学课程小组使用网络教学应用系统作为构建高等数学网络课程的平台，为实施在线教学提供了良好的支持和保证。

（一）网络课程的结构和内容

高等数学在线课程按照章节，章节和知识点的三级结构进行组织。它们涵盖了所有高等数学内容。它们分为12章，配备了在线课程，电子教案，讲课簿，练习和答案以及其他教学资源，并配备了丰富的信息资源，例如数学历史、数学家传记，重要概念和图形的动画演示以及测试题库进行测试，以满足现代教学的需求。

高等数学网络课程的具体内容如下。

1. 网络课程

共计 12 章 75 讲，将高等数学的教学内容用网页的形式展现，图文并茂，便于浏览，供学生自学。

2. 电子教案

共计 12 章 75 讲，为 PPT 课件。该套电子教案由高等教育出版社出版，曾被评为优秀课件，内容丰富、制作精美，能够使学生抓住重点，有力配合高学数学的学习。

3. 讲授书稿

共计 12 章 75 讲，由多位经验丰富的任课教员集体讨论后分工录制成视频，汇集了数学教研室各位教师多年的教学经验，可以为学生学习提供重要的参考。

4. 练习与解答

由同济大学数学教学与研究室编着的共 12 章 75 讲，收集了课外习题和第五版主要章节的解决方案《高等数学》。同济大学编着的《高等数学》获国家教学成果一等奖。本书已被我国大多数高校采用。某些练习是学习高等数学的重要组成部分，因此，本部分内容为学生下课后练习提供了有用的材料。

5. 试题库

涉及了高等数学的 188 个知识点，包含试题 1039 道。所有试题均是从高等教育出版社出版的试题库精选的。

6. 相关资源

包含大量信息资源，主要包括动画演示，数学家传记，数学历史资料和通用工具。演示一些重要的概念和图形的动画有助于加深大学生对数学概念的理解。了解数学家的生活，可以激发大学生的学习热情，并提高他们学好数学兴趣。历史数学资料可以拓宽学生的视野，提高其数学水平。

由高等数学在线课程分配的上述资源与其功能紧密结合在一起，并能充分利用计算机网络的优势。信息及数据内容丰富，有利于进行独立在线学习。

（二）网络教学系统的功能

高等数学网络教学系统为教师和学生提供教学资源和交互式平台。师生可以使用不同的身份登录并进入各自的教与学的活动界面，以执行教与学功能。

1. 在教学功能区

教师可以自定义课程，管理课程文件，发布课程公告，分配和更正作业，与学生展开讨论和交流，及时跟踪学生的学习情况，回答学生的问题。教导功能区域可以实现以下功能：

（1）课程管理

授课教师可以管理自己讲授的课程，根据自己的教学需要配置和管理教学资源、发布课程公告、维护课程信息。

（2）作业系统

教师可以通过网络教学应用系统的试题库布置作业，进而批阅作业、分析成绩。

（3）成卷系统

网络教学应用系统可以根据测试参数（评估的知识点或章节、问题结构、总分、平均难度等）自动生成满足要求的测试及其标准答案，提供给学生，让其进行自我评估。

（4）学习跟踪

网络教学应用系统为每位学生设置了账号。教师可跟踪每个学生的学习情况，浏览学习日志，适时调整教学内容和进度。

（5）答疑系统

教师可通过网络教学应用系统提供的讨论区和答疑区解答学生的问题、查询并提出新问题。

2. 网络教学应用系统为学生设置了学习功能区

在教学功能领域，学生可以根据教师的要求和自身的学习情况独立学习，做作业和检查成绩，进行自我评估，讨论和交流问题。学习功能区域有以下功能：

（1）课程学习

学生可浏览授课教师发布的课程内容。

（2）自我测试

学生可通过测试系统提供的自测题目，围绕某一知识点自主选题测试，通过分析结果指导自己的学习。

（3）做作业

学生可以在线完成授课教师布置的作业，查看教师批阅结果。

（4）答疑

通过问答系统，学生可以提出问题，查看热门话题，标记问题，交换问题以及参与实时问答。

高等数学在线课程内容丰富，信息丰富，材料权威，功能齐全，并具有自学、辅导、问答和测验等功能，可以更好地满足现代教学的需求。

第二节 高等数学教学中情景创设

著名科学家阿尔伯特·爱因斯坦（Albert Einstein）曾指出："提出问题通常比解决问题更重要。因为解决问题可能只是一种数学或实验技能。会提出新的问题，新的可能性和更新的内容，从不同的角度看问题，需要创造性的想象力，标志着科学的真正进步。"由此，我们可以认识到，为了培养学生的提问能力，必须培养学生的问题意识。在高等数学教学活动中，只有学生意识到问题的存在，才能激发出学习的思想火花，对问题的认识越强，他们的积极性和创造性就越强。因此，随着课程改革的不断深入，教师应想方设法使学生能够在生动具体的环境中学习数学。可以说，语境的创建已经成为高等数学教学的重点。许多学生说数学是单调、无聊且难以学习的。实际上，良好的学习情境可以吸引学生积极参与数学学习，使他们在数学中找到无穷的乐趣，为学好数学和发展智力打下基础。

一、创设数学问题情境的原则

在创建数学问题情境的高等数学教学中，为了让学生提出问题，老师需要创建一个良好的问题环境，以激发学生的思考能力。这样，学生就可以处于良好的心理环境中，并认识到在知识环境中对学习数学的需求，这能激发学生学习和探究的热情及参与学习的兴趣。

（一）符合学生最近发展区的原则

维果斯基的"近端发展区理论"认为，学生的发展有两个层次：一个是学生的当前水平，另一个是学生的可能发展水平。两者之间的差距是最新的开发区。作为一名高等数学老师，您需要关注学生的最新发展领域，并在对书本的深刻理解基础上，创建与学生的原始知识背景相关并相近的数学问题情境，激发学生的热情，并鼓励他们独立探索数学知识并开发他们的潜力。

在高等数学教学中，应根据学生身心发展的需要和具体的教学内容，建立数学问题情境。教师以原有知识为基础，以新知识为目标，想方设法激发学生的学习兴趣，调动学生学习的积极性和创造性，促进学生智力和非智力因素的发展。必须根据学生的具体情况创设数学问题情境，过深或过浅的问题不利于培养学生的创造力。

（二）遵循启发诱导的原则

在高等数学的教学中，数学问题情境的创建应遵循照亮和归纳的原理。人们根据认知过程的规律以及事物发展内在和外在原因之间的辩证关系，提出了启蒙原理。根据学生的实际情况，教师应结合教材给出生动的图片和生动具体的例子，并提出能激发学生思考、激发学生学习和研究的强烈愿望的数学问题，使学生能够充分发挥自己的主观能动性，并在老师的启发和指导下积极参与探索情境数学问题的过程。

在高等数学教学过程中，教师应善于创造启发性和参与性的数学问题情境，以激发学生的兴趣和好奇心，使学生能够独立学习并积极探索老师提出的数学问题。数学知识的形成过程是把书本知识转化为自我知识，学习很有趣。

（三）遵循理论联系实际的原则

学习数学的最终目标是将其应用到实践中。数学知识来自生活，也必须适用于生活。在高等数学教学中，教师应创造真实有效的数学问题情境，引导学生使用数学知识来分析问题，解决实际问题。同时，学生在特定数学问题的情景下学习数学知识，理论联系实际解决实际问题，这样就可以提高学生学习的主动性和积极性，使他们更好地接受新知识和新理论，知识学习更深入。

根据上述原则，应使用哪些方法来创设情境？

二、创设数学问题情境的方式

数学教学具有基础性、普遍性和发展性，数学教学应面向所有学生，使每个人都能学到有用的数学知识，而且在学习数学时有不同的进步。因此，数学教育必须以学生的成长为基础，并让他们参与学习。在倡导主动学习时，教师必须为学生创造一个独立探索、合作和交流的空间，充分调动学生的学习热情，并培养他们的创造力。

（一）创设问题悬念情景

情境，即具体场合的情形、景象，也就是事物在具体场合中所呈现的样态。所谓问题情境是指个人觉察到的一种"有目的但不知如何达到"的心理困境。最终，这是一种学习环境，存在一定的困难，需要学生努力克服这些困难，并找到在自己能力范围内的方法来实现其目标。因此，问题情境必须具有三个要素：——未知的"目的"，——的思维动机"如何实现"以及——学生的知识水平和能力"感知问题"，即注意对学生最近发展领域的发展。数学问题情境是在数学教学过程中产生的问题情境。创建问题情境就是建立情境问题或探索性问题。情境问题是指教师有意识地创造可以激发学生创造意识的问题。情境数学问题以思想为核心，情感为纽带，通过各种符合学生数学学习心理特点的情境问题，将学生的数学认知与情感巧妙地结合起来。

简而言之，问题情境的产生就是问题的设计。良好的问题情景是数学教学的重要组成部分，也是学生学习的支持和动力的来源。自古以来，问题一直被认为是数学的核心。从心理学上讲，"积极思考处于可疑路径的交叉点"，也就是说，积极思考在于存在问题的情况。通常，采用以下几种方法创建数学情境问题：通过生产和生活实例；通过数学发展的历史和数学系统的形成过程；通过数学故事，有趣的数学问题和谜语；通过怀疑，建立暴露的矛盾；通过连接新旧知识并找到新旧知识的"最佳结合点"而建立；通过现代教具模型和教学方法的建立。

（二）创设类比情境

类似推理基于以下事实：两个研究对象具有相似或相同的属性，因此，当一个对象具有另一种属性时，另一个对象也可能具有该属性或类似的思维方法，对某物的知识转化为对相似物的知识。

高等数学中有许多具有相似属性的概念。在讲授这些概念时，教师可以首先让学生学习他们所学概念的属性，然后创建类比发现情况，以指导学生发现并尝试提出新概念、定义。例如，在教授多元函数的导数时，以二元函数的导数为例，可以将其与一元函数的导数联系起来。在授课过程中，可以让学生查看一元函数的导数。而二元函数的导数，就是把一个自变量认为是一个常数，而另一个自变量的求导过程与一元函数相似。这样，新概念就可以轻松地被吸收并融入到原有的认知结构中，从而使学生的思维自然地进入新知识生成和形成的路径，同时为理解奠定基础。

（三）创设直观情境

根据抽象与具体的结合，可以使抽象理论形象化，这不仅可以丰富学生的感知知识，还可以加深他们对理论的理解、观察和分析，达到培养学生创造性思维的目的。例如，在讲授封闭区间上连续函数的性质中的零点定理时，如果只解释该定理，学生往往对定理不甚了解。这时，老师可以举一些常见的例子来解释，例如冬天的温度经常低于0℃，春天的温度逐渐升至0℃以上，中间应经过一点0℃。这个0℃就是所谓的零点。

（四）创设变式情境

所谓变式情境包括使用诸如改变命题和改变图形的方法来唤醒学生的兴趣和学习欲望，以激发学生的心理去探索新知识并增进理解，提高课堂教学效率。例如，在教授中值定理时，教师在讲了罗尔定理之后，可以进一步指出 Rolle 定理的三个条件是相对严格的，这限制了罗尔定理的应用。如果取消了"等于"的"间隔终点函数值"条件，则曲线上仍然存在一个点，使得通过该点的曲线的切线保持与连接两个端点。更改图形，您可以轻松得出结论，那么该结论就是拉格朗日的中值定理。另外，如果有两个函数满足拉格朗日中值定理，则可以得到两个方程，那么这两个方程之比就是柯西中值定理。这样，在逐步解决问题之后，就可以引出要教的内容，使学生轻松地接受新知识。

上述创建教学情境的方法不是孤立的，而是集成的。教师应根据具体情况和条件，紧紧围绕教学中心，提出适合学生思维的问题，内容应健康有益，教学环境应具有感染性。同时，要使学生有能力快乐地探索，深刻理解和牢固掌握他们在内心和情境相结合中所学到的数学知识。

当然，在高等数学教学中有很多方法可以创建情境，但无论设计哪种情境，都必须基于学生的生活经验和现有的知识，创建情境必须自然、合理，这样就能激发学生的好奇心、创造力和学习的兴趣，并能提高其数学思维以及分析和解决问题能力。

第三节　在高校中实施"高等数学"课程教学创新

在高等教育的大多数专业如计算机类、电子类、地质与测量类、财经类的人才培养方案中，高等数学既是一门重要的文化基础课，也是一门必不可少的专业基础课，它对学生后续课程的学习和数学思维能力的培养起着至关重要的作用。

一、教学模式的创新

近年来，随着高等教育的蓬勃发展，从事高等教育研究的数学教师和研究人员对高等数学教学改革做了许多的有益尝试，但由于人们对数学课在高等教育中的地位与作用认识不足，教学目标、教学内容、教学方法及模式、教学评价等没有发生根本性的改变，不能完全满足高等教育各学科和工程技术对高等数学的要求。

（一）采用启发式教学，引导学生积极参与课堂教学

为了培养学生的学习兴趣和学习技能，不可能仅依靠课堂上老师的讲授，有必要让学生充分参与教学过程并进行练习，让学生充分感受到自己的主导地位。例如，在讲授多元函数偏导数的概念时，可以启发学生比较和学习一元函数的导数定义。一元函数的导数定义为函数增量与自变量增量之间比值关系的极限，它描述了函数相对于自变量的变化率。

尽管多元函数的自变量不止一个，但仍可以考虑函数对给定的自变量的变化率。也就是说，当仅有一个自变量发生变化而其他自变量保持不变时，考虑函数对这个自变量的变化率，此时将其他保持不变的自变量视为常数。因此，多元函数是一元函数的导数。通过这种方式，学生可以利用所学到的知识通过自己的思维来解决问题，从而使他们具有使用数学知识的能力，并且可以激发他们学习的兴趣。

培养学习能力是实施启发式教学中的关键问题。在课堂上，教师应注重指导学习方法，注重数学知识在思维方法及其应用中的发掘和展示，注意培养学生对自学的兴趣。例如，在解释重要概念时，应结合实际背景和概念的形成过程，并注重概念中体现的思维方法的意义和功能。教师还应引导、启发学生掌握阅读，理解，分析及总结所学知识的联系，并鼓励学生勤于运用大脑进行创新性思维。

（二）注重使用多媒体辅助教学，提高教学质量

多媒体教学是一种融合了文本、图像、声音、动画、视频和其他元素的现代化教学方法。在教室中使用多媒体显示三维图形和动画，可以使学生更好地理解所学知识，通过观察和归纳可以帮助学生发现规律，从知觉知识上升到理性知识，从而改变数学学习的无聊状态，提高教学效率。然而，多媒体的使用在一定程度上削弱了学生的空间想象力和抽象思维能力。因此，多媒体只能在适合的时间内帮助教师进行课堂教学，而教师也不能完全依赖多媒体，否则会适得其反。

在使用多媒体辅助教学时，教师还应注意与学生的互动关系，给学生适当的思考和想象的空间。在教室里，学生通常是多媒体教材的旁观者，而教学一般被视为多媒体教材的演示，不能充分激发学生的学习兴趣和学习意识。因此，应将传统的数学教学与多媒体教学相结合，并充分发挥各自的优势，以达到最佳的教学效果。

二、改革教学内容，培养学生的实际应用能力

高等院校的教学要"以应用为目的，以必需够用为度"，要强调学生的动手能力。因此，高等院校"高等数学"选择的教学内容，首先应结合学生的专业，在不影响数学的系统性的原则上，适当删减内容。如：电子与机电专业，应增加积分变换的内容，而一些经济类的专业，应增加概率统计的内容。在内容讲解时，也应突出实用性，降低理论要求，力求学不在多，学要有用。

数学实验是一门使用现代计算工具和问题作为支持来释放学生主体性的课程。在教学中，通过增加数学实验的教学环节，展示运用数学知识解决问题的全过程，可以使学生感受到数学学习的意义和数学的强大力量，它可以培养学生学习数学的兴趣，提高学生推

理、分析和逻辑思维的能力。例如，学生可以使用数学软件查找导数，求解微分方程，扩展幂级数，计算线性方程等，这样既可以使学生学习使用数学软件还可以用其验证结果的正确性。达到由"学数学"向"用数学"的转变。

此外，重视数学建模思想在教学中的渗透是数学教育改革的发展方向。数学建模表达了数学与客观实际问题之间的联系，是数学与现实世界之间的桥梁。它本质上是与培训学生或进行实验的联系，而该实验的目的是让学生在学习使用数学知识的过程中，使用数学模型解决问题，并将所学知识应用于将来的日常生活和工作中。通过生动，具体的例子进行教学，渗透数学建模的思想，提高对建模的认识，学生可以逐步理解数学建模在众多数学问题中的通用性，激发学生对数学建模的兴趣，研究数学建模，提高其实际运用数学知识的能力。

三、改善考核方式，建立科学的评判标准

以能力培养为指导思想的数学教学方法改革还必须伴随着评估方法的相应改革。在评估学生时，我们必须注意每个人的处境，尊重和反映个人的差异，激发个人的主观能动性，并鼓励每个人最大程度地实现自己的价值。为此，我们必须采用多方面的方法

综合评估和评估方法结合了考试和教学。不仅要检查学生的习惯学习情况及其对基本知识的理解和掌握，而且还要检查学生应用数学的能力。评估的内容应包括：第一，典型的结果（占40%），包括上课出勤，家庭作业，课堂讨论，回答问题等；第二，考试的开放性题（占20%），这部分考核主要基于数学。知识的实际应用是主题。老师可以预先设计主题，学生可以自由组合，并在指定的时间内完成任务。最后，他们将以实验室或测试报告的形式展示其资格；第三，闭卷考试（40%），考试的内容和难度主要是评估学生对基本概念的掌握程度和基本计算能力。测试不应太难。根据传统的测试方法，它必须在有限的时间内完成。这样不仅可以评估学生对数学知识的理解、掌握程度，还可以提高学生对数学知识的实际应用能力。

第四节　建构主义理论下高等数学课的教学

中国社会经济的不断发展使人民的教育素养大大提高，高等教育逐渐成为人们生活中不可缺少的一部分。高等教育的发展不仅突破了传统教育的弊端，使每个学生都可以根据自己的兴趣选择发展道路，而且还有利于全面培养学生的综合能力，素质教育是一种正常的教育状态，但在目前我国高等教育中的教学过程中，传统的应试教育仍有一席之地，评

估标准依然存在。在这种情况下，高等数学课程改革必须改变旧的教学模式，重视素质教育和人文教育。

一、建构主义教学理论相关概述

基于认知学习理论的建构主义学习理论已在科学教育领域逐渐流行，并已成为国内外科学教育改革的主导理论。本节首先简要介绍了建构主义理论的产生和发展，然后解释了建构主义的教学理论，包括知识、学习、教师和课程。最后，对当前基于建构主义理论的数学教学改革提出了一些建议。

（一）建构主义的产生和发展

瑞士心理学家让·皮亚杰（Jean Piaget）提出了建构主义的观点，他创办了"皮亚杰学校"，这是一所认知发展领域最具影响力的学校。现代建构主义的直接前身是伯爵和维果斯基的智力发展理论。伯爵（Piaget）出版了《发生认识、论原理》，主要研究知识的形成和发展。他从认知发生和发展的角度对儿童心理学进行了深入、系统、的研究，并提出认知是基于主体现有知识和经验的一种积极建构。这是建构主义愿望的核心。

在上述伯爵理论的基础上，许多专家和学者从不同角度发展了建构主义。维果斯基强调了学生的社会、文化和历史背景的作用，并提出了"近期开发区"的重要概念。科尔伯格进一步研究了认知结构的性质和认知结构发展的条件。斯特恩伯格（Sternberg），卡茨（Katz）等人强调了个人主动性在建立认知结构过程中的关键作用，并认真研究了如何在人的认知过程中行使个人主动性。上述研究进一步丰富和完善了建构主义理论，为建构主义在教学实践中的应用奠定了基础。

（二）建构主义教学模式的特点

建构主义教学模式的最重要特征是以学生为中心，它改变了以教师为主导、学生被动接受的传统课堂的情况，建立了以学生为中心的新教学模式。该教学模式具有非常实际的用途，它通过一定的人际交往活动使学生学习所涉及的社会文化背景知识，并将社会背景知识与学习内容相结合。建构主义的教学模式非常重视教学之间的互动，师生之间、学生之间的相互交流都非常重要，它可以充分调动学生的主动性和积极性。建构主义理论还非常重视学习内容的多样性，例如，在学习过程中，各种信息应被转化成学生自己的知识储备。

（三）建构主义历程及主要观点

建构主义理论是认知学者皮亚杰（Piaget）在儿童的自我建构思想的基础上发展起来的。皮亚杰称，学习是学生自我建构的过程。

苏联心理学家维果茨基为建构主义的发展做出了贡献。维果斯基认为，人类的社交能力和活动能力可以在促进人类心理发展并在认知方面能发挥重要作用。

（四）基于建构主义的科学教育理念

建构主义的教学观是对传统教学观的发展和批判。它认为学习不光受外部因素的影响，更重要的是，受学生自身的学习动机、认知风格、价值观、情绪等的影响。传统的教学理念常常忽略这些因素。

建构主义的知识观认为，科学知识必须清楚地被看作是个人和社会所建构的。该知识观还认为，所有理论和法律的建立都蕴含着科学家科学探索的精神和科学方法的使用（建立知识的过程），而与科学知识发生的变化无关。科学精神和方法的应用是一致的。

建构主义的学习观主要包括以下几点：学生学习科学并不是从零开始，而是基于原始知识和经验的构建。该学习观还认为，在学习理科课程之前，学生的思想并非空白。通过日常生活的各种实践和渠道，学生对客观世界中的各种自然现象有了自己的看法，并形成了许多简单或科学的概念。

这些不同的先验概念共同构成了一个影响学生学习科学概念的系统。学生的偏见甚为重要，是影响科学学习的决定性因素。先前的概念指导或确定了学生的感知过程，并且对学生的学习和解决问题的行为也有影响。科学学习不是简单地接受现有知识和信息，而是关于基于原始经验的概念变化。科学学习不仅是个人的建构过程，而且是社会的建构过程。

建构主义认为，教师的角色是：首先是领导者，指导者和组织者。教师必须发挥指导组织者的重要作用，并努力调动学生学习的积极性，帮助他们发现问题并解决问题。第二，发现者。必须高度重视学生错误的诊断和纠正，并有正确的态度。第三，中间人。老师是学生与教育政策和知识之间的桥梁。教师不仅应向学生传授有关方法的最新知识，还应注意提高他们的整体素质。

建构主义的课程观点并不认为课程基本上是由外部环境因素（例如学科的结构，社会价值等）决定的，而是考虑了——对事态的先验知识、学生学习、他们的观点和目标。什么样的经验和概念可以有效地促进特定学习成果的产生，目前这已经成为一个急需解决的问题。考虑到课程是一系列促进特定学习成果的学习活动和互动过程，它与确定调查和探索的目标有关。

二、高等院校高等数学课现状分析

改革开放以来，中国的社会和经济发展迅速，教育事业也经历了多种变革。但是，来自高等教育机构的学生在找工作方面面临困难。造成这一问题的重要原因是，高等学校在课程结构，教学内容和教学方法等方面采用的教学模式非常陈旧，与实际的社会需求脱节，具有主观色彩和盲区。

（一）教师教学主要以应试教育为主

根据有关调查结果，发现在一些高校中，只有不到14.4%的教师可以积极实施建构主义教学理论。一半以上的数学老师对建构主义教学不甚了解，其教学过程从来没有一个明确的观念和明确的教学目标。这些教师的普遍问题是应付考试，以让学生在将来获得良好的工作优势，从而忽略了培养学生的主动学习技能，而采用枯燥的数学死记硬背；其余的数学老师仍然保持传统教学的观念，那就是注意课堂上的知识灌输忽略了课外练习和生活现实之间的联系。这些保守和落后的概念将不可避免地阻碍高等学校高等数学的发展。他们不仅不能真正培养应用专业人才，而且还很容易使学生变得厌烦、疲倦、叛逆、惧怕困难，这对学习产生了不利影响。

（二）学生构建学习自主性差

在传统的教学模式中，学生总是处于被动状态，即老师讲，学生听，老师阅读，学生记住教学方法。通常，老师只是简单地告诉学生数学知识，然后学生通过家庭作业和练习来巩固他们所学的知识。理论知识的形成和发展过程没有得到拓展，这导致了学生学习自主性的下降，降低了课堂教学的质量。

（三）教学内容过于陈旧

数学知识本身的内容是严谨且固定的，任何数学理论都不能轻易地颠倒和改变，这又导致了数学教学内容的长期停滞。数学内容本身已严重过时，并且教师没有随时间进行课外扩展，导致教学内容中没有新想法，并且严重缺乏对学生的吸引力。

相关调查显示，只有28%的教师能够补充和扩展数学的课堂知识，而大约50%的教师偶尔能适当地扩展课堂知识。37%的教师能够设计基于书本的课外主题来激活课堂环境并提高学生对学习数学的兴趣，而其余的教师则无法扩展和丰富基于生活的数学课堂教学。

三、建构主义教学理论下高等数学教学模式改革的建议

为了尽快实现大学高等数学教学模式的改革，最重要的是在大学积极构建新的高等数学教学模式，这是建构主义教学理论的基础。

（一）提高教师教学水平，引导学生的意义建构

首先，有关学校领导应鼓励教师在高等数学教学过程中采用建设性的数学教学模式，并为教师提供足够的教学时间准备和实施建设性的教学模式。教师要不断加强对建构主义教学理论的研究，不断提高对数学教学技术的理解和运用。

其次，教师要转变教学观念，要根据学生实际的知识储备水平和相关专业的特点进行数学课程教学方式的转变，熟练地掌握数学内容，做到信手拈来的程度，这样就能够确定什么时候适合运用建构主义教学模式来进行讲解，什么时候可以适当地引入其他学科的理论知识进行拓展，从而正确地引导学生应用建构主义理论。

（二）创新意义建构式的数学教学模式

在建构主义基本理论的指导下，大学的高等数学教学模式应坚持"以人为本"的理念。目的是不断改进建构主义教学理论，使其成为适合中国高等学校数学教学的教学模式。应确保教学内容的不断创新，逐步探索新的教学方法，并着重培养学生的自主学习能力，以确保学生能够积极学习、理解、掌握高等数学知识。

（三）培养数学学习兴趣，营造协作学习氛围

建构主义理论强调学生之间的互动。学生之间的良好互动有助于形成优良的合作学习环境，这不仅使学生对数学学习产生浓厚的兴趣，而且能彼此促进和鼓励，形成团结互助的学习氛围。

目前我国的大学，在高等数学课程教学过程中，依然存在传统的应试教育，以成绩作为考核的标准。基于这种实际情况，高等数学改革也必须转变教学模式，重视素质教育和人文教育。

第七章 高等数学的教学思想改革策略研究

第一节 现代教育思想概览

一、现代教育思想的含义

教育是人类特有的一项专门社会实践活动，旨在培养高素质的人。为了实现教育目标和理想，使教育活动更符合客观教育规律，人们观察，思考和分析教育现象，进行交流，讨论，从而使教育活动趋于一致。从广义上讲，人们对教育现象的不同理解，无论是分散的，个体的，肤浅的还是系统的，普遍的和深刻的，都属于教育思想的范畴。从严格的意义上讲，教育思维主要是指由人们的理论加工、深层思考、逻辑推理、抽象概括和现实普遍性形成的教育认知。

（一）关于教育思想的一般理解

第一，教育思想从形成开始就具有与人的教育活动有关的现实和实践的特征。

通常，人们倾向于认为教育思想是抽象的，笼统的和不可预测的，并且与教育的实践，生活和现实相去甚远。实际上，教育思想与人们的教育实践和生活之间有着根本的联系。它源于教育实践的活动，并且逐渐满足教育实践的需求。教育实践是教育思想的现实基础。简而言之，（1）教育实践是教育思想的源泉。当教育实践不产生对某种教育思想的需求时，所说的教育思想就不会在社会中流行和发展。（2）教育实践是教育思想的对象，教育思想是对教育实践过程的反思，对教育实践活动规律有一定的启示和解释；（3）教育实践是教育思想背后的原动力，是教育思想在历史上的兴衰，教育思想的变化和发展是源自于教育实践的结果；（4）教育实践是教育思想的真理标准，某种教育思想是否正确，从根本上取决于教育实践的检验；（5）教育实践是教育思想的源泉和目的，而教育实践则规定了教育思想的方向。

第二，教育思想在其存在的观念和形态上，具有超越日常经验的抽象概括性和理论普遍性的特征。

毫无疑问，广义上的教育思想还包括各种教育经验、感受、经历、思想等，是人们在教育实践中获得的，我们在本书中所分析和概括的就是狭义上的教育思想。教育经验是现实的、鲜活的，同时也是宝贵的；但是它往往具有个别性、零散性和表面性，很难概括教育过程的普遍规律和一般本质。教师从事教育实践，固然需要教学经验，但更需要教育思想和教育理论的指导。教育思想以它的抽象概括性、逻辑系统性和现实普遍性，比教育经验更能够阐明教育过程的一般原理，揭示教育事务的普遍规律。教育者需要教育理论，深刻的教育思想，清晰的教育信仰和丰富的教育见解的指导。这就是教育思想的理论价值和教育思想的实践意义。

第三，在其存在的社会空间上，教育思想具有与社会、政治、经济、文化的条件及背景相关联的社会性和时代性。

人们的教育实践和教育意识是在一定的政治、经济和文化思想条件下发展起来的，因此教育思想反映了社会发展的现状和要求。此外，人们的教育实践和教育意识也是在一定历史时期的条件和前提下进行的。因此，教育思想不仅与人们所处的历史时代有关，而且反映了这个时代的条件和要求，具有时代特征。我们在本书中学习和研究的教育思想，既与我国改革开放和现代化建设相联系，反映着我国教育事业改革和发展的要求，又与世界当代政治经济科技文化的发展相联系，反映了世界当代教育变革的现状和思想动向，具有当今的社会性和时代性特征。

第四，教育思想在其存在的历史角度上，具有面向未来教育发展和实践的前瞻性和预见性。

教育思想来自教育实践，服务于教育实践。教育是未来培养人才的一种社会实践。因此，教育思想具有前瞻性和可预测性。尤其是在当今时代，人类社会在不断发展，教育的发展进步更快，指导思想的远见卓识变得越来越明显。当然，教育思想具有历史底蕴。它总结了过去教育实践的历史经验，并继承了过去教育思想的精神成就。但是，教育思想的根本目的是指导和服务当前和未来的教育实践。因此，教育思维在历史维度上具有一定的可预测和预期的特征。

（二）关于现代教育思想的概念

确切地说，我们所说的现代教育思想是指中国改革开放的社会背景以及社会主义现代化进入新时代以来对中国当前教育改革的现实问题进行研究的思想，它是阐明我国教育现代化的进程并具有指导性的思想。当然，大家对"什么是现代教育"和"什么是现代教育思想"有不同的理解和看法。本书着眼于我国教育改革和现代化实践的需求，并将其总结的教育思想称为"现代教育思想"。另外，现代教育思想有着丰富的内容，我们只是就其中的一些内容进行了分析，目的在于使大家了解对我国教育改革实践较有影响的思想及观点，从而提高大家的教育理论素养，树立现代教育观念。从这种意义上说，本书所论述的只是现代教育思想的若干专题。

第一，现代教育思想是以我国社会主义教育现代化为研究对象的教育思想。

任何教育思想都有其特定的调查对象或特定的教育问题。本书提到的现代教育思想是针对中国社会主义现代化过程中的教育改革和发展问题，是关于中国社会主义教育改革与发展的教育思想，包括科教兴国思想、素质教育思想、主题教育思想、科学教育思想、人文教育思想、创新教育思想、实践教育思想和教育思想。本书对民族性和永久性教育思想等进行了分析，以当前的教育改革为蓝本，在发展实践中进行了归纳和总结，重点是探索和应对目前社会主义教育现代化的问题。教育现代化是当前中国教育改革与发展的目标和主题。我们所有的教育实践活动都是在这一总体目标和主题下进行。因此，我们的教育实践是一种现代教育实践，而我们正在讨论的教育问题是：对于现代教育的问题，我们的广义教育思想就是现代教育思想。邓小平明确指出，"教育必须面向现代化"。这表明我国正处于教育现代化发展的历史进程中，我们的目标是实现社会主义教育现代化，从人类历史发展的角度出发，我们处于现代教育发展的历史阶段。根据这一点，我们可以将以中国社会主义教育现代化为考察对象的教育思想称为现代教育思想。

第二，现代教育思想是以我国新时期社会主义现代化建设和改革开放为社会基础的。

现代教育思想以中国社会主义教育现代化为研究对象，以中国社会主义改革开放和现代化建设为社会背景。众所周知，教育改革的实践与中国的全面改革开放紧密相连，社会主义教育的现代化是中国社会主义现代化事业必不可少的一部分。因此，我们所谓的现代教育思想是建立在中国的改革开放和现代化建设之上的。我们讨论的教育思想和观念是建立在中国社会主义政治、经济、文化和技术发展的基础上的。教育是为社会的进步和发展服务的行业。政治、经济，社会、文化和技术为教育的发展提供了客观条件，也决定了教育发展的真正需求。中国的教育改革发展和教育现代化目标从根本上反映了新时期中国现代化和改革开放的要求。教育是要培养人才、满足改革开放和现代化建设的巨大需求。从这个意义上说，每个人都想学习的现代教育思想实际上就是中国改革开放和现代化建设所要求的教育思想。

二、现代教育思想的结构和功能

要学习现代教育思想，您需要了解其结构和功能。教育思维是一个系统，系统内部具有各种结构。教育思想在现实中起着重要作用，即教育思想具有一定的功能。研究教育思想的结构和功能可以帮助我们加深对教育思想的认识和理解，并使我们能够理解教育思想的不同形式和类型及其各自的作用，从而更好地进行教育建设。教育思想指导我们的教育实践。

（一）现代教育思想的结构

不同的人对教育思维的结构有不同的理解，并且会做出不同的判断。在这里，根据我国教育思想与实践的真实关系，将教育思想分为理论教育思想、政治教育思想和实践教育思想三部分。这三个部分既相互区别又相互联系，形成一种我国教育思想的结构。当然，这种结构分析只具有相对的意义，是本书的一种概括，现代教育思想的结构还可以从其他视角进行分析。

1. 关于理论型的教育思想

理论教育思想是指教育理论家研究的教育思想，它以抽象的理论形式存在。当代教育思想的形成和发展离不开教育理论家对教育问题的科学研究，也离不开教育经验的总结和概括。在我国，活跃在大学和各种教育研究机构的教育理论工作者，是一支专门从事教育理论研究的队伍，他们虽然不能长期从事教育教学第一线的工作，但在我国教育思想的研究和教育科学的发展中发挥着重要作用。教育思想源于教育实践和经验，但必须优于教育实践和经验。经过理论上的抽象和概括，教育经验达到了新的理论高度，具有普遍的真理价值及特殊的现实意义。理论型的教育思想有着一张严肃的"面孔"，学起来感到很晦涩、很费解，不容易领会和掌握，但是它却具有理论的抽象概括性，揭示着教育过程的普遍规律和教育实践的根本原理。我们当前的教育实践与古人的教育实践不同，它需要越来越多的现代教育思想的指导和越来越多的具有特殊教育素质和意识的教育工作者的努力。理论教育思想的形成，既是现代教育发展的客观趋势，也是中国当前教育发展和改革以及教育现代化的迫切需要。

2. 关于政策型的教育思想

所谓基于政策的教育思想，是指教育的政策、法律、法规所体现的教育思想，是一个国家或民族教育思想体系的重要组成部分，在人类教育思想和实践的历史发展中占有重要的地位。。教育方针根据我国以法律形式颁布实施的教育政策，总体上规定了我国教育发展的基本指导思想，人才培养的总体规范和实现教育目标的基本途径。毫无疑问，这一教育方针的表述体现着党和政府的教育主张，代表了广大人民群众的利益和要求，是对我国现阶段教育事业的性质、地位、作用、任务，人才培养质量、规格、标准，以及人才培养的基本途径的科学分析和认识。广大教育工作者需要认真学习这一教育方针，领会它的教育思想及主张，把握它的实践规范及要求。

3. 关于实践型的教育思想

所谓实践教育思想是指由教育理论家或实践工作者通过解决教育实践问题和对教育实践进行理论思考而形成的教育思想。这种教育思想不同于理论教育思想。如果理论教育思想着眼于探索和回答"什么是教育"问题，那么实践教育思想就是要思考和解决"如何教育"问题。这种类型的教育思想也不同于基于政策的教育思想。尽管基于政策的教育思想和实践教育思想都是面向教育实践的，但是基于政策的教育思想是关于国家教育实践的教育思想，而实践教育思想是关于教育者实践的教育思想。实践教育思想与教育经验不同。教育经验是人们在教育过程中形成的分散的教育经验，而实践教育思想是有意识地思考教育实践的人们所获得的系统的理论认识。实践教育思想是整个教育思想体系的有机组成部分，是教育思想发挥指导和服务于教育实践的基本形式。教育思想服务于教育实践，并用于指导教育实践。但是，仅仅通过回答"什么是教育"来告诉人们"什么是教育的本质和规律"，教育思想是不够的。教育思想应帮助人们解决如何开展教育活动的技术和方法问题，以实现教育目的及规律的统一，提高教育质量和效率。实践教育思想通过对教育实践问题的研究来解决教育活动的技术和方法问题，并发挥指导教育思想和为教育实践服务的作用。实践性教育思想是教育思维的重要类型和不可缺少的一部分。

上述教育思想各有各的理论价值和实践意义，共同促进了现代教育的科学化和专业化发展。长期以来，人们比较忽视实践型教育思想的研究与开发，认为它的理论层次低、科学性不强、缺少普遍意义，事实上它却是促进教育实践科学化的重要因素和力量。没有对现实教育实践问题的关注和思考，何谈现代教育技术、技能和方法，所谓促进现代教育的科学化发展云云也只能是纸上谈兵。当前，为了促进我国教育改革和发展，我们必须面向教育教学第一线，大力研究和开发实践型教育思想，以此来武装广大教育工作者，使每一位教育工作者都成为拥有教育思想和教育智慧的实践者。

（二）现代教育思想的功能

教育思想的产生和发展并非一帆风顺，也不是偶然的，它是为了满足了人们的教育需求。我们使教育思想适应人们的教育需求，并在教育实践和教育的发展过程中发挥作用。对于教育思维功能。具体而言，教育思维具有预期、理解、指导、调节、评估和反思的功能；简而言之，它具有教育思想对教育实践的理论导向功能。

1. 关于教育思想的认识功能

教育思想的最基本功能是对教育事物的认知功能。我们通常说教育思想来自于教育实践，而教育实践是教育思想的基础。但从另一个角度上讲，教育实践也需要教思想的指导。教育思想之所以具有指导教育实践的作用，是因为它可以帮助人们深刻理解教育事物，掌握教育事物的本质和规律。一旦掌握了教育的本质和规律，人们就可以改变教育实践中的消极状态，获得教育实践的自由。教育思想的指导功能嵌入在指导人们了解教育的本质和规律的过程中。应该说，教育思想的目的是促进我们对教育事物的观察、思考、理解、判断和解释，超越教育经验的局限，对教育事物进行更深刻的理解。当然，这里应该指出的是，他人的教育思想不能轻易地构成人们的教育智慧，教育智慧也不是天赋的。教育思想的认识功能，在于启发人们的思考和观察，提高人们的认识能力，形成人们自己的思想和观点，从而使人们成为拥有教育智慧的人。在历史上，教育家们的教育思想多种多样，这些教育思想之间也常常充满矛盾。如果我们以为能够从前人那里获得现成的教育思想和真理，那就势必陷入各种教育观念的矛盾之中。我们从前辈的教育思想中学到东西，但我们只接受其教育思想的启迪，我们要提高理解水平，继续丰富自己的教育思想，而不是照搬它们。这就是教育思想认知功能的本义。

2. 关于教育思想的预见功能

所谓教育思维的预见功能意味着教育思维可以超越现实并展望未来，使人们能了解教育未来的发展前景和趋势，从而帮助、指导人们进行具有战略思维和远见的教育实践。教育思维的预测功能可以帮助人们理解和掌握教育过程的本质和规律，并可以揭示教育发展和变革的未来趋势。与其他社会现象一样，教育现象是有规律的进化过程，当前的教育发展不仅与整个社会的发展有系统的联系，而且与过去和未来也有密切联系。因此，了解教育规律的教育思想可以预测未来并显示其预测功能。《学会生存——教育世界的今天和明天》一书曾经指出："未来的学校必须将教育对象变成自我教育的对象，受过教育的人必须成为自我教育的人；对他人的教育必须成为自己的教育。"

尊重学生的中心地位和重视学生自我教育的重要性正在成为中外教育者的共识和实践信条。随着教育信息化的蓬勃发展，学生的自我教育已成为历史的必然。在终身学习和知识经济的时代，一个人很难从老师那里获得全部知识，应大力培养学生的自主学习能力。

教育思想可以预见未来，而我们学习和研究教育思想的一个重要目的，就是开阔视野，前瞻未来，以超前的思想意识指导今天的教育实践。

3. 关于教育思想的导向功能

无论是一个国家或民族的教育发展，还是学校或班级的教育活动，都离不开教育目标和培训目标。教育目标和培训目标对于整个教育行业的发展和教育实践至关重要。教育目标和培训目标是教育思想的重要内容和形式。教育思想通过展示教育目标和培训目标来指导人们的教育实践，从而起到指导作用。教育学将这种教育思想称为教育价值理论和教育目的论。长期以来，人类教育的实践一直面临诸如"要培养什么样的人"，"为什么要培养这样的人"和"如何培养这样的人"的基本问题。这些问题需要对价值观和理论思维进行分析，因此形成了关于教育目标和培训目标的教育思想。在历史上，每个教育家都有他自成一体、特色鲜明的教育思想，而在他的教育思想体系中又都有关于教育目的和培养目标的思考和论述。也正是教育家们对于"培养什么样的人"等问题的深邃思考和精辟分析，启发并引导人们从自发的教育实践走向自觉的教育实践。当前，党和政府做出全面推进素质教育的决定，这实际上是基于新的历史条件而做出的有关教育目的和培养目标的新的思考和规定。其中，所强调的培养学生的创新精神和实践能力，就是对我国未来人才培养提出的具体要求和规定。毫无疑问，素质教育思想将发挥导向功能，指引我国未来教育事业的改革和发展，指导学校教育、家庭教育和社会教育等各种教育活动的开展。总之，教育思想内在地包含着关于教育目的和培养目标的思考，而由于这一点，教育思想对于人们的教育实践具有导向的功能。

4. 关于教育思想的调控功能

通常我们说教育是人们有目的、有计划和有组织的培养人才的实践活动，但是这并不是说教育工作者的所有活动和行为都是自觉的和理性的。在现实的教育实践过程中，教育工作者由于主观或客观的原因，也常常会做出偏离教育目的和培养目标的事情来。就一所学校乃至整个国家的教育事业来说，由于现实的或历史的原因，人们也会制定出错误的政策，做出违背教育规律的事情来。中国"文化大革命"中的"教育革命"说明了这一点。那么人们相信什么可以纠正他们的教育错误并规范他们的教育行为呢？就是教育思想。教育思想具有调节教育活动和行为的功能。因为教育思想可以超越现实和经验，并且能够以客观合理的方式理解和把握教育的本质和规律。当然，这并不是说所有的教育思想都毫无例外、毫无偏见地认识和把握了教育的本质和规律。并不是这样，也是不可能的。然而，只要人们以理性的精神、科学的态度和民主的方法，去倾听不同的教育观念、主张、意见，并且及时地调控自己的教育活动及行为，就可以少犯错误、少走弯路、少受挫折，从而科学合理地开展教育活动，保证教育事业的健康发展。若是如此，教育思想就发挥和显示了它的调控功能。在当前，我国教育改革和发展正面临着新的历史条件和机遇，也面临着新的困难和挑战。我们应当努力学习和研究教育思想，充分发挥教育思想的调控功能，从而科学地进行教育决策，凝聚各种教育力量，促进教育事业沿着正确的方向和目标前进。如果我们每个教育工作者都能认真学习和研究教育思想，我们就可以不断规范我们的教育行为和活动，从而进一步提高教育质量。

5. 关于教育思想的评价功能

要了解教育活动过程的结果，人们就必须评估其质量，效率和效果。随着教育规模的扩大和投资的增加，教育的经济效益和社会效益得到了进一步的提高，科学，规范的教育管理使教育评价得到越来越多的关注。人们一般把教育方针和教育目的作为评价人才培养的质量标准，而教育的社会和经济效益还要接受社会和经济实际需要的检验。但是，我们也要看到，教育思想也具有教育评价的功能。教育思想之所以具有评价的功能，是因为教育思想能够把握教育与人的发展及社会发展的关系，揭示教育与人及社会之间相互作用的规律性，从而为评价教育活动的结果提供理论依据和有效尺度。实际上，在教育实践过程中，人们经常以教育价值、教育功能的观点、教育质量的观点、教育利益的观点等作为基础和标准来评估教育过程的结果，以指导我们的教育行为过程。在当前的教育改革和育人实践中，我们不仅需要接受事后的和客观的社会评价，而且还应当以先进而科学的教育思想经常评价和指导我们的教育实践，从而促进教育过程的科学化、规范化，以提高教育的质量、效率和效益。现在，人们学习和研究教育思想的一项重要任务就是要提高他们的教育理论素养，并运用科学的教育思想、包括教育价值观、人才观、素质观等，来有意识地评估、分析和指导自己的教育行为和活动，用教育科学的思想来评价和分析教育实践本身的活动，以提高每个教育者的教育水平，教学水平，管理水平和素质。

6. 关于教育思想的反思功能

对于广大教育工作者及其教育实践活动来说，教育思想的一个重要作用，就是要促进人们进行自我检查、自我评价、自我分析、自我总结等，最终使教育工作者能够客观合理地评估和分析自己的教育行为和成果，从而增强他们自我教育的意识，增强自我调整的能力，改进教育策略并磨练教育技能等，由自发的教育者成为有意识和成熟的教育者。众多事实表明，一个人从一个教育外行变成教育专家需要自我反思、提高能力，才能逐步取得成绩。这是教师成长和发展的必要条件和过程。我国古代思想家老子曾说过，"知人者智，自知者明。胜人者有力，自胜者强。"这告诉我们，人贵有自知之明，真正的教育智慧是自省、自知、自明、自强，在自我反思中学会教育和教学。不过，一个人能够进行自我反思是有条件的，条件之一就是学会教育思维，形成教育思想，拥有教育素养。人们正是在学习和研究教育思想的过程中，深化了教育思维，开阔了教育视野，增强了自我教育反思的意识和能力。应当说，日常工作经验也能够促进人们的教育反思，但是教育经验的狭隘性和笼统性往往限制了这种反思能力和素质的提高与发展。教育思想比起教育经验来有着视野开阔、认识深刻等优越性，所以更有利于人们增强自己的教育反思能力和素质。为什么我们说教育工作者有必要学习和研究教育思想，就在于它能增强人们教育反思的意识和能力，提高素质，从根本上促进教育工作者的成长和发展。

三、现代教育思想的建设和创新

在我国教育现代化进程中，学校教育的改革与发展面临着教育思想的建设和创新。随着中国现代化和改革开放的深入发展，以及随着计算机网络化和技术全球化的不断发展，中国的教育实践将面临新形势和新挑战。在这样一个时代，教育不可能因循守旧。我们必须加强教育观念的创新和建设，必须用全新的教育观念来武装和加强自己，这就是我们开展新型教育工作的原因。

（一）关于教育的思想建设

在一个地区、学校和国家，教育建设一般包括三个基本方面：教育设施建设，教育体系建设和教育意识形态建设。进行教育现代化，必须致力于教育设施现代化，教育体制现代化和教育思想现代化，其中教育思想现代化是指观念条件，心理基础和精神支柱。有些人将教育思想的构建比作计算机的"软件"部分。所有的教育建设都离不开"硬件"的建设，也离不开"软件"建设。因此，在当前的教育现代化和教育改革的进程中，必须大力加强教育思想建设，用教育思想建设来指导和促进教育设施和体系建设。

谈到培训人员的因素，人们通常会想到教师、教材、课程、方法、手段、设施、系统、环境和管理等。实际上，教育思维是人才发展过程中最重要因素和力量。教育过程是一个心理交流、情感交流、精神对话、视域融合和教育者与受教育者之间思想同构的过程。在此过程中，教育者应运用深刻而坚定的教育思想、清晰明确的教育信念、丰富多样的教育情感、民主朴素的教育作风等，与受教育者交流与沟通，建立联系。现在人们都知道一个朴素的教育真理，教师应当既作"经师"又作"人师"，从而把"教书"和"育人"统一起来。一个人只拥有向学生传授的文化知识和某些教育教学技能，还不算是一个理想的优秀的教师。理想的优秀的教师必须拥有自己的教育思想，能够以此统率文化知识的传授、驾驭教育教学技能和方法，实际上就是能够用教育思想感召人、启发人、激励人、引导人、升华人。缺乏教育思想，教育活动就会没有灵魂、精神、个性、内容和价值，这不是真正的人类教育。大多数教师需要注意建立和升华自己的教育观念，以便很好地履行教师育人的职责。

教育思想也是学校管理中的重要的因素和力量。许多人认为学校管理是校长利用上级领导赋予的行政权力来组织、指导和管理学校事务的过程，例如制定计划、决策，组织活动、检查工作、评估效果等。他们还认为，校长指导和管理学校以及教育的最重要的资源和力量是国家制定的教育政策以及上级授予的行政权力和权威，有了这些就可以指导和管理学校。但是，著名的教育家苏霍姆林斯基并不这么认为，他的重要思想之一就是所谓的"导演"绝不是通常所认为的"行政干部"，而必须是一名教育思想家和研究者。校长的领导首先是教育思想的领导，然后是行政领导。校长依靠对学校教育规律性的知识来指导学校，并依靠教师集体"教育信念"的形成来指导学校的工作。苏霍姆林斯基的这一愿望是教育管理中的真实愿望，它揭示了教育思想在教育管理中应有的状态和独特价值。大量的事例说明，缺乏教育思想的教育权力只能给学校带来混乱或专制，不能将教育方针转化成自己教育思想的校长，只能办一所平庸的学校，而不可能办出高质量、有特色的优秀学校。学校的建设，固然需要增加教育投入，改善办学条件，建立和健全学校各项规章制度，但也必须加强学校的教育思想建设，必须构建学校自己有特色的教育思想和理念；这是学校教育的灵魂所在，也是办好学校的根本所在。

教育思想也是一个国家教育发展的重要因素和力量。在国民教育建设中，不仅要强调教育设施和教育制度的建设，还要重视教育思想体系的建设。从历史的角度来看，古代文明和现代化的国家都非常重视教育思想建设。在形成民族教育传统与特色的过程中，他们发展了具有民族特色的教育体系、设施、内容和形式，因而以具有鲜明民族特色的教育思想而闻名。当我们说到欧美教育传统的时候，就必然会想到古希腊和古罗马时代的一些著名教育家及其教育思想，如苏格拉底、柏拉图、亚里士多德、昆体良等。当我们说到中华民族教育传统的时候，那就必须会提及孔子、墨子、老子、孟子、荀子以及他们的教育思想。历史上许许多多这样的大教育家，正是以他们博大精深的教育思想播下了民族教育传统的种子，奠立了民族教育大厦的基石。今天尽管由于科学技术国际化的影响，一些国家的教育建设和发展已显示出越来越多的共同点，但恰恰是通过传统教育思想的建设和继承，他们也发展了自己的国民教育。教育思想是国民教育的灵魂，也是国民教育的根本。大力加强教育思想建设，这是一个国家发展教育的基础和灵魂。只有搞好教育思想建设，才能为教育设施和体系建设提供思想蓝图和价值指导。

教育思想建设是一项复杂的系统工程，它包括许多方面和领域，需要做大量工作。教育思想建设对于教育者个人、学校和国家的教育事业来说，有着不同的目标、任务、领域、内容、形式和方法，但是大体上都包括经验总结、理论创新、观念更新等过程和环节。

构建教育意识形态需要总结当前和过去的教育经验，这是必不可少的环节。无论是教育者个人、学校体系还是整个国民教育，在构建教育思想的过程中，他们都不能不总结当前和过去的教育经验。教育经验既是对教育现实的反映和理解，也是过去教育实践的历史延续和积累，是教育思想建设的历史前提和现实基础。教育经验具有直接的现实性，与大多数教育者的教育实践密切相关；教育经验具有历史底蕴，是过去教育传统在当前教育实践中的延续和发展。它的现实性保证了教育思想建设与教育现实之间的联系，历史性确保了教育思想建设与教育传统之间的联系。在教育思想建设过程中，我们不能忽视和低估教育经验，必须善于从教育经验中认识现实，从教育经验中总结历史和继承传统，让教育思想建设扎根实际。历史传统有坚实的基础。总结教育经验是教育思想建设的基础和前提，是教育思想建设的重要内容之一。

教育思想的建设离不开教育理论的创新。所谓教育理论创新，就是研究未来教育的新情况、新问题和新趋势，提出新的教育理论、思想和观念。教育思想建设是一个面向、展望和捕捉未来的过程，旨在建立指导当前教育实践和教育改革的教育理念的理论，观念和体系。教育思想的建设既要总结教育经验，又要进行教育理论创新。教育是面向未来的职业，教育实践是面向未来的实践。本质上，教育实践需要以未来和创新的教育理论为指导。在科技经济社会迅速变革和发展的今天，现代教育思想建设越来越需要面向未来进行教育理论创新和观念创新。教育理论创新可以给教育思想建设开阔视野、指明方向、深化基础、丰富内容、增添活力，使教育思想建设具有创新性、前瞻性、预见性、导向性等等，从而能够指引现实教育实践及整个教育事业成功地走向未来。在我国大力推进教育现代化和教育改革的今天，我们应当高举邓小平理论的伟大旗帜，解放思想，实事求是，面向未来创新教育理论。只有坚持进行教育理论的创新，用现代教育思想指导教育实践，我们才能不断地深化教育改革，扎实地推进我国教育现代化的伟大事业。

教育思想的建设还需要教育理论的普及和教育观念的更新。教育改革与发展既是人们的教育实践和行为不断变化、改善及完善的过程，也是人们教育观念不断创新和更新的过程。无论是国家还是学校，教育意识形态的建设都需要普及教育理论并更新个人的教育观念。一方面，有必要用科学的教育理论和先进的教育思想武装人们，使大家学习和研究新的教育理论和思想。另一方面，有必要鼓励教育者改变过时的教育思想和观念，构建适应时代和未来发展的新教育观念。只有通过将先进的教育思想和教育科学理论转化成大多数教育工作者的教育和行动观念，才能建立植根于现实、能指导教育实践的教育思想，它可以为教育的实践和发展提供强大的力量。校长和教师在学习和研究现代教育思想和理论的过程中，必须构建自己新的教育思想和教育观念，这是教育思想建设的根本目的。

（二）关于教育的思想创新

随着科学技术、知识经济的快速发展，国家力之间的竞争日趋激烈，我们必须实施素质教育，开展创新教育，努力培养学生的创新精神和实践能力。

在此形势下，我们还必须致力于教育思想创新和教育观念更新，没有教育思想创新和教育观念更新，就不可能创造性地实施素质教育，建立创新教育体系，培养创新、创造性的人才。前面已经提到，在教育者个人、学校和国家的教育思想建设中，教育思想创新都处于十分突出的位置，这是教育思想建设的一个重要环节。目前，无论从教育思想的建设或教育改革的发展考虑，都必须高度重视和加强教育思想的创新，并这要成为每个教育工作者追求的目标。

教育思想创新是在新形势、新背景、新时代的基础上，以新方法和观点来研究教育改革与发展过程中出现的新情况和新问题并探索新概念、新内容、新方法新系统、新机制的教育实践的过程。首先，教育思想的创新是新时代和新形势的客观要求。现代社会、经济、科学、技术的发展与进步，使教育面临着前所未有的环境。我国的教育发展和教育实践必须面对新形势，了解新时代并适应新要求。人们只有通过创新教育理论，才能很好地迎新接时代的挑战，更好地参与教育教学实践，促进教育改革和发展。其次，教育思想的创新是探索教育发展和人的教育实践中的新情况、新问题和新事实的过程。随着社会、经济、科学、技术的发展与进步，教育发展过程中出现了许多新情况和新问题。如网络教育、虚拟大学、科教兴国、素质教育、主体教育、生态教育、校本课程、潜在课程等等，这些都是几十年前还不存在的新名词、新术语、新概念，当然也是教育改革和发展中的新情况、新问题、新事实。如果我们不对此加以深入研究，就不能发展教育的新思想、新观点、新理念，那怎么能够做一个合格的现代教育工作者呢？再次，教育思想创新表现为一个以新的教育观和方法论即思想认识的新方法、新视角、新视野，研究教育改革和发展及教育实践中的矛盾和问题的过程。教育思维创新的关键在于具有以新的思维方式、新的观察视角和新的理论视角来探索和应对教育中的实际问题的能力。创新教育思维最重要的要素是理论视野的创新，观察视角的创新和思维方式的创新。没有这些创新就不可能有教育实践的新思路、新办法、新措施。最后，教育思想创新应体现在探索教育改革与发展以及教育实践的新思路、新办法、新措施上，旨在解决教育改革和发展中的战略、策略、体制、机制、内容、方法等现实问题。教育思想创新是为教育实践服务的，目的是解决教育实践中的矛盾和问题，进而推动教育事业的改革和发展。所以，教育思想的创新要面向实践和实际、面向教育第一线，探索、研究和解决教育改革和发展中的各种现实问题，为教育改革和实践提供新思路、新办法、新方案和新措施。教育思想创新是一个复杂的过程，涉及理论和实践的方方面面，我们只有充分认识其内在规律才能搞好这项工作。

教育思想创新包括很多方面，涉及教育的所有领域，也就是说，各个教育领域都存在思想创新问题，包括政策教育思想创新、理论教育思想创新和实践教育思想创新。政策教育思想创新是宏观教育政策层面的思想创新，涉及政府在教育改革和发展上的方针政策和指导思想。制定和推行各项教育政策，不仅需要考虑和面对国家教育事业改革和发展的现状及其存在的矛盾和问题，而且需要以一定的教育思想作为理论依据。通过政策型的教育思想创新，可以促进教育决策及其政策的理性化和科学化，使教育决策及其政策更适应迅速变化的形势，越来越符合教育发展的客观规律。改革开放以来，党和政府制定的一系列教育政策（如科教兴国战略等）就是政策型教育思想创新的结果，这是新时期我国教育事业迅速发展的重要原因。理论教育思想创新是教育基本理论层面的思想创新，涉及教育的本质论、方法论、认识论、价值论等等，涵盖教育哲学、教育政治学、教育经济学、教育人类学、教育社会学、教育法学等各学科领域。基础教育理论创新具有重要的理论和实践意义，通过基础教育问题的理论创新加深了对基础教育问题的认识，为教育理论和实践提供了新的理论依据。实践教育思想创新是教育教学实践的思想创新，包括学校教育、家庭教育和社会教育，涉及学校的经营管理，教育教学课程，以及德育，智育，体育和审美教育。教育和教学实践不仅涉及到原则，方法、规则和操作技能，而且还涉及到实践思想、概念和信念。只有在教育教学实践中不断进行思想创新，才能逐步优化教育教学的环境和原则，改进教育教学的方法和技能。实践教育思想创新对于提高教育教学质量和水平极为重要。

必须高度重视教育思想创新，认真研究并加以实践。不能认为只有教育工作研究者或教育理论家才能进行教育思想创新，实际上大多数中小学校长，教师和学生家长都可以进行教育思想创新。实际上，教育思想创新涵盖了教育的各个领域，每个教育者都是教育思想创新的主体。我们正处于社会、经济和科学、技术迅速发展和变化的时代。教育的环境、教育的过程、教育的对象、教育的要求都在发生变化。知识经济时代赋予教育以新的历史使命，中国的社会主义改革，开放和现代化建设赋予教育以新的社会职责，党和人民赋予教育工作者新的教育责任。我们必须认真研究现代教育思想，提高现代教育理论素养，创新教育思想和观念；与时俱进，面对现实，以新的思维和观念来研究教育教学实践中的新问题，提出创新，独特和有效的教育教学改革的方法和措施，加快实现我国教育现代化的目标。

我国的教育改革与发展要求我们加强教育思想的建设和教育思想的创新，要求广大教育工作者成为有思想，有才智和创新的教育者，要求我们的学校通过创新教育来发展师生的特色和个性。我们应该无愧于教育事业，无愧于改革时代，不断加强教育思想建设和教育思想创新，用科学的教育思想育人，用高尚的教育精神育人，为全面推进素质教育做出自己应有的贡献。

第二节　高等数学教学初探

一、高等数学教学现状分析

（一）学生学习状况方面的问题

第一，随着教育大众化普通高校入学人数的大幅增加，导致录取学生的成绩差距增大，学生的数学基础存在着明显差异，其中大多数是较差的。

第二，尽管数学在日常生活和多个学科中具有广泛的应用，但它是一门抽象的学科。在课堂教学中，数学基本上是一种理论解释。缺乏实际的应用研究使学生感到数学没用，学生对学习数学缺乏兴趣，学习动机不明确，不清楚为什么要学习数学，也没有意识到学习数学的重要意义。

第三，对大学的学习节奏不适应。中学阶段和大学的学习节奏差异较大，中学课时短，每节课堂内容也不是很多，所以大部分学生基本能掌握一节课的内容；而大学课堂课时长，每节课满堂灌，节奏很快，学生需要一段时间才能适应。

第四，部分学生学习态度不够端正。普通高校的学生一般是高中学习成绩一般的学生，随着扩招，甚至一些普通高校的部分学生成绩较差，没有目标没有兴趣地来上大学的，这部分学生根本不爱学习，学习很消极。

（二）教师教学方面状况问题

1. 教学内容多与教学时间紧张方面的问题

近几年来，随着教学改革，大部分专业的高等数学教学大纲要求内容较全面。另一方面，随着一些大学侧重理论教学面向应用；同时由于市场需求的影响，许多普通高校都在大幅度地减少基础理论课的上课时间。数学作为最重要的基础理论课程之一，并没有幸免，这大大缩短了高等数学的教学时间，高等数学已成为"工具数学"。这产生了这样一个事实，在教学过程中，教师常常只是赶进度以完成教学任务，导致一些关键且难以讲解的内容没有讲透，教学内容过多，从而影响了教学效果和教学质量。

2. 教师的教学手段、方法、模式有待改进

尽管一直在研究教学改革、教学方法和教学手段，但在实际中教学方法等还是不理想。教学过程仍然是老师讲、学生听，学生对老师的依赖性很高，不能充分发挥其学习积极性和主观能动性。很多教师研究教学方法，希望能改进教学，但在实际中由于受教学大纲内容、学生学习考核要求及课时缩短的束缚，使得教学手段、方法、模式难以改进。教师多半进行理论研究，缺乏实践改革。

3. 教师作业批改反馈需要提高

普通高校的很多高等数学课堂人数较多，虽然大部分教师能够认真批改作业，但由于一些客观原因使得作业反馈不够及时或教师讲解作业少，从而使学生缺乏认真做作业的积极性。

教师是课堂教学的主导，高等数学课堂教学的问题需要教师在诸方面改进解决，这一过程是漫长的，需要教师严谨治学，需要对教师减少束缚，需要教师不只限于理论研究要敢于放手实践以探索适合普通高校学生发展的教学策略。

教师教学方面与学生学习方面之间存在很多矛盾体，比如教师满堂灌与学生基础差的矛盾，教师只进行理论讲解与学生不知学习数学的意义的矛盾等等，这些矛盾又与学校的

招生规模、学校的要求有关系，所以高等数学的课堂教学改革仍是一个大问题。

二、关于高等数学教学现状的几点思考

（一）注重建立和谐的师生关系

俗语道："良好的开始是成功的一半。"好的开始至关重要，高等数学也不例外。高等数学中的基本概念都是在课程的开始讲述，如极限的概念，高等数学就是以极限概念为基础、极限理论为工具来研究函数的一门学科。再如函数的连续性、导数等概念。对于刚刚入校的学生来说，这些基本概念是高等数学入门的重要环节，也是学生从"初等数学"转向"高等数学"的起步阶段。但是，由于大学与中学在教学模式、授课方法、教学内容、教学方法等方面的差异较大，导致大一的学生在学习上会有很多不适应，再加上高校中有人谈高数"色变"，导致部分学生还没接触高等数学就开始有所抵触、缺乏信心，有些学生甚至还会有恐惧感。因此，当学生开始学习高等数学时，建立和谐的师生关系就很重要，它可以帮助学生克服影响教学效果的心理障碍，例如疲倦和对学习的恐惧，它还可以帮助学生建立学好高等数学的信心。作为一名教师，要建立和谐的师生关系并提高教学质量，您可以从以下两点入手：

1. 尊重学生，建立平等的师生关系

尽管在教学过程中教师和学生分别是教育者和受教育者，但作为独立的社会个体，学生具有与教师相同的个性。新时代教师不再是盲目上流，除了赢得学生的尊重外，老师还必须尊重学生。这就要求教师在教学过程中要注意自己的言行，不要损害学生的自尊心，特别是对于成绩不佳的学生，要有耐心和尊重。此外，教师必须在教学过程中平等对待学生。建立良好的师生关系以及民主和平等的心态，将严格要求与尊重和信任相结合，这样才能提高教学效果。

2. 理解和热爱学生

教育家陶行知先生曾经说过："真正的教育是一种心连心的活动。只有从心里来，它才能深入人心。"这说明教育与情感是分不开的。没有感情，教育将是不可能的。尽管大学生的世界观和生活观还不够成熟，但它们已经逐渐形成，他们的独立性和自我意识已达到了较高水平。在此阶段，他们特别渴望获得老师的理解和关怀。

因此，教师需要了解学生的需求并关心爱护他们，以赢得学生的尊重和信任。除了解学生外，教师还应指出学生的长处，这将有助于促进他们进步。教室是师生之间交流的主要场所，部分教师只是注重传授知识，却忽略了情感交流。在课堂上老师如能深入解释并

耐心细致地回答学生的问题，将使学生感受到老师的爱戴和热情。老师的眼神与言语会让学生感受到老师的信任和期望，以及学习的责任和成功的希望。这可以减少学生的学习心理障碍，增强其学习的信心和克服困难的勇气，并增强他们的学习热情，提高其主动性。

（二）注重启发式教学

教育家孔子非常重视启蒙教学的重要性，我们在教学中也要注意启蒙。"以学生为主体，以教师为主导"是现代教学的指导思想。要体现这种指导思想，关键在于培养学生的学习热情，学生的学习热情与教师的指导直接相关。而注重启发式教学有助于增强学生的学习热情，从而提高他们的学习能力。教学应以学生为主体，教师应给学生更多的时间和内容进行独立思考。在这里，启发式教学尤其重要，要引导学生多思考，多怀疑，多提问，这样有利于培养学生的自学能力。

高等数学主要是基础理论的教学，它包括基本概念，基本定理和公式以及定律。学生必须积极参与思维活动，通过积极的思维活动，将新知识与现有知识联系起来，并通过抽象和推理建立新关系，进而掌握这些基本理论。也可以重建知识结构。教师的主导作用是加强启发引导，并指导学生完成这一认知活动。在老师的带领下，学生们组织起来思考和讨论，从现有的知识开始，逐步找到解决问题的方法。这样可以培养学生积极参与的意识，从而提高了他们的思维能力。

（三）注重情境教学法

高等数学是以讲授为主的课程，在课堂教学中，实际情境不会很丰富、生动，难以激发学生产生联想，学生往往是被动接受知识，容易产生惰性。在课堂上，教师可以利用环境，想方设法激发学生的参与意识和热情，增强其学习兴趣，使学生积极学习。教师可以通过学生最熟悉的示例转而介绍新知识。另外，教师可以在相应的章节介绍一些数学史的知识，以拓宽学生对数学的了解。例如，在讲解极限理论时，介绍《庄子·天下篇》的"一尺之棰，日取其半，万世不竭"，可见两千多年前就已经发现了趋于零而不等于零的量，这就是极限的概念。这种简单的介绍既能活泼课堂气氛，又能加深学生对知识的了解，并且使学生认识到了古代中国数学的成就，使学生得到了爱国主义的教育。高等数学有许多复杂的变化，黑板上的传统书写通常不能很好地反映出来。目前，您可以考虑将多媒体教学作为辅助教学方法。多媒体可以以直观、生动和动态的方式呈现复杂的变化过程，这能激发学生的的感官，并增强他们的兴趣和注意力。例如，在讲授定积分概念时，经常会用"确定弯曲的横向梯形区域"的示例。在黑板上不能充分反映无限间隔划分的抽象极限的想法，但是多媒体可以逐渐增加划分的数量，小矩形的面积越来越接近小弯曲的梯形的面积，整个过程可以用动态图像让学生体验从有限到无限的变化过程，因此学生可以更好地理解"除法，逼近，加法和极限"的思想。

（四）注重知识的应用

高等数学教学主要是侧重于介绍概念、定义、定理证明和计算推导。作为一门理论为主的课程，这在知识的传授上是没有问题的。但是，由于高等数学符号抽象、逻辑严密、理论高深，使得部分学生只能望而却步。常常会造成这样一种局面：学生知道高等数学很重要，也知道高等数学可以培养思维能力、严谨的态度和严密的推理，但是不知道高等数学到底能用在何处。学生对高等数学的实用性普遍缺乏认识，他们不理解数学的价值，学习缺乏目标和动力，因此加强高等数学知识的应用很有必要。要激发学生学习高等数学的兴趣，就要使他们了解数学的重要性和具体应用。这就要求老师首先在课堂上讲明基本概念、定义、定理和方法。其次在教学过程中，必须适当介绍与知识相关的数学的具体应用。随着高校数学教学改革的不断深入，培养学生对应用数学的认识和能力已成为数学教学的重要组成部分。

数学建模直接面对现实，并且接近生活。它是使用数学解决实际问题的常用思维方法，反映了数学在解决实际问题中的重要作用。通过数学建模，学生可以看到数学在多个学科领域中的重要作用，还可以感受到学习数学的重要性，从而激发他们学习数学的兴趣。在高等数学教学中，先从数学模型中渗透思想，并介绍一些生动的模型案例，可以调动学生的主观能动性。通过案例分析，可以提高学生的学习能力和数学应用能力，使学生认识到"数学是现实生活的需要"，从而增加对学习数学的兴趣。例如，在学习微分方程时，引入人口增长模型、溶液淡化模型，这两个例子体现了其他学科对数学的依赖。又如，在学习零点存在定理时，可以向学生提出这样的问题：在不平的地面上能否将一把四脚等长的矩形椅子放平？这是一个日常生活中的实例，学生会感到熟悉，与自己的生活息息相关。如何将这个问题与今天所学的数学知识联系起来呢？首先可以简单做个实验，发现椅子是可以放平的。可以放平是偶然现象还是必然的？有没有理论来支撑呢？如何用数学的知识来解释呢？通过这样的疑问，可以调动学生的兴趣和求知欲，之后再给学生讲解。这个实例，既调动了学生的兴趣，又使学生意识到数学的有用之处，也有助于学生对于知识的认识和理解。

除此之外，可以适当增加高等数学教材习题中应用题的比重，增加联系实际特别是联系专业实际和当前经济发展实际的应用题。在讲课过程中，教师还可以多列举一些数学知识在各行各业中具体应用的实例，这就要求教师本身应该拓宽自己的知识面。

第三节　高等数学与现代教育思想的统一

一、依托现代信息技术，构建现代化的高等数学教学内容体系

《国家中长期教育改革和发展规划纲要》指出：中国发展的关键在于人才和教育。全面提高人才培养质量，适应发展需要和重大变化，培养高素质的专业人才和一流的创新人才，是高等教育的使命；这对大学数学教育也提出了更高的要求。

发展现代大学数学教育，有必要建立适合形势发展的数学课程内容体系。长期以来，我国高等数学教学内容体系的改革一直难以跟上高等教育现代化的步伐。尽管目前在中国的高等数学教科书中有许多出色的著作，但有些教科书过于全面和严格，过分强调了数学知识的系统性、完整性、严谨性和技巧，忽略了分析。数学思维和缺乏现实主义。虽然举例说明了问题的背景，但很少将现代信息技术的发展所带来的成就整合到教学内容中，也没有充分反映现代教育的教学理念。这与美国优秀的微积分课本形成鲜明对比，此课本能紧跟信息技术的发展，并将现代信息技术融入教科书的编写中，形成了教科书的三维结构：纸质文字、高质量的支持电子教科书和网络资源。

为了改变这种状况，我们应扎扎实实地加强数学实验和数学，培养技能，并从学校人才培养任务，通识教育特色、建模等应用技能的培养等方面突出数学思想，并组织经验丰富的教师编写适合学校各专业的《高等数学》教科书。关于教科书的内容，首先要注意理论联系实际，将数学建模和数学实验的思想和方法整合到教科书中，并指导学生如何利用建模解决实际问题。其次，要突出数学思维，通过多角度的描述加深对内容的理解；强调严格的数学训练，培养学生不怕困难的意志和素质，学会在错综复杂的形式下保持头脑清醒，并勇于直面困难和挑战。第三，大力实施教育思想改革，更新和优化微积分的教学内容，将数学软件的学习和使用纳入其中，并始终重视提高学生的数学素质和应用能力。第四，注意将有关历史内容融合到现代数学与各种专业课中，加强课程之间的横向联系，努力实现课程体系和内容的最优化。第五，注意吸纳多年来国内外优秀教科书的经验，将数学高等教育改革、研究和实践中积累的成果纳入教科书的内容，以有效满足我们人才培养的需求。同时，根据不同专业的需求，实施分级教学，并开发和完善不同深度和广度的内容模块。

二、探索高等数学实验化教学模式，培养学生的探索精神与创新意识

随着教育和科学技术的发展，人们逐渐认识到数学不仅是一种工具或方法，而且还是一种思维方式，即数学思维；它不仅是一种知识，而且是一种质量，即数学质量。为了实现大力培养复合型人才、应用型人才和一流创新型人才的目标，我们需要加强学生的数学思维训练，提高他们的数学素质，改变传统的教学观念，给学生更多独立思考的空间，培养其解决问题的能力。在高等数学教学过程中进行实验是我们在实施教学改革过程中探索的一种新型教学模式。现代数学软件技术的发展以及大学校园网络条件的改善为高等数学提供了数字化教学环境和实验环境。将数学实验融入高等数学日常教学中的教学改革引起了教师的关注。我们的具体方法如下：首先，在 Mathematica 软件环境的支持下，将数学模型和数学实验案例整合到教科书中，并使用数学软件通过数学实验来解释数学问题的实质，例如截止和圆极限的概念，变化率和导数的概念，线性化和局部微分的讨论，积分的概念和级数的讨论等。此外，每节末尾还会提出特殊的数学实验问题供学生讨论、学习、研究。

其次，根据高等数学课程的特点，将多媒体技术、特别是数学软件技术与传统的教学方法相结合，例如白板书写和计算机演示。课堂教学不再是直接向学生教授现成的结论，而是借助强大的数学软件技术来实施启发式教学，注重强化训练和培养学生的数学思维能力。理论上，创造一个可视化的教学情境和提供模拟问题。理论形成过程能使学生观察许多图形，进行数据观察实验，从直观想象到发现、猜测和归纳，然后进行验证及理论上的改进。例如，借助数学软件，可以显示参数方程式和极坐标方程式，空间曲线和曲面等的图形；介绍诸如微分，常微分方程，定积分，双积分等概念；达到极限定义说明；多项式逼近和泰勒公式；方向导数和梯度提取及其应用；表面划分和条件收敛的重新排序等。

再次，在课堂教学中，通过演示性数学实验，指导学生进一步理解和应用数学知识和数学软件工具，发现和解决相关专业领域和生活中的实际问题。就像通过"三个点"进行介绍一样，诸如曲率圆和曲率半径以及教科书中相关结论的比较，坡度的地形解释和天气预报，关于连续吉布斯现象的讨论等。为此，我们还以实验项目的形式进行组织，与高等数学教学的进度保持同步。每个实验项目都由三部分组成：问题的描述、实验的内容及步骤以及相关讨论。其中，问题描述简要介绍与实际问题相关的高等数学问题；实验内容和程序进行逐步定向的实验，从实验结果中观察和分析实验现象；相关讨论是指深入进行实验或进行理论讨论和分析。学生通过实验项目的实践，可以进一步加深对数学思想、知识和方法的理解，并通过探索、研究相关问题来学习观察，分析和发现实验中的新规律。

最后，应为高等数学课程分配特殊的实验时间，并建立特殊的公共数学实验室，以为

实验性的高等数学教学提供硬件及技术支持。在实验课上，我们提供开放的实验项目让学生自己发现问题，并通过自己学到的知识或使用有关材料来独立或分组进行探索性实验，并使用数学工具找到解决问题的想法和方法。例如探索各种计算器的方法，讨论矢量乘积的右手法则的关系，最小二乘法的应用，线性函数在图像融合或隐藏和伪装中的应用图片信息等。

这种直观，几乎逼真的教学实现了传统教学无法实现的教学环境。通过形状和数字、静力学和运动、理论和实践的有机结合，学生可以提高对图像的理解，使抽象的数学概念直观地呈现出来，并帮助学生更好地掌握概念之间的联系，促进新概念的形成和理解。它使学生在获得相关知识时在感觉、思维和实际应用之间架起一座桥梁，有助于弄清一些令人困惑的概念和难以理解的抽象内容，消除学生对某些数学知识的困惑，并鼓励学生积极主动地学习数学。这样能改善课堂气氛，提高教学和学习效率。

三、搭建高等数学网络教学平台，拓广师生互动维度

教育信息化首先要使教育适应计算机化、网络和交互式教学发展的需要。随着现代信息技术的不断发展以及校园网和 Internet 的逐步完善和普及，已经为大家提供了一种开放、可靠、高效的技术和管理平台来构建和管理资源。加强资源交流和教师互动对提高教学效率，确保人才培养质量具有十分重要的积极作用。

高等数学作为一门公共基础课程具有广泛的通用性，非常适合通过 Internet 进行开放式教学。我们的方法是首先依靠学校的在线教学平台来构建教学数据库，包括电子教案、教学大纲、教材、参考资料、第二课堂、相关学习资料、数学工具的介绍和下载、数学实践案例、相关主题的讲座、任务和练习的在线资料，网上考试系统以及数学文化历史资料开发、研究和应用等，并根据学校的专业特点和性质，添加高级数学资源的个性化内容库，以达到完善和补充课堂教学内容的目的。并建立了一个专门的省级高等数学精品课程网站。

其次，依靠便利、快捷、高速的校园网来扩大交互式（互动式）教学的范围。互动式教学的目标是交流与发展。因此，它必须具有开放的教学空间，包括课堂教学，教师，学生，现实生活和现代信息技术创建的虚拟互动环境，使大家能够平等地彼此、交流、讨论和开展教学活动。在互动式教学中，除了基于传统讨论的交流和互动之外，互动式教与学工具（例如互动式白板，答题器和互动式教学系统）也可以用于进行互动式教学。交互式教学系统打破了传统的教学方式，适应高等数学教育改革的现状。另外还建立了相应的互动交流平台，包括课程交流论坛、教师个人空间、电子邮件和实时问答系统等，以实现师生、学生之间的互动交流，并能及时收集反馈信息。

第三，根据多年的积累，专门制作了与教学内容体系相配套的整套高等数学多媒体教学软件。该软件教学内容完整、设计科学、创新点突出、表现力强、融入了数学及其他相关数学素材，在使用过程中效果良好。

多年的研究和实践证明，将现代教育技术与高等数学相结合的教学改革为学生成才提供了充足的空间。现代教学内容系统、丰富多样的数字资源、实验教学以及各种形式的互动交流可以整合运用数学知识，数学模型和实验、现代教育技术、数学软件和数学练习。这些应用和发展不仅使学生能够深刻理解和掌握相关的数学理论、思想和方法，并加深对所学知识、事物的理解，还能使学生深刻地体验学习，将学过的数学知识应用于自然科学、社会科学、工程技术、经济管理和军事指挥等相关专业领域。同时，它也有效突出了学生学习主体的作用，发挥了学生的主观能动性；最重要的是，它有助于培养学生多角度，多层次的思维习惯，提高他们的实践能力，并培养他们的科学探究精神和创新意识。

第八章 高等数学教学内容改革策略研究

第一节 普通高校高等数学教学内容的改革

高等数学是科学、工程、医学、金融和管理等高等院校诸专业的基础理论课程，其覆盖面极广，这说明了本课程的重要性。随着现代科学技术的飞速发展，高级数学的应用越来越广泛，并且已经从理论变为通用工具。因此，高等数学的教学效果直接影响着大学生的思想、思维方式以及他们分析和解决实际问题的能力。如何改进教学内容，优化教学结构，促进教育改革的深入发展，使学生在有限的上课时间内学到更多有用的知识，是改革的重要内容。

一、高等数学教学中存在的问题

第一，部分高等数学的教学内容已过时。突出的问题表现为：强调理论教学，忽略数学应用培训和数学思维能力的培养，现代性不足，判断力不足，分析和演绎不足，缺少现代数学思想，观点，概念和方法，并且缺少现代数学术语和符号。随着科学技术的不断发展，部分内容和系统已逐渐脱离当前现实。在课堂上学到的数学知识不能在实践中使用，但在实践中要用的知识在课堂上学不到或学得很少。教学与现实之间的这种严重脱节，极大地影响了人才培养的质量，也极大地影响了学生学习数学的热情。因此，迫切需要改革教学内容和课程体系。

第二，教学时间和教学内容不合理。近年来，在促进素质教育和创新教育的教学改革中，课堂教学的总时数已普遍减少，各专业强调专业课教育的重要性。高等数学课程的教学内容不能很好地完成，并且不能满足后续课程和相关专业的需求，缺乏对现代数学知识的更新和补充，忽略了其在实际工作中应用，课程的灵活性不足，学生和社会发展的实际需求很少被考虑。学生适应能力差，教育质量令人担忧。

第三，高等数学的应用是有限的，它只关注几何和物理问题，在内容和方法方面缺少工程学使用方法的介绍，并且实用性很小，很少涉及其他领域的应用，这实际上限制了高级数学的广泛应用。

第四，忽略对建模能力和实际计算能力的培养。实际上，数学建模是培养学生使用所学知识解决实际问题的最佳方法。当前的教学内容侧重于解决问题的技能，忽略了数学建模方面的培训和计算机相关的数字演算方面的训练。

二、调整和优化高等数学教学内容

国家教委为工程专业的本科生提出了以下四个数学基础要求：连续量的数学基础——以微积分为代表的工程数学分析基础；离散量的数学基础——基于线性代数和解析几何的基础；随机量的数学基础——概率论和数理统计；数学应用的基础——以数学建模，数值计算和数据处理为主体的数学实验。

第一，在教学过程中增加对历史人物和历史背景的介绍。这样，一方面，可以为教室环境注入活力，并为学生创造轻松愉快的氛围，从而提高学生对学习高等数学的兴趣。另一方面，还可以激发他们发现和研究问题的愿望，从而提高学生学习高等数学的热情。

第二，根据当代数学与技术的要求，教学内容应牢记，新与旧、传统内容与现代内容之间的关系应得到适当处理。应用现代的数学思想、观点和方法改革传统的教学内容，促进分析、代数和几何的相互渗透和有机结合，促进教学内容的重组和系统的更新，加强计算和技能方面的培训和综合应用能力的培养。在讲解经典内容时，要注意渗透现代数学的观点、方法、术语和符号，为现代数学提供展示内容的窗口和扩展的发展接口，以培养学生学习现代数学知识的能力。

第三，在教学内容的处理中，要强调要点，强调概念的理解，并强调定理和公式的背景和应用。例如，通过极限的描述性定义和应用示例，学生可以充分理解极限思维方法的本质以及应用这种思维方法的价值。从一开始，学生就认识到极限思维的重要性和广泛的应用性，使学生摆脱了极限分析的难以理解的定义。在教学内容改革中，我们还对一些传统的理论推导进行了新的改进，例如推导各个中值定理，突出其几何特征的描述以及通过分析几何特征来简化其抽象性，使学生更易理解。

第四，提高适用性。高等数学应注重培养大学生解决实际工作问题的能力而不能像过去那样以培养学生的抽象思维和逻辑推理为目标，。在选择教学内容时，应将数学应用程序和数学理论有机结合。因此，除了保留几何，物理和电的原始示例外，还应介绍经济学、生物学、天文学、医学等领域的示例，并力求使用生动的示例来阐明数学要点，这能增强学生的应用知识，学生会觉得数学不再是无聊的知识积累，而是能帮助人们解决实际问题的必不可少的工具。

第五，加强数学建模和数值计算，培养学生运用数学知识分析和解决问题的能力。在教学内容方面，我们以数学建模为主要应用领域，指导学生用合理的数学模型表示复杂的实际问题。例如，在应用一元函数的导数时，我们建立了一个数学模型"在生产和销售方面处于最佳状态"、"生产冰箱最小尺寸的材料"；在多元函数的极值中，建立数学模型"消费者平衡"；在微分方程中，使用数学模型"悬挂电缆"；"线方程"包括微分方程。在突出应用的过程中，我们结合数学建模能力的培养，扩大了数学的应用范围。学生通过学习、应用，掌握了将实际问题转化为数学问题的方法，感到学习、研究高等数学是非常有用。

三、高等数学教学内容改革成效和成果

通过高等数学教学内容的改革和实践，我校的高等数学教学体系取得了一定的成果。反映在：加强基本概念的引入，重点是弄清基本概念的真实背景；突出应用，加强数学建模的内容；注重数值计算和计算功能，提高学生的计算能力；强调数学在工程中的应用这一特点有利于数学方法在工程技术中的应用，并具有一定的实际效果。它们减少了理论推论，增强了内容的直觉性；减少了理论教学时间，增加了教学时间的知识内容并提高了教学效率。采用改革后的教学内容后，课堂上的学生纪律、课前准备、完成作业和上课主动发言等，与教学内容改革前的教学相比都有了显著提高。

作为高素质人才培养的摇篮，高校加快了适应新时代发展需要的人才培养模式的建设，这是当前大学教育改革的关键。大量事实表明，现代科学技术的发展和社会的进步离不开数学，这使得高数教学在高等教育中日趋重要。高等数学独特的高度抽象性、严谨性和数学逻辑决定了这一点。它在培养学生分析、解决问题和创新能力方面发挥着重要作用。由于数学在各个专业和学科中的广泛应用，学习数学已成为人们提高思维能力的重要手段。这就要求教师在教学过程中，要严格遵守教育发展规律，积极探索和研究高等数学教育内容的改革，不断提高学生的创新思维能力，努力培养国家、社会需要的高素质人才。

第二节　高职院校高等数学教学内容的改革

在当今知识经济时代，教育对社会的发展起着越来越重要的作用。近年来，高等职业教育迅速发展，为社会培养了很多高等技术应用型专门人才。高职院校也在迅速蓬勃发展。高等数学作为高等职业教育必不可少的基础课程，一方面为学生的后续学习做好了准

备，另一方面也为培养良好的数学思想提供了重要内容。教学方法应根据需要不断进行改革和更新。

一、目前高职院校高数教学的现状分析

（一）日益提高的培养要求与逐步缩减的教学课时之间的矛盾

随着高等教育体制的改革，高职院校调整了各专业的培训计划和课程设置，将教学重点放在培养高素质的实用型技术人才上。面对日益激烈的人才竞争和科学技术的飞速发展，高职院校进一步明确了培训目标，进一步提高了培训要求。学科之间的交叉和渗透日益增加是当今科学技术发展的显著特征，这一特征在信息学科中表现尤为明显，这使数学在所有科学技术领域都非常有用。即使在曾被认为与数学联系不多的化工专业，建立数学模型，运用数学方法和计算机技术解决生产中的实际问题，也已成为技术人员开展科学研究的有效途径。更不用说高等数学在其他科学领域中的广泛应用了。

提高对高职院校的培训要求使高等数学的教学目标受到考验，一方面，它提高了对高等数学的要求，另一方面，减少了课时。大量的教学内容、教学时间较少，因此一些重要的内容没有时间加深，并且一些基本技能没有时间重复练习。这种教学不可避免地不能满足日益增长的培训需求。减少上课时间意味着教师必须选择并处理教学内容。但是，由于教师的素质参差不齐，容易有不一样的教学效果，可能无法很好地满足后续课程的要求。

同时，高等数学具有完整性和系统性，但在应用中缺乏相互联系。如果对培养学生的数学应用意识和能力没有给予足够的重视，在教学过程中无法加强高等数学与实际应用之间的联系，无形中会增加学生学习的难度，使学生惧怕高等数学而失去学习的乐趣。另外减少上课时间会减少师生之间的交流，这也会影响学生学习高等数学的热情。

（二）迅速发展的科学技术与传统教学内容之间的矛盾

目前，高等数学教科书的编排和内容着重于传授人类历史上长期积累的科学和文化知识。它们大多数是经典的数学理论，反映了过去很多的特征。但是，随着当今科学技术的飞速发展，诸如计算机科学技术，离散数学、应用数学，尤其是数学模型等科学理论已成为计算机科学不可或缺的理论基础。高等数学基本上不涉及这些课程，这影响了教学的现代化性和实用性。此外，教科书倾向于强调理论推导、数值计算、计算技巧和数学思维，缺乏对现代数学知识的更新和补充。以这种方式训练的学生不能受到现代数学思维的影响，使用所学知识分析和解决实际问题的能力也会影响学生整体素质的提高。

高职院校要培养高素质的实用型技术人才。因此，高等数学教学的内容应与时俱进，重视数学教学与专业教学的互动联系，使学生可以学习应用实践。这样所学的内容不仅可以增强学生学习高等数学的热情，还可以提高学生的综合应用技能。但是，目前高等数学的教学内容与各种专业的教学已严重脱节。有时教师仍为特定的应用而求解数学模型，但对于模型的建立而言，由于每个专业的大量基础知识而难以深化，这在数学理论和实际应用之间造成了脱节，一旦学生完成了数学理论的学习，他们便不知道如何使用它们。

（三）应用型人才的培养期望与现行评价体系之间的矛盾

考试是高等教育的重要环节。加快考试制度改革，改革考试内容和方式，对于提高教学质量，实现培养高素质创新人才的教学目标具有重要意义。

多年来，教育改革一直在进行，培养高素质，创新型人才的座右铭已经被赞扬了很多年。但是，由于传统教育模式的深远影响和许多其他因素，素质教育一直处于不舒适的状态。一方面，传统的应试教育一直受到批评。另一方面，由于评估系统的简化，考试仍然是评估学生的最重要标准。期末考试仍然是大多数大学目前的评估方法。结果，"在正常时间不上课，考试前依靠惊喜"已经成为职业院校学生参加考试的规范这种评价方法不仅不利于培养创新型和实用型人才，而且容易挫伤学生的学习热情，影响正确的学习态度。

二、高等院校高数教学内容的界定

几本高等数学教科书，其有限的教学内容十分完整，涉及单变量演算及其应用，尤其是二进制多元演算及其应用，常微分方程和线性代数的基本知识，还有一些有关概率统计和数学软件实验的章节，与顶级大学专业的应用指南非常一致。那要学生能够比较全面的掌握这些知识，高职院校高等数学的授课课时应该尽量充足。在授课过程当中，应当触及人们发现和创造数学知识的过程，以及如何运用数学知识来解决实际问题。教师应帮助学生更好地理解知识，发表自己的见解，并增强学生的数学思维能力。有时，不应过分强调学生缺乏扎实的基础和学生水平的不均衡。对新生而言，他们是站在相对平起的起跑线上，作为数学教师，应该能够控制赛跑的长度，至于学生是否可以承受得起这般长跑，却是需要老师随时注意他们的不足，调整跑道的宽度。鉴于数学教学时间的不足，学生基础的参差不齐，为使学生真正掌握必需的数学知识，笔者认为可以对高等数学的教学内容及讲解的程度作一个界定。

（一）对高职院校高数内容的界定

当然，可以根据不同专业重新设计和整合课程内容，降低理论要求，注意培养学生的计算能力和应用能力，以满足学生当前的需求，为他们的未来发展打下一定的数学基础。

（二）高职院校高数教学内容的界定原则

第一，概念和定义是区分事物以及事物本身的性质和差异的基础。在教学中，有必要强调对概念的理解，以便学生了解概念的实质，知道具体在说什么，并可以尝试与其他相关结论和某些应用联系起来。至少有一个示例可用于分析这一概念。例如，关于变量的功能，您可以准确地描述其定义：变量，集合和相应的定律。然后可以描述特定的函数：指数函数，对数函数，三角函数等，它们的图像，单调性和周期性等，并且它们的应用可以被认为是：复利，信号波等。

第二，为了证明定理和公式的推导，取一个"度"并强调一个"使用"。定理的证明主要是概念的应用和理解。例如，在解释了变量的函数的导数之后，学生可以基于导数的定义来推导特定的函数，例如对数函数的导数。既可以加强学生对导数概念的理解，也能增强了学生的动手能力，对学生思维能力的提高大有裨益，从某种程度上，也使学生的自学能力得到了锻炼，在以后面对同样的问题时可以主动思考，而不是要老师提示才会去动手。

第三，着重注意各项知识的应用，尽量贴近现实生活，增强学生对数学的亲近感。例如，当提到变量的函数的导数（即函数的变化率）时，应强调导数的实际含义，以便让学生知道其在日常生活的应用。

（三）必须掌握的基础内容

第一，功能，极限和连续性。众所周知，高等数学是以变量为研究对象，基本功能是基础数学与高等数学之间的联系，极限是高等数学研究功能的重要思考方法。尽管学生在高中时曾学习过功能和极限，并且高中数学中对这两者的定义与高职院校的相同，但教师应根据需要对二者进行分类，以构成现有的知识和方法，形成良好的知识结构，并为如何学习高等数学，掌握学习方法和策略提供必要的指导。极限在高等数学中占有重要地位，其思维和方法贯穿于高等数学的始终。极限也是人们研究许多问题的工具，其中包括从有限的角度理解无限，从近似的精度以及从数量变化到质变的过程。可以适当地将"$\varepsilon-N$语言"和"$\varepsilon-\delta$语言"介绍给学生，让他们对离散和连续的概念有所了解。因此这部分的重点应该是①对初等函数的相关性质进行系统的复习，并重点介绍分段和复合函数以及求函数极限的基本方法。②让学生树立数学建模的思想，并利用功能的思想解决实际问题，例如根据实际问题构建函数。由于学生之前曾接触过极限，因此下一步是对极限进行深入讲解，强调应用极限思想找到极限和其他细节的前提条件。这对于培养学生的严谨思维非常有帮助，并有助于加强理解积分背后的功能。

第二，一元函数的导数，微分和积分。微积分中的许多思维方法在学生思维方式的形成和思维能力的培养中起着非常重要的作用。无论学生将来毕业后会从事什么工作，数学思维的计算方法都是必不可少的。微积分教学中包含着一些数学思维方法，例如微分方法、归约方法、极限方法等，应指导学生将这些思维方法作为数学工具使用，并在以后的专业课程学习中，有意识地使用这些数学方法并从数学的角度来进行思考。一元函数微积分的思想可以归纳推广到多元函数，所以在讲解一元函数微积分时，应该深入讲解微积分的定义及思想，并用比较直观的工具——图像或是计算机软件将这些思想及其形成的过程展现出来。这部分的重点应该是对函数微积分的初步认识和理解，及用这些工具来判断函数的相关性质及其图像的大致特征，并且掌握求函数导数、微分、不定积分和定积分的方法。这是知识层面上的应用，更为重要的是把握这种划分的思想，就是极限思想的深入应用。着重讲解定积分的应用：几何方面——求图形面积或是旋转体的体积，物理方面——液体静压力和变力沿直线做功。但在应用微积分的知识解决问题的时候，也要注意传统方法的应用，比如求极值、求面积，对有些函数而言，用定义、图像反而简单。应要求学生掌握各种方法的应用而不是学什么就用什么，对以前的知识要有回顾、总结和比较。

第三，多元函数的微积分。这部分其实是一元函数微积分的推广，只是内容稍微复杂，它便于培养学生空间思维和对事物的归纳推理总结能力。通过比较与一元函数有关的结论，可以取消理论的这一部分。另外，常见的数学软件 Maple，Matlab 等可以用于执行相关的数学计算实验，从而使数学问题的解决变得快速便捷。这改善并扩展了使用高等数学解决数学问题的方式，也大大减轻了学生的计算负担，提高了学生对学习数学的兴趣和信心。这部分的关键内容是找到二元函数的偏导数和高阶偏导数，并将其应用于判断二进制函数的极值。二元函数的总微分和双积分的计算及应用注重加深学生对微元法及变分法的理解，对函数的微分及积分的概念的理解和对微分和几何的结合的认识。

三、高职高等数学教学内容改革思考

（一）大胆取舍教学内容，做到重点突出

高职院校高等数学的中心内容是函数、极限、连续性、导数、积分（尤其是定积分），它们也是以后专业课程的基础。另外，函数，导数和其他内容的概念和性质与高中数学密切相关，因此要保持教学内容的一致性和基础性。同时，结合了高职院校的特点，保留了传统教科书的基本结构，这些部分适当增减了部分内容，更新了某些概念和理论的表达方式，使教学内容更专注，在有限的课堂时间内把最重要的内容传教给学生。

随着课程时间的缩短，教学内容将不可避免地减少，应考虑合并类似的内容。对于理论性太强或太困难的定理，可以考虑少讲些，重点介绍思想和证明方法，着重于理解和应

用定理。在高等数学中有许多并行属性。对于这些内容，可以专注于首次出现的本质，并简要解释后来的本质，以便学生可以自学。这样可以节省时间并锻炼学生的自学能力。同时，在教学过程中，应以单变量函数为主，多变量函数为辅。由于多元函数和一元函数本质上是相同的，因此多元函数的演算通常使用一元函数的演算来处理。因此，教学应着重于一个变量的函数演算，并简化传统多元演算的教学内容。

（二）积极结合专业课内容，着重培养学生应用能力

高等数学课程既是学生掌握一些实用数学工具的主要途径，也是培养学上数学思维和素质，应用技能和创新能力的重要手段。数学教育也属于素质教育，可以说，高职院校培养的人才的素质在很大程度上取决于他们的数学素质和成就。因此，在高等数学教学中，必须特别注意解析教学内容，必须妥善处理传统内容和现代内容之间的关系。也就是说，在解释传统内容时，要注意渗入现代数学的概念、观点和方法，并为现代数学提供一个显示内容的窗口和一个扩展开发的界面。获得现代知识的学生；必须努力打破原来的课程体系，促进相关课程和内容的相互渗透和有机整合，促进不同主题内容的整合，加强学生适用性的培养，简化复杂计算技能的形成，并教授数学思想和方法。

在高职数学教学中，必须加强学生数学知识实际应用能力的培养。这部分内容应由数学老师和其他学科的老师讨论和确定，不同的专业背景应有不同的应用内容。它的主要特征是反映专业性，其内容应反映"使用"性，使学生感到"数学在我身边"和"学习数学是发展的必要条件，非常有用"。该教学部分的教学方法比较灵活，可以采用"讨论"或"双向"教学，也可以通过在某些专业领域中对实际问题的数学应用来进行。具有工程背景或其他专业领域实践经验的教授也可以从事教学工作。这种跨学科的教学模式对于培养学生的思维和创新能力非常有利，也是一种全新的尝试。从某种意义上说，这是跨学科整合的切入点，可以满足培养应用型人才的需求。

（三）改革评价体系，实现培养目标

为了更好地激发学生的创新意识和培养他们的创新能力，也要发挥考试的激励作用，并通过考试的指导和调节作用来激发学生的创新潜力。

结合实际应用能力来达到上述目的，通过评估学生的学习效果，可以通过基础知识评估方法＋应用能力测试的方法进行。基础知识评估主要考察要求学生掌握的基本理论、基本概念和基本方法。高等数学中要掌握的基本概念和基本理论可以根据传统的考试方法进行考察。采用闭卷笔试，成绩占总成绩的50%。评估内容可由数学老师帮助复习。应用能力测试主要考查学生使用数学知识解决实际问题的能力，可由数学老师和专业老师共同完成，学生可以根据实际情况选择形式。专业教师评估应用专业知识和技能是否合格，数学

教师评估数学方法是否正确，并且该分数占总分数的50%。这种评估方法不仅可以有效地评估学生对基本数学知识和实际应用的掌握程度，而且还可以为高素质，有能力的学生提供充分展示和纠正临时性意外事件的平台。

高职院校的数学教学内容改革是一项艰巨而长期的任务，不能孤立地进行，它与教育思想、教学观念、方法是分不开的。教学、教材建设和评估体系是教育改革系统工程中的重要环节，这是一个动态的过程。因此，有必要不断探索和逐步推进数学高等教育内容和课程体系的改革，以培养高素质的专业技术人才。

第三节　文科专业高等数学教学内容的改革

新建人文学院需要在选择教学材料，教学内容和教学方法方面进行不断的探索和改进。文科高等数学的教学内容和结构应如何改革传统的高等数学课程内容和方式，使其具有显明的时代特征和文科特色；如何在人文和社会科学研究中应用相关数学知识和数学思维与方法？如何整合相关的高等数学基础知识，使其反映人文科学的真知灼见，并形成一个便于学生学习的教材体系，是值得我们认真研究的问题。

一、文科高等数学教学的目的和要求

数学作为一门重要的基础课程，在培养人的整体素质和创新精神，完善知识结构方面发挥着巨大的作用。在文科数学教学中应做到以下几点：（1）让学生理解和掌握基本的数学知识，基本方法和高等数学的简单应用。（2）培养学生的数学思维方式和能力，提高学生的思维素质和文化素养。

上述两个方面的第一个可以提高文科生的逻辑推理能力、抽象思维能力、几何空间想象能力和简单的数学应用能力，并且可以为学生将来的学习和工作打下数学基础。第二个是第一个的深化。通过学习数学知识，学生可以培养自己的数学思维方式、思维能力和"数学模式理性思维"，提高思维质量。这些对于大学生的健康成长非常重要。

当代大学生必须精通文学和理论，才能成为高素质的复合和应用型人才。此外，从现实生活的角度来看，一个人还必须具有一定程度的观察、理解和判断能力，这些技能的强弱往往与他们的数学能力有很大关系。当然，学习数学的重要性既在于使数学能够应用到现实生活中，还在于接受一种理性的教育，它可以赋予人们特殊的思维能力。良好的数学素质可以使人们更好地运用数学思维和方法来观察周围的事物，分析和解决问题，增强创新意识和能力，更好地发挥自己的作用

二、文科高等数学教学内容改革的原则

对于文科生来说，我们的数学教育不是培养数学研究人员，而是为了让他们掌握数学思维和方法，提高数学素质。因此，选择的教学内容应符合上述要求，注意以下原则。

（一）知识的通俗性原则

数学通识教育所涉及的知识应易于学生接受。数学是一种有效的研究工具，也是必不可少的思维方式。文科数学教学不能要求像科学和工程学那样，进行高度抽象的理论推导，但也不能丧失数学的严谨性，必须考虑到文科大学生的特点并实现严谨性和技巧性的结合。

（二）教材的适用性原则

文科生所学的数学知识必须具有一定的理论和实践价值。它应该真正让学生掌握数学运算的实用性理论和工具，例如统计数据处理、图形编制、最佳方案的确定等，使文科生成为合格的知识型人才，以更好地满足社会的需求。

（三）内容的广泛性原则

通识教育下的文科高等数学应该是一门包含大量有用知识的学科，它侧重于针对文科生的数学知识和技术教育，同时涉及到文化质量和世界观科学方法论的教育。大学文科学生应掌握数学的基础知识，如微积分，线性代数，概率和统计以及微分方程。

（四）相互联系的非系统性的原则

数学是一个非常合乎逻辑的学科，每个分支的内容都非常系统化和合乎逻辑。但是，文科的高等数学受到学习对象和实际需求的限制，其内容之间存在一定的相互关系，但系统性不强，因此应将其视为一种文化课程，而无须寻求系统严格，目的是让学生学会用高等的方法思考和解决实际问题。

三、文科高等数学教学内容的探索

教授、学习文科数学的目的是提高文科生的数学素质。因此，教学内容应努力反映文科学习中的数学状况，以适应文科生的特点和知识结构。该内容相对浅薄，知识覆盖面较广，便于文科生理解和掌握。应将学习和应用有机地结合起来，使文科生能够掌握基本的

数学思想、方法和技能，训练他们真正理解数学思维的精妙之处，掌握数学的思维方式，组织结构合理的思维活动，系统地提高他们的数学应用能力。

为了有效处理内容的相关部分，我们更改了传统的教学方法。如：极限的定义改变了以前过度叙事和分析的做法，通过实例描述该定义，使学生可以充分理解极限思维方法的本质，了解他们的思维方法的价值和真正认识到边界思维的重要性和普遍性；该定理的推论，通过分析突出了几何特征的描述，减少了抽象内容并增强了直觉。以拉格朗日中值定理为基础，学生可以理解各种中值定理之间的关系。线性代数主要阐明矩阵与行列式，矩阵运算和线性方程之间的关系和差异。行列式的计算只需要掌握一定的技巧，就能减少计算的难度和部分内容，并能增强矩阵在求解线性方程式中的作用。分析解决方案、构想示例等可以使学生学得更好，提高教学效果。

今天计算机技术的发展为数学提供了强大的工具。在广度和深度上，数学的应用都达到了前所未有的水平，并促进了从数学科学到数学技术的转变。它已成为当今高科技的重要组成部分和重要标志。数学教育应遵循，反映和预期社会发展的需求，大学的文科数学教育也应如此。文科生通过选择学做一些适当的数学实验，可以增加对数学的兴趣并有助于提高自己的数学素质。

第九章　高等数学的教学主体改革策略研究

第一节　高等数学教学的主导——教师

一、高等数学教学中发挥教师主导作用的探索

高等数学是大学课程中流行且重要的核心课程。由于数学的严谨性和抽象性，许多学生认为高等数学无聊，而老师往往只注重教学，注重知识的传授，却忽略了思想和方法的渗透，强调知识的形成但缺乏情感动机，对个人独立学习、小组合作学习研究较少；结果是努力不少、回报不多。学生只为考试而学习数学，不能真正地欣赏数学的美和本质，也无法有效提高学生的素质。要改变上述状况，必须通过转变教育者的观念和创新教学方法来实现。笔者认为我们应该注意以下几点：

（一）端正学生的学习态度

学习态度直接影响着学生的学习效果，许多实验和研究证实了学习态度对学习效果的影响。如果其他条件大致相同，那么学习态度好的学生总会比学习态度差的学生学习效果更好。

良好的学习环境和氛围可使学生相互影响，并形成良好的学习态度。个人的态度总是受社会上其他人态度的影响。因此，要重视学生的学习过程，不断指导，认可和赞赏学生的学习态度和行为；同时，要注意师生关系的和谐，如果学生喜欢老师，他们会喜欢他教的课，这有助于促进学生形成积极的学习态度和提高学习成绩。相反，如果师生关系紧张，则学生会感到厌恶、害怕或抵制老师，然后会厌恶他所教的课。如果教师对学生的学习漠不关心，允许其自由发展，学生的学习会更加消极。在这种情况下，学生的学习很容易出现困难，并且很少有积极的学习态度和出色的学习成绩。

另外，应增强学生的自我效能感，使学生体验成功，并逐步消除学习中的负面情绪。自我效能感是指一个人对自己是否能够成功或完成某种成就行为的主观判断。成功的经验

会增强自我效能感，而失败的经验则会降低自我效能感。持续的成功将使人们建立起良好的自我效能感。为了提高学生的自我效能，教师应该正确对待他们，当他们在学习中感到沮丧并且效果不佳时，不应谴责和嘲笑他们，以免产生负面的情感体验。应帮助他们找到学习失败的原因，指导他们改变学习态度和方法并树立信心。更重要的是，教师应在教学过程中想方设法，创造一切可能使他们能够继续成功学习，以使其产生积极的情感体验，提高学习成绩。

（二）转变传统的教学理念，注重教学方法的灵活应用

教学中应采用多种方法，如：问题式、启发式、对比式、讨论式等教学方法。同时，应组织学生成立课外学习小组，引导学生用所学的知识建立相应的数学模型来解决实际问题。诸如通过使学生参加教学活动和解决生活中的实际问题之类的措施，引导学生深入思考、探索和研究问题以开发学生的潜力。学生通过相互学习，分工和同学之间的合作，对所学知识及其本质有了更深刻的了解。此外，根据数学课程的教学特点，充分利用现代教育技术，引进和开发教学材料，通过精心设计教学内容，正确使用多媒体教学，可以大大提高学生的学习能力和兴趣并提高教学质量。

（三）重视数学思想方法的渗透

数学思想方法是形成良好认知结构的纽带，是知识转化为能力的桥梁，也是培养学生数学素养、形成优良思维品质的关键。

1. 在概念教学中渗透数学思想方法

如定积分的定义由曲边梯形的面积引出。实际上分为四大步：分解、近似、求和、取极限，就能把复杂的问题转化为简单已知的问题求解。这种思想方法也同样适用于二重积分、三重积分、线积分、面积分的定义，定义时和定积分定义的思想方法加以比较，使学生认清这几个定义的实质。在知识点对比过程中提炼升华数学思维方法。

2. 在知识总结中概括数学思想方法

数学知识有紧密联系联系，不是孤立零散的碎片。在知识的推导、扩展和应用中，存在着数学思维方法。学生需要在知识的总结和安排中完善和掌握数学思维方法，加深对知识点的理解。例如：在学习了微分中值定理后，应总结罗尔中值定理，拉格朗日中值定理，柯西中值定理以及所包含的数学思维方法之间的关系，以便使学生可以从定理的证明和联系中学习数学知识，转变思想，在今后的学习、工作和生活中运用学过的数学知识，灵活地解决问题。

总之，要提高教学质量，教师不仅要有渊博扎实的专业知识，还要改变教育教学观

念，有过硬的教学基本功，这就要求我们注重专业知识和教育理论的学习，勤学苦练，真正使自己更上一层楼。

二、高等数学教师教学研究能力的认识与实践

高等数学老师主要是指从事非大学专业数学课程教学的老师。高等数学课程包括微积分，微分方程，线性代数，概率论与数理统计，这些都是大学中非常重要的基础课程。它们负有双重责任：不仅在随后的课程中为各种专业的学生提供基本的数学知识和基本方法，而且还培养了学生的科学素养，以便他们可以进行科学研究和技术创新。具体讲，它涉及到将数学中学到的精神、思想和方法转用到其他领域。因此，高等数学教师的素质必须很高。他们不同于专业的数学老师。后者的教学目标是数学系的学生，而前者则是各个专业的学生。这要求高等数学老师不仅必须具有扎实的数学基础，而且必须熟悉相应专业的基础知识，否则将很难搞好教学工作。

（一）高等数学教师应具备的素质

高等数学教师的素质包括三个方面：一是基本素质，主要是指他们必须具备的基本科学和人文知识，外语知识和现代教育技术知识。二是数学素质，主要是指高等数学课程所必需的数学知识，包括老师对数学的精神、思想和方法的理解，对数学史以及有关科学知识、数学的人文价值和应用价值的理解；还包括解决数学问题的能力和数学探究能力。这些是高等数学教师内部构成的重要组成部分。三是教学质量，通常也称为条件知识，是指高等数学教师应具备的综合教学实践技能，包括教学设计能力、教学操作能力、教学的监控能力和教学的研究能力。其中，教学研究能力是较高的能力，它是在教学的基础上逐步形成的，进而指导和服务前者。以下将重点介绍教学研究能力。

教学研究是指通过教学实践和对教学实践的调查，为解决教师在教学实践中遇到或面临的问题而进行的研究，其源自对教学实践的需求。老师解决难题并以此来改变教师面临的教育教学状况。它有两种基本形式：集体教学研究和个体教学研究。个体教学研究也称为自学研究。无论哪种方式，其目的都是为了提高教学质量和促进教师的专业成长。尤其是后者能使教师通过探究获得自我反思和自我批评的可持续学习能力，并培养反思、探索和研究的方式和习惯。从这个意义上讲，它属于继续教育的范畴。

（二）目前存在的问题

我国的高等教育目前存在两个问题：

在高等数学老师的群体中，除一些老教师外，大多数老师具有较高的学历和较高的数

学水平，但是，他们许多人是从理工大学或综合大学毕业的。从教师的角度来看，他们在接受职前培训和师资培训是匆忙而短暂的，基本的教学技巧、教育理念、教育理论和心理学知识无法在几天之内被内化成教师自身的知识并在实践中加以应用。它需要系统的学习和反复的练习才能成为一个人职业生涯的一部分，并在教学实践中发挥作用。现在，大学普遍报告青年教师教学能力差，与这一因素有很大关系。

当前，中国大学还没有完善的教学研究系统或教师研究管理系统。我们知道，省、市、地区都有专门的教学研究部门。每个学科都有专门的教学研究人员负责该主题的教学研究，分层管理，并且负责到人。大学却做不到。目前许多高校重视科研，教学研究活动效率不高，不能取得理想的效果

（三）提高高校教师研究能力的措施

在这种情况下，教师教学研究能力的提高不能依靠大学的继续教育体系，也不能依靠大学的教学和研究体系。这主要取决于老师们自己。如果教师要专业发展，就必须提高自己的素质，尤其是年轻教师。为了完成从新手到熟练再到教学专家的转换，他们必须加强学习并提高自己的学习、业务水平。作为一项突破，教学研究能力应尽早整合学生、教师和研究人员，这可以缩短工作时间，尽早进入熟练或成为教学专家的阶段。在自我教学和研究中，教师是研究者，他们在进行自己的研究，解决自己的问题并改善自己的教学工作。为此，我们必须做以下三件事：

1. 补上先天不足的营养

这首先需要提高认识。在我们遇到的人们中，仍然有不少人对此主题缺乏正确的认识。他们摒弃教学方法，不去研究教学，并认为这是好的。只要您了解数学，长期教书，只需提高数学成绩，您就会成为一名好老师。显然，这缺乏对教学的专业理解，同时也混淆了理论取向和实践教学经验之间的相互作用。因此，每位高等数学老师，尤其是那些从非师范院校毕业的年轻老师，都必须学习教育理论知识，掌握教学技能，研究教学方法，并补上天生不足的专业素养。教师的教学研究是提高教育质量的最佳途径。自学和研究可以更好地反映行动研究的特点。教育行动研究围绕教师的教育行动进行，并且以解决研究问题的过程为基础。这些问题就是教师自己遇到的实际问题。在实施过程中，教师既发挥研究和行动两方面的作用，又具有研究者和演员的双重作用。在教师的研究中，即在解决问题的行动中，教师在教育实践中的智慧不断增强，专业发展成绩显著。

2. 主动寻求同伴互助

自我学习和研究不是在暗中进行的。它应采取三种基本形式：专家指导，同伴互助和自我反省。这类似于中小学的校本教学研究。由于大学没有专业的教学研究人员，因此专

家指导的机会很少。大学教授之间的交流较少，如果您想学习和与同事交流，则必须采取主动。只有教师加强专业交流，协调与合作，共同分享经验，相互学习，支持和共同成长，才能取得良好的效果。同伴互助的实质是教师之间的交流、互动与合作，其基本形式是对话与协作。

值得一提的是，在自我探索的过程中，还应查阅大量的资料，以学习国内外高等数学的先进教学经验。

3. 不能忽视综合教研

高等数学与其他课程不同，它与其他专业密切相关，可以为专业课程提供强大的服务功能。但是，今天的高等数学教材专业性不强，我们几乎看不到其是专门针对哪个专业编写的。但是我们的教学目标是特定专业的学生，专业很复杂，水平要求也不同。因此，如果从理论上讲是针对高等数学的教学，那么教学研究部门应该与来自各个学科的教授、教师一起进行全面的集体教学和研究，但是从实践的角度来看，这是很难做到的。因此，这一重要任务必须由高等数学老师来完成。一方面，有必要加强学习并熟悉所教授专业的基本知识和特点，这样在高等数学教学中，可以为该专业选择一些专业背景材料并提供有关专业的数学模型，这样教学效果会更好。另一方面，教师应积极与所教专业的教师联系，讨论教学问题，例如，该专业中最常使用哪些知识以及哪些数学方法对解决该专业的问题非常有用。针对学生的薄弱环节，这种全面的教学研究可以共同制定出符合专业特征的切实可行的教学改进计划，并且在实践中会取得令人满意的结果。

三、高等数学教师能力素质的培养与提升

高等数学是大学非常重要的基础课。高等数学教师的素质直接影响着高等数学的教学质量。除了高等数学教师的良好思想和心理素质外，加强高等数学教师能力和素质的培养是充分发挥教师在教学中的主导作用和提高教师素质的基本保证。

以下仅讨论培养和提高教师的专业教学能力、科学研究能力、课堂教学能力和语言表达能力。

（一）奠定专业基础，强化专业教学能力

专业教学能力是指教师以精确的技能传授专业知识和技能的能力。作为合格的高等数学教师，除了要培养学生良好的思想品质外，其主要任务是根据教学计划的要求，准确而熟练地向学生传授必要的数学知识和技能。在课堂教学中，严谨的数学科学不允许老师犯任何丝毫的错误，而教学任务的紧迫性也不允许老师彷徨。如果教师在数学理论的制定上

犹豫不决，在数学公式的推导上不熟，更不用说学生学习的延迟了，这对于老师本人来说也是一件非常尴尬的事情。因此，教育家马卡连科（Makarenko）断言，学生可以原谅老师的苛刻、僵化甚至是缺点，但不能宽恕老师的教学能力不足。可以看出，良好的专业教学能力是高等数学教师最基本的能力。

知识是能力的基础，技能是知识的延伸。良好的专业教学能力首先来源于扎实的教师专业基础。应全面系统地掌握数学的学科知、基本理论和方法，培养严格而细致的逻辑思维能力，高度抽象的空间想象能力和快速准确的计算能力。此外，高等数学老师不像专业数学老师那样分工更详尽。高等数学是大学所有专业的公共基础课程，根据不同专业的要求，它涉及数学的不同分支。这就要求高等数学老师要通才，多才多艺，也就是说，他们不仅可以教授微积分，还可以教授微分方程，线性代数，数学统计和其他内容。即使要教某些内容的一些简单应用程序，您也必须对其有广泛而深入的了解，您不应该一知半解，不应现学现卖。只有高等数学老师具备较高的专业素养，他们才能在数学教学中取得良好的成绩。

其次，新世纪教育信息技术的快速发展促进了知识的迅速更新，改革高等数学的内容和教学方法不可避免。特别是，计算机技术在数学教学中的应用更新了传统的数学教学方法，从而解决了原专业无法解决的问题。面对新科学和技术的挑战，高等数学老师已经滥用的旧课程计划不再是值得骄傲的经典，传统的黑板和粉笔教学模式已不再家庭传家宝值得纪念。专业的新数学难题摆在眼前，丰富多彩的多媒体演示已进入课堂，这迫使高数老师学习新知识，研究新问题，掌握新技术，探索研究新方法。

（二）结合教学实践，培养科学研究能力

高等数学教师的科学探究能力是指他们在进行数学教学的同时，对与数学教学、教育有关的各种主题进行实验，研究和发明的能力。这种能力非常重要

首先，高等数学老师积极参与科学研究，更好地体现了教育现代化的指导思想。如今，各个国家的大学不仅是教育基地，还有科研中心以及中国所有重点高等院校都承担了许多科研任务，其科研成果直接服务于四个现代化建设。

其次，具有科学研究能力的教师通过科研，可以提高他们的教学水平，还可以同时提高其科研能力。只有以教学带动科研，以科研促进教学，才能将教学水平提高到新的高度。

再次，教师具有良好的科研能力，有利于创新人才的培养。实际上，具有科研能力的教师思维敏捷，实践能力强，教学经验丰富。开拓进取精神是培养创新型人才不可或缺的基本素质。没有科研能力，教师只能走平庸而无创造力的平庸之道。高等数学教师的科研能力主要体现在两个方面：一是教育理念、理论和教学方法的实验和研究的能力。高等教

育的飞速发展为数学老师在传统教育观念和教育方法的改革方面提供了丰富的科研课题。数学老师不再是传统的"老师"，而必须成为新的教育理念、理论和教学方法的实验者和研究者。第二是数学应用的研究能力，这也是高等数学教师的主要研究能力。高等数学是所有大学和学院非常重要的基础课程。它不仅为学生提供后续课程的数学基础，而且为学生提供分析和解决其专业实际问题的数学方法。新世纪教育信息技术和各学科的飞速发展，进一步促进了数学与其他学科的紧密结合，为数学的专业应用开辟了广阔的前景。高等数学教师必须广泛学习其他专业的主要专业课程，最重要的是，对与数学密切相关的内容要有更深刻的理解。数学教师必要时可以与专业教师紧密合作，共同对专业中存在的有关数学问题进行研究和讨论，并通过分析一些定量关系来建立教学模型，以提供解决专业问题的数学基础。这不仅培养了高等数学老师的科研能力，而且丰富了教学内容，相应地提高了教学能力。

（三）学习教育理论，增强课堂教学能力

在教育科学的许多分支中，教育学是教育理论的主要内容，这就是为什么它也是高等数学教师的必修课。教育学研究教育现象，揭示教育规律，为数学教师探索数学教学规律、确定教学目标和教学方法提供理论依据。加里宁说，仅仅"拥有知识是不够的。这仅仅是说他们已经掌握了这些材料。不用说这些材料非常好。但是，合理地使用这些材料需要很高的技能。为了传授"其他教学"知识，这些技能不是简单的教学程序和方法，而是包含了对教育理论和法律的认真和有效的运用。通过对教学法的研究，教师可以更系统地掌握许多重要的教育理论和探究教育实践问题，例如教育目的、教育原理、教学过程、教学方法等，以便他们能够自觉地运用教育规律。根据教学内容，真正选用有效的教学方法达到最佳教学效果。

教育心理学、尤其是高等教育心理学，也是教育科学的重要组成部分，因此它也是高等数学教师必不可少的知识。高等教育心理学主要研究大学生的心理规律，以掌握知识和技能，发展智力和技能，形成良好的道德品质，协调人际关系。在实施高等教育的过程中，要充分了解学生的学习状况和心理发展。因此，数学教学是基于心理学的。实际上，高等数学老师在课堂上组织好数学教学，这与了解学生的心理活动，理解学生个性的差异和特点密不可分。这是减少教学工作失误的重要方法。例如，由于大学生基本上可以参加复杂的抽象思维活动，因此，除了引入一些新数学概念外，教师无需从示例开始。只要基本概念清楚，其含义大多数学生都可以接受。如果通过实例介绍所有新概念，将不可避免地影响教学进度，甚至使学生感到无聊，扼杀学生抽象思维的主动性和积极性。

教育理论的内容非常丰富。除教育学和教育心理学外，还有教育社会学，教育哲学，教师心理学，教育人才科学，教育经济学，教育统计学，学习心理学，学习科学等。广泛

学习有关知识对于高等数学教师优化课堂教学和探索教学规律有重要意义。此外，从名人对教育思想和教育规律的精辟论述中学习和研究前人积累的教学经验、先进的教学方法、数学和脑科学等，都是让高等数学老师掌握理解规律，丰富课堂教学经验。提高课堂教学能力的重要措施。

（四）把握语言规律，提高语言表达能力

语言表达能力是高等数学教师的重要技能之一，并且是影响课堂教学效果的直接因素，应引起足够的重视。在数学课堂上语言是一个知识问题。学习和掌握数学课堂中语言教学的内在规律，练习基本的语言技能，是高等数学教师提高表达语言能力的有效途径。

首先，数学语言的内在规律在于其严格性。高等数学本身是一门极为严谨的学科。教师讲课的口头语言和黑板的书面语言都必须基于科学原理，稍有不慎会导致智力上的错误。例如，"一个函数在其连续区间中必须具有最大值和最小值"有时候会忽略一个重要条件，即区间必须是封闭的。其次要注意语言的准确性和完整性。概念，定理和规则的阐述以及数学术语的表达必须精确且标准，不得使用含糊不清的表述来代替数学语言，这样可能出现语法错误，会引起学生思维的混乱。

简单的数学语言是数学老师语言技能的重要标志。数学课堂语言禁忌长时间拖拽单词，数学语言不需要花哨的措辞，它具有科学，精确和简单的特征，能给人以美的感觉。要想用清晰的思想和响亮的音调吸引学生，教师在上课前就要认真准备课程，研究教材和方法，区分难点和重点，理顺个人的想法，做好充分的准备，再加上良好的语言表达，课堂教学会变得整洁有序。

语言也是一门艺术，它是一门不可或缺的艺术。在众多语言艺术中，数学课堂中的语言教学具有其独特的艺术特性。首先，这种独特的艺术在于数学科学本身就是一门美丽的科学。数学的简单性、和谐性和奇异之美赋予人们极大的艺术享受。因此，高等数学课堂的语言应该生动、机智和幽默。在表达概念，描述方法和推导公式时，教师必须注意生动有趣。他应该使用适当的隐喻，丰富的联想和新颖的说法，并辅以自然的表情，以优美的手势在黑板上书写。这将对学生产生强烈的吸引力，将能获得良好的教学效果。这种语言的艺术源于教师的良好专业素养和文学造诣，口才，甚至书法，绘画，音乐等多方面的才能。数学语言的艺术在于其丰富的情感色彩。有人认为数学语言只是一系列单调而乏味的符号和公式，实际上这是一种偏见。数学的形成和发展本身就是一部宏伟的史诗。数学的内容与人类生产生活的实践息息相关。数学公式的概念和定理具有特殊的美。当老师谈论内容时，他激情四射，肯定会吸引学生。

高等数学教师在各个方面的技能和素质不是孤立的，它们不仅彼此不同，而且彼此联系，相互促进。教师需要在多个方面同时提高自己的成绩，严格管理，练习基本技能，以

便它们能够同时发展。实际上，只要努力任何一位老师在教学中都会成功。只要您认真分析原因，经常总结和反思自己的教学，不断改进自己的教学，并充分发挥老师在教学中的主导作用，您肯定可以提高自己的能力和素质。

四、通识教育背景下高等数学教师在教学中的角色转换

通识教育的目的是在自由的社会中培养坚强的人和有个性的公民，现代大学教育概念是指现代大学教育中的职业和非职业教育。大学生在主修专业之前修过"公共课程"。它具有感知性，实用性和探索性的特征，旨在使学生在这种"公共课程"中获得独立的学术思维能力以及对世界和生活的精神感知。数学是训练人们思维的工具，它是理解社会和简化自然的工具，人们使用它来建立数学模型解决实际问题。通过学习数学，人们的思维可以在解决问题上更加逻辑抽象，更加简洁和更有创造力。

正确认识通识教育的意义和价值将有助于通识教育在科学思想的指导下顺利进行。通识教育服务于更高级的专业教育。通识教育不一定排除职业教育，通识教育最终将进入职业教育。作为高等学校的基础通识教育课程，高等数学旨在让学生学习和灵活运用数学知识。开放的教学首先需要思想开放，不同的思想和教学方法会产生不同的教学效果。为了更好地培养学生适应社会的能力和更有效地培养他们的创造力，我们需要更加开放的数学教育。因此，在通识教育中教授高等数学不应成为普及知识的讲座，而应为学生日后的发展做好充分准备。

高校的高等数学老师参加通识教育的积极性不高，因为他们获得的奖励和激励较少。因此，该课程的教学很少由学校最好的老师来完成。没有优秀的高素质教师，就不可能保证通识教育的质量。博耶曾说过："最好的大学教育意味着积极学习和训练有素的探究，使学生具有推理和思考的能力。高质量的教学是大学教育的核心。所有教师必须不断提教学水平；改进教学的内容和方法。最理想的大学是一所以智慧和知识传授为责任的机构，也是鼓励学生通过创造性教学积极学习的地方。"钱伟昌教授在谈到教育创新时提到：教学生的关键是"教他们钓鱼"，应该给学生一些思考问题的方法。

（一）展示良好的个人素质，注重榜样教育的力量，冲破"光说不练"俗套

21世纪是高科技时代。随着科学技术的飞速发展，社会的发展和知识的传播离不开高素质的人才，高校高素质人才的培养必须要求高素质的教师。目前，尽管在教学过程中采用了许多先进的教学方法，教学内容更符合通识教育的要求，但教师在教育中的核心地位仍不可动摇。因此，从高等数学教师必须具备教师基本素质的前提出发，应着重加强以下素质的培养，以更好地教育学生。

1. 加强师德修养，教学中及时调整心态，展示良好的心理素质

在教学过程中，教师应鼓励、尊重和爱护学生，积极与学生沟通，成为好老师和学生的好朋友，使学生感到老师对他的关心。学生需要对老师有好奇心；教师应始终以身作则，教导和教育他人，并用自己的个性魅力感染学生，使学生能够在轻松愉快的环境中学习数学。

2. 善于学习，兼收并蓄，展示教师广博的专业理论知识

教师是学生发展的导航灯和指南。教师专业理论素质的高低直接决定着学生素质的高低。如今，许多学生的数学基础普遍较差（尤其是主修文科，艺术和体育的学生），但这并不意味着降低了对高等数学老师的知识水平的要求。应对教师的教学能力提出更高的要求，教师应具有广泛、全面的知识，吃透教材，认真分析和准确了解学生的心理特征和知识水平，还应采取适当的方法正确地指导学生学习。语言使学生能够了解所学内容。此外，您还必须熟悉相关专业知识，充分掌握相关专业技能，。俗话说："要给学生一杯水，教师应有一桶水"只有这样，我们才能真正树立"向高标准学习，以身作则，奉献和自我完善"的教师形象。

3. 善于理论联系实际，展示符合时代要求的创新教育素质

长期以来，学生已经习惯了教师组织的所有活动，很少考虑自己能做什么。这是中国传统数学教学的主要弱点之一。因此，有必要创新教学方式，加强理论与实践的联系。例如，在教学过程中，教师可以结合现实中存在的数学现象，让学生在自己选择和建构的数学环境中进行探索和研究，以培养他们的创新意识。同时，让他们体验从事创造性学习的乐趣和困难，使他们意识到知识与行动相统一的学术理念，并努力完成自己的任务。

（二）加强数学文化通识教育，注重人文精神的渗透，冲出"教书匠"樊篱

高等数学在培养大学生的人文精神，提高他们的思维能力，学习能力和应用能力方面发挥着不可替代的作用。如今，重视素质教育的教师应从纯粹的微积分技能训练中解放数学教学，进一步诠释数学的文化内涵，促进"数学文化"的教学。这不仅能鼓励学生更好地学习数学，而且有助于拓宽学生的知识面，增强数学的综合教育功能。

高等数学不仅是传播传统数学知识，培养学生严格的逻辑思维能力和丰富的空间想象能力的基础课程，还能增强通用概念，传播优质教育和民族文化。目前，通识教育课程的内容基本上来自其他自然科学甚至人文学科的知识。此外，由于当今社会占主导地位的经济意识，中国许多大学的高等数学教学表现出某些不良的趋势，即在技术和手段上有所发展，但狭隘的实用主义，形式主义和工具主义抬头。这不利于实施通识教育，例如通识教育中的高等数学，金融和经济学中的高等数学，这种实用和工具功利主义教育往往偏执地

强调给定学科对高等数学知识的单方面要求，不了解高等数学与其他课程和文化结构之间的关系，并且当然完全忽略了高等数学是高校的公共基础课，其教学目的是培养学生数学的综合运用能力，并进行文化的渗透和扩散。

在通识教育的框架内，教师应在传授传统数学知识的同时，注意数学文化的传播，自觉地培养学生的人文精神。数学文化是指在数学的起源，发展和应用中反映的对人类社会产生重大影响的内容。它既包括数学的思想、精神、思维方式、方法和语言，还包括数学史、数学与各种文化之间的关系以及探索、研究、进取和创新的精神。应在人类对数学的理解和发展过程中体现创新。数学家华罗庚曾经说过：“宇宙很大，粒子很小，火箭的速度，化学工程的独创性，地球的变化，日常使用和数学的复杂性无处不在。”因此，在数学课堂教学时要传播数学文化，不断呈现和传授数学文化的思想和观念，使学生在数学学习过程中受到文化的影响，并产生文化共鸣，体验数学的文化精神和品味，了解文化之间的差异社会并欣赏数学文化。

（三）强化培养目标，注重研讨性课程，倡导研究性学习，远离“教死书”

大学生是社会的希望、国家的未来，它的健康成长直接关系到社会的发展。目前，国内外许多高校都主张将研究性学习从以“教师中心”转变为以“学生中心”，即在教学过程中要培养学生的自主学习精神。自主就是要以学习者为中心，以能力为导向。在数学教学过程中也可以找到这种学习方式。老师创造一种类似于科学探究的情景和方法，引导学生以类似于科学探究的方式积极地获取知识，运用知识和解决问题，从而完成相关的课程学习。如今，在倡导通识教育时，在高等数学教学中，如果教师继续使用传统的“满堂灌”，学生只是“接受教学”，他们将无法适应当前社会的发展和进步，而这些教学方法正在逐渐被淘汰。因此，高等数学的教学必须创新教学方法，促进探究式学习。探究性学习不是强迫性学习，它不能从头到尾与学生的自我建构分离。探究学习的功能及其对学生的影响是一个渐进的过程，这要求我们的高等数学老师注意培养基于查询的学生学习能力。首先，他们应该面向所有学生，但他们也应注意个人差异。其次，他们应该强调学生之间的合作关系，而不仅仅是培养学生的独立研究能力，同时也要培养学生的合作与沟通能力，激发学生的学习兴趣，促进其数学思维的发展和知识的扩展，并将其作为教学的目的。在这一过程中，学生被赋予了学习的主动权，被鼓励独立学习，积极主动地获取知识，从而使他们能够在轻松愉快的环境中取得成就，并获得发展。在高等数学教学中，教师应鼓励学生积极进行交流，大力倡导课堂合作与交流的氛围，帮助学生理解数学思想，了解精神，掌握数学中的逻辑推理和理性的数学思维，提高解决数学问题的能力。教师应利用创新性学习激发学生的学习潜能，鼓励学生进行创新和实践，积极开发和利用各种教学资源，为学生提供各种学习资料。同时应强调学习过程。我们应将学习视为一项探究活动，而不是获得一些预先设计的标准答案。在高等数学教学中，培养学生的发散思维和举一反三解决数学问题的能力。

为了提高教学质量和培养国家需要的各类人才，教师必须具有很大的创造能力。为了提高学生数学的综合素质，高等数学教师必须具有创新能力。如果不能有效提高包括高等数学教师在内的大学教师的整体素质，就无法实现四个现代化的宏伟目标。

21世纪科学技术飞速发展，社会的发展最终是人的全面发展。在通识教育的背景下，在高等数学教学中，教师应注意培养学生的人文精神和科学素养，充分发挥教师的主导作用和学生的主观能动性，坚持不懈，发奋努力，才能培养出适应社会经济发展的各类人才。

第二节　高等数学教学的主体——学生

一、高等数学教学如何发挥学生的主体性

（一）注重学生的主体地位，激发学生的学习兴趣

根据过去的教学经验，在高等数学的教学过程中，许多学生对学习高等数学缺乏浓厚的兴趣。通过与学生的沟通和理解得知，大多数学生认为他们已经有一定的数学基础，但是由于客观或主观因素的影响，例如高考中的教育，学生的自我学习能力不强，他们还没有建立良好的自我学习观念，因此进入大学后缺乏明确的学习目标常常会导致相对较低的数学学习兴趣和热情。应如何提高学生对数学学习的兴趣呢？这就要求我们的数学教师要做好课堂引导、规划，以及课前的准备和设计工作。情境化、生态化教学有助于学生更好地理解知识点和学习素材，也有助于培养学生的高等数学学兴趣。例如，在高等数学关于"曲面的面积"的教学环节中，生活中的曲面可以说是非常之多，数学教师可以打破教材的限制，将知识点和生活情境相结合，多选择一些趣味化的生活教学情境，允许学生讨论和计算与特定生活条件和"表面积"有关的数学问题，从而可以缩短学生与数学知识之间的心理距离，同时激发学生的学习兴趣，开阔学生学习数学的视野，使他们能够更直观地体验学习数学的价值和乐趣，这对培养学生的数学学习兴趣大有裨益。

（二）注重学生思维能力的培养、优化教学方式方法

数学是一门具有高度概括性、抽象性和严密逻辑性的学科。所以数学教师必须采用"授之以渔，非授之以鱼"的教学方法，让学生掌握数学解题、思考的方法。只有掌握了数学的思维方法才能对症下药。

（三）优化教学方法，注重学生的主动参与

在提高教学效率的同时，我们要注重发挥学生的主观能动性，一般受学生喜欢的教学方法是好方法，单一的教学方法是枯燥、乏味的，很难提高学生学习高数的兴趣。现在高数往往是在大一开设，而大一的学生对教师的依赖程度相对较高。为了摆脱这种困境，教师可以采取以下方法：

1. 讲授法和启示法、讨论法相结合

这三种方法的结合主要是为了增加学生在课堂上的参与度，应创建一个生动的教学环境，充分发挥学生的主观能动性，提供让学生积极参与的条件和平台，建立情景教学模型和鼓励学生发现、思考、探索和解决问题。

2. 采用多媒体教学

多媒体教具可用于绘制图片和演示几何图形的组成，使教学主题更加生动、直观和易于理解，能促进数学知识的应用，加深学生的理解。但是，不要过多地依赖多媒体教材的教学，因为多媒体很容易引起视觉疲劳，不利于师生之间，学生与学生之间的互动。

3. 尊重学生的差异，做到因材施教

大学的学生来自五湖四海，学生的数学基础千差万别，所以要求我们的教师在教学的过程中注意要有针对性，做到"因材施教"，努力提高学生整体的高数水平。在大学数学课堂教学中，数学老师要基于学生的数学基础和学习能力，考虑学生数学学习中的差异，并充分满足需求不同学生的学习需求，以便让每个学生都可以从数学课上学到一些有用的东西。

总而言之，我们应该让学生对高数学习有兴趣，提升他们的信心，发挥其主动性，才是解决问题的根本之道。

二、高等数学教学中怎样培养学生的学习兴趣

（一）结合教学实践培养学生高等数学学习兴趣

学生参与高等数学教学的表现是多种多样，有些人聊天、玩游戏、看手机等，可以说

这些学生在高数课堂上是"度时如年"。在教学中与其约束学生不如想办法提高他们的学习兴趣，使其主动地投入到学习当中。例如，可利用丰富有趣的导入提高学生的学习兴趣，如在"全微分"的学习中，初学者的理解是五花八门，因此可以通过对一些不太准确的认知进行教学导入，让学生发现破绽，解决问题，然后用数学的语言对全微分进行总结，从而得出全微分的概念。这个学习过程有趣而深入，可以激发学生的学习兴趣并提高他们的学习效果。另一个例子是鼓励学生通过数学家的故事探索数学的奥秘，并引导他们对数学知识感兴趣。例如，高斯是一个数学天才，他的故事很多，结合教学内容引入高斯的故事，以榜样的力量引导学生自觉地学习数学。再如，由简单问题入手，让学生先克服对高等数学学习的恐惧，从而对新知识产生兴趣。例如，在"空间直线及其方程"的教学中，先利用在一个平面中方程的书写引出线与面的夹角，让学生思考直线与面的夹角问题，进而引申知识，让学生对空间直线有新的认识，这样能够不断拓展思维，形成空间的数形结合意识，提高学生的学习效率。

（二）科学应用多媒体培养学生学习高等数学的兴趣

多媒体的应用在高校教学中非常普遍，高等数学教学中科学应用多媒体是指要正确认识多媒体在教学中的"工具地位"，既不过分依赖，也不能盲目排斥，应用多媒体做好课内外的教学工作，同时应用多媒体搭建师生交流的平台，通过信息交流提高学生对数学学习的兴趣。例如，"多元函数的微分学"教学中，应用多媒体制作教学课件，通过网络发送到学生的邮箱或其他师生交流平台，学生在课堂教学前预习要学的知识、整理有关资料，这样学生就会主动地去完成一些教学任务，学生在课堂上的表现就会更出色。又如，在"空间直线及其方程"的教学中，利用多媒体展示直线在空间的存在，这样更直观，学生通过直观的三维显示能够迅速地构建意识中的线与面的立体影像，从而更容易接受和理解知识。另一个例子是下课后使用多媒体进行讨论。学生可以在交流平台上表达对某门课程的想法，也可以提供反馈并与其他学生和老师分享他们不了解的内容。这样教师可以更全面地了解学生的学习状态，并及时回答学生的问题，使他们能够克服学习数学中的时间和空间限制，提高学生的学习兴趣。可以看出，多媒体在培养学生对数学的兴趣方面能发挥重要作用。在高等数学教学中，我们必须充分认识多媒体教学的好处，并有效地利用多媒体作为一种新型的教学手段，激发学生的学习兴趣。

（三）活跃课堂气氛，激发学生高等数学学习兴趣

数学教学向来严谨、中规中矩，因此，多数时候数学课堂都是死气沉沉，特别是一些刚加入教师队伍的教师，他们习惯对数学知识的钻研和学习，因此，在教学中，也将自己的那一种钻研学习的精神带到了课堂上，在课堂上自我沉醉于知识的海洋，然而学生听不

懂。因此，在课堂上要时刻观察学生的接受情况，让学生做教学的"主角"，让他们体会到数学学习的乐趣才是关键。在"多元函数的微分学"的教学中，教师可以改变教学方法，通过分组讨论，针对"多元函数的微分学"的教学重点设置几个小标题，每一组围绕自己小组的标题进行讨论，然后小组讲评，再将这些知识联系起来，融会贯通，这样知识才能完全地被学生吸收，转变成为学生自己的知识。而且这种教学方法能够活跃课堂气氛，激发学生探索、求知的欲望，学生能更好地参与教学，而不是跟着教师的思路"乱跑"。又如，通过数学学习小组的一些活动活跃课堂气氛，激发学生数学学习的欲望和能力，使其对高等数学学习有更浓厚的兴趣。

培养学生对学习高等数学的兴趣不是一个通宵的过程，而是一个长期的激励和积累过程。教师在任何时候都必须对学生充满信心，并且必须不断引导和鼓励学生树立自信心和提高学习能力来学习数学。在这样的氛围中培养学生对学习高等数学的兴趣，同时，通过先进、多样化及丰富的教学方式方法来活跃课堂气氛，使学生对学习高数产生兴趣，提高其自学能力。有了良好的自主学习基础，高等数学教育可以在轻松愉快的教学氛围中取得更好的成绩。

三、高等数学教学中学生资源的开发和利用

（一）在开拓教学设计的各个环节中充分利用学生既有的经验和知识

在课堂教学过程中。学生多方面的知识和能力处于潜藏或休眠状态，恰当的课堂导入会激活这些资源宝藏，出现意想不到的课堂氛围和教学契机。这就是"创设情景激活学生资源"，即教师可以通过在课堂中设计某种情境，促进学生积极参与。学生潜在的知识和能力被教师激活，师生间其乐融融。教师可在课前设计一些已学过的知识点问题。为新知识的呈现做铺垫。然后循序渐进地导入新知识。

（二）充分利用学生智慧，注意观察发现学生资源

1. 充分利用学生智慧

多元智能理论让我们认识到学生的智力结构存在着个体差异。它提醒教师要在课堂教学过程中，尽力发掘学生个体的不同智能资源，并创造机会使其得到彰显。激励学生参与到课堂中，让学生主动提问发言，形成良好的学习气氛。

2. 认真观察发现学生资源

在教学过程中，教师可以走下讲台，走到学生中间，发现学生的学习情绪性或问题类

资源及某些学生的错误学习资源。当学生进行练习时，老师充当"观察员"，离开讲台了解学生的学习情况。当某个数学问题经常出现时，就反映了这种资源的典型性。根据实际情况，应由老师帮助学生或学生小组讨论来解决问题。当发现精神倦怠的学生时，轻敲其桌面或轻碰其胳膊，让其重新投入学习中。这些"情绪性资源"是将教学过程引向深入的触发点。若发现遇到难题的学生，在其身旁作适当点拨，或在问题关键处指点一下，就能取得良好的效果。在观察的过程中应重点发现学生频繁出现的错误和问题，然后分析此类问题资源，找出解决问题的办法。

3. 关注学生生命发展，构建和谐的师生关系，发掘学生的情感资源

充分发掘学生情感资源作用的前提是要构建师生之间和谐的关系。教师应将生命教育的理念与数学教学知识有机地结合起来。生命教育的概念基于充分尊重学生作为生命体的存在。尽管不同的学生具有不同的知识和技能水平，并且来自不同的家庭，但他们应该得到老师和其他人的相同尊重和信任。在大学这一阶段，教师必须借助理性认识来揭示事物的本质，增强说服力，由此使学生产生并发展良好的情感。这对于丰富、升华情感尤为重要。因此，对大学阶段学生情感资源的开发，应该偏重于与之共享智慧和思考的成果。

4. 搭建生生交流的多层平台，促进学生之间资源交流和共享

学生之间的知识和技能交流是切实的。但是，学生之间共享无形资源需要教师的指导。教师可以利用一切机会，促进学生之间的积极交流，提高学生之间的沟通效率，并增强合作精神。学生学习策略的形成很大程度上是学生之间交换资源的结果。教师必须开放各种沟通渠道，为学生之间的相互交流和学习搭建桥梁。教师可以研究学生之间的数学学习策略和方法，并与之进行交流。要求学习好的学生介绍学习方法可以帮助鼓励学生共同进步。同时，每个班级的学生可以分为几个数学学习小组，并且可以每周组织一次课外活动。适当地组织学生开展数学交流活动，以创造良好的学习环境并开发其资源。

目前，高等数学教学应注重开发利用学生资源与整个高等数学教学有机地结合起来。要想充分地挖掘学生资源，教师须在全面了解学生的基础上，如：知识基础、个性特征、技能特长等，与实际课堂教学设计相结合，使教材中所教授的内容对数学学科并对大学生学习发展有积极的促进作用。此外，教师还应做到心中有学生，眼中有资源，有足够的知识储备，这样才能在课堂上运用自如，对学生的各类资源游刃有余地加以开发利用。

四、高等数学教学中培养学生数学素质的探索

（一）还原数学知识产生的过程，注重数学思想方法的渗透

在我们现行的数学教材当中，知识体系已经相当的成熟，甚至趋于"完美"。但是这类教材过于注重对数学结论的表达，往往忽视对数学思维的培养。在实际教学中，课程的主体内容往往是没能完善地引导、分析，就将结论直接抛出。对于和生活比较接近的知识，学生还容易理解并进行相关的应用。而对于那些十分抽象的数学分析和数学结论，没有进行引导就直接给出结论，学生就会变得困惑。同时，在这种教学模式的影响下，学生并不总是寻求完整的解决方案，久而久之就失去了研究数学的乐趣。鉴于上述情况，在设计真实的教学环节时，应积极引导学生探索问题，使它们了解数学知识的形成过程。让大家在探讨的过程中能够慢慢地发现问题中所蕴含的数学思想和找到问题的具体解决办法。对于大家都有困惑的问题，教师可以着重进行仔细讲解。让大家在引导下发现解决问题的思路，而不是引用现成的数学原理。只有这样才可以激发大家对数学学习的兴趣，为数学素质的培养奠定坚实的基础。例如，在讲授导数这一课时，我们就可以从物理的速度、加速度引入导数在实际问题中的具体应用，从而使抽象的函数定义变得简单明了，让大家知其然，知其所以然，而不是简简单单地告诉学生怎样求导，直接忽视了数学思维能力的培养。通过这样的课程设计改革将会使学生的数学学习更为有趣，为学生今后的发展奠定坚实的基础。

（二）创设问题情境，注重培养学生发现问题能力和解决问题的能力

由于数学教学时间紧任务重，在各个高校的数学课当中往往采用老师讲授的方式进行教学。学生在平时的课堂学习中一直处于被动接受的状态，这容易使学生丧失学习的兴趣。并且有些学生一旦一个问题没有得到解决，就会将注意力集中起来解决眼前的问题，而忽视掉了后续内容的学习和理解。这样的过程不断重复就会使问题积累，最终使学习者丧失信心。为了解决上述问题，在课程设计的环节中就应该深入的对教材进行研究，针对具体的问题设计讨论的环节，让老师和学生互动起来，在活跃的气氛当中解决问题。在这种学习氛围中，教师将更容易了解学生学习过程中存在的问题。学生发现和分析问题的能力也将不断增强。教师必须积极鼓励学生发现问题后进行猜测、尝试找出解决方法，这样就能增强学生分析和解决问题的能力，最终达到提高学生综合数学素质的目的。

（三）开设数学实验公选课程，注重数学应用能力的培养

随着时代的进步，数学的学习也变得更加多元化。在此形势之下，数学与计算机平台的结合产生了一门新的实验课程，即数学实验课。它利用计算机平台计算速度快、计算能力强的优势将数学知识与实际的问题结合了起来，通过对实际问题的模型化，在计算机上将问题解决。让学生体会到了数学学习的意义及作用，激发了其学习的积极性。

现在不少大学及学院开设数学建模这样的选修课，为那些对数学有浓厚兴趣的同学提供更加宽广的学习及展示平台。在这类课程中，首先要学习的就是对数学软件 MATLAB 熟练运用。这个数学软件具有强大的计算功能和图形函数处理能力，具体的来说，它可以解决矩阵、微分、积分等问题并可以对复杂函数进行图形显示。因此，软件的学习就成了实验课的基础内容之一。在能够熟练使用软件进行编程的时候，我们就将课本中可以利用软件进行处理的知识录入到电脑当中进行简单的操作练习，最终通过不断地练习使大家能够运用数学软件解决实际问题。这种将实际的问题的模型化处理，并用计算机软件得以解决的实验性课程将学生在课堂当中学到的知识加以有效应用，不仅加深了学生对数学知识的了解和掌握，还在很大程度上促进了学生数学素养的提高和综合素质的发展。

（四）借助网络课程辅助教学平台，扩展数学素质培养和提高的空间

在目前的高等数学教学中仍然存在许多问题，例如教学观念陈旧、教学理念落后以及与先进技术衔接不紧密等问题。这些都与社会的发展格格不入，所以我们更新传统的教学理念和模式，充分利用网络技术和先进的教学手段进行大胆的改革和创新，借此来加强学生数学素质的培养和教学质量的稳步提升。

在改革过程中，我们要重视引入网络辅助教学，完善高等数学教学。在课下，学校应在自己的校园网上建设网络论坛和网络课程，为大家营造一个浓郁的数学学习环境。再者，还可以采用虚拟投票和网络问卷的形式征求大家对高数课堂改革的看法和建议，通过对师生看法的总结，找出自己工作的不足进行弥补。最终，通过利用网络平台来实现学生数学素质的提高和综合能力的发展。

五、高等数学教学中培养学生创新素质的探索

（一）在教学中激发学生的创新意识

创新是一个国家发展的命脉，是繁荣的不竭动力。数学需要一种创新意识。今天我国之所以能在数学上取得如此高的成就，是由于数学教育工作者不断的努力和对原始知识的

进一步探索，这些足以证明数学发展中创新的重要性。高等数学是很难掌握的一门课程。在传统的教学中，有些学生无法真正理解所学内容。一些学生面对大量无聊的数字之后，常常对数学学习失去兴趣。因此，在当今高等数学教学中，教师必须想方设法地调动学生学习的积极性，探索培养学生的创新思维和创新意识。这样才能不断激发起他们对高等数学的兴趣，努力学习，成为社会发展过程中所需要的有用人才。

（二）创建轻松的学习氛围

在课堂学习中，环境是影响学习效果的一个重要因素，环境可以激发学生的创新意识，所以教师在高数课堂上应该尽可能地营造一种造轻松愉快的气氛，让学生在于愉悦地氛围中学习，保证人人都处在一个平等的环境中。教师应该充分信任学生，构建开放式课堂，让他们上课能积极地阐述自己的观点，久而久之，就会形成一种良好的学习风气和习惯。有些学生的想法可能牵强，但为了培养学生在数学上的创新意识，教师不应轻易否认这些新想法，因为创新是思想的碰撞，是不断探索的过程。只有发现学生思维错误的根源，才能有针对性地进行解决，这是一种隐性的引导，相信在良好的学习氛围下，一定能为学生创造一个充分发挥的空间。

（三）开展多样性的教学方式

传统的教学方法相对简单，这是限制学生创新思维的主要因素。由于学生的思维能力有限，因此会影响他们理解和解决问题的能力。在这种情况下，教师应脱离原来的教学模式，开辟新的空间，并采用多样化的教学方法来激发学生的创新思维。

（四）运用数学实验提高学生的创新能力

在过去的教学过程中，教师经常在理论知识上付出很大的努力，强调结果而忽视过程是一种普遍现象。学生不知道结论从何而来，这使学习变得困难。

因此，为了进一步激发学生的创新思维，教师可以使用数学实验来正确指导学生的思维，并为学生开辟一种新的数学学习模式，帮助他们自己发现问题并找出问题的答案。同时，在整个过程中，他们还可以充分利用多媒体，使学生加深对知识的理解和印象，最终得出正确的数学结论。

（五）利用数学建模对学生的创新能力进行引导

数学建模过程实际上是一个创造力培养的过程，它由许多部分组成。在进行数学建模的整个过程中，数学模型的核心在于模型的建立，但同一问题可能会有不同的答案，不仅需要分析问题，还需要查阅大量的数据，然后建立相应的模型。这个过程可以激发学生的创新思维，培养其创新能力。因此，在教学改革过程中，教师可以充分利用数学模型来提高学生的创造力，用新思想来指引学生的发展方向，让他们能够更加善于思考。

六、高等数学教学中培养学生应用素质的探索

（一）培养数学应用能力的重要性

当前数学教学改革的一个重要趋势是利用所学的数学知识来分析和解决问题。高等数学是面向大学生的基础课程，是管理学、经济学、化学工程、建筑、医学以及其他工程科学、农业和医学的必修课程。另外，某些文学、历史、教育等文科专业也开设了高等数学课程。高等数学将对学生的学习和毕业后的工作和生活产生更大的影响。这主要是由于人们的日常生活经常与高等数学所涵盖的知识相互联系，并且在分析和解决问题时常常需要应用高数知识。同时，在比较中西方大学生学习和使用高等数学的能力时，我们发现中国学生的常规计算能力更好，但他们的数学应用能力却相对较差；外国学生比较善于解决歧义问题，但计算能力相对较弱。另外，近年来，中国学生在国际数学竞赛中获得了许多奖项，但是在研究重要的数学问题上却没有什么成就。因此，这也表明我国大学生数学应用能力存在重大缺陷，迫切需要加强数学应用能力的培养。

数学是技术发明和科学研究的必要条件，已被广泛应用于各个行业以及社会生活，学习和工作的各个方面。目前，衡量一国科学技术发展程度的重要标准之一是其公民数学应用能力的平均值。同时，随着高等教育改革的不断深入，加强学生数学应用能力的培养也已成为数学教育改革的必然趋势，并已成为数学发展的方向；因此应进一步加强大学生数学应用能力的培养。

（二）学生数学应用能力培养现状及存在的问题

1. 学生数学应用能力培养现状

通过研究和调查，发现学生喜欢的数学应用问题通常是思维清晰、明确的问题，得出结论和应用相关知识相对容易，这也表明学生具有解决数学应用程序的能力。但当面对复杂而陌生的背景情况时，他们解决问题的想法相对僵化，有时甚至变得越来越迷茫。由此可见，学生解决实际问题时不能有效地运用数学知识，应用能力需要进一步提高。

2. 学生数学应用能力培养存在的问题

（1）思想认识不足

大多数大学生，甚至包括从事一些高等数学教学的教师，对于加强大学生数学应用技

能的培训也有不同的见解。许多教师的理解相对不完整，他们还没有完全理解培养大学生数学应用能力的重要性和紧迫性，不清楚加强数学应用能力教育的实践和理论的重要性。一些数学老师根本不考虑数学课程的主要功能。他们的目的仅仅是应付考试和教学。对大学生数学应用技能的培养放在首位，他们很少在实际工作中采取行动。

（2）教材编选滞后

目前，高等学校使用的大多数高数教材在选择和汇编方面仍然侧重于理论，主要侧重于理论推导和讲解。这种教科书远远不能满足当前高等数学教学的需求。它在培养大学生的数学适用性方面作用较小，甚至阻碍了数学适用性的培养。近年来，在高等数学教科书的编撰中，尽管逐渐认识到其重要性，但改进不大。例如，专业数学教学更多地侧重于内容和系统，使高等数学成为纯粹的学科，独特的专业，而应用数学知识则很少。这种情况的持续发展必将不能有效培养学生的数学应用能力。选择高等数学教科书是培养和提高学生数学应用能力的催化剂。如果不能及时更新教材中的应用概念、应用知识和应用技能，就不能有效培养和提高学生的数学应用能力。

（3）教学方法单一

长期以来，应试教育模式已经根深蒂固。许多老师在为考试进行教学。成绩好坏仍然是大学和学院评价学生和老师的主要指标。同时，传统的教学模式主要是课堂教学，教师在教室中占据主导地位，填鸭式的教育形式非常突出，学生的主体地位尚未得到体现。长期而独特的教学模式难以培养学生应用数学知识解决实际问题的能力。

（4）实践教学欠缺

近年来，通过数学建模竞赛，我们可以看到大学生对基本数学知识的理解有所增强，但相对缺乏实际的应用和创新。有必要改善数学模型的应用和数学模型的设置时间。另一方面，大学对数学的实验教学还没有给予足够的重视，实验教学在高等教育改革中的重要作用还没有真正得到重视。

（三）加强学生数学应用能力培养的途径

1. 转变思想观念

目前，在高等学校教授数学课程的老师基本上是大学的数学专业毕业生，而且大多数人毕业后直接参与数学教学。基本上，这是从一所学校到另一所学校的过程。在建立教学目标、设计教学方法和运用教学技能等方面，都是围绕知识转移的途径进行的，而忽略了在高等数学教育中培养学生的数学应用能力。高等数学教师必须改变观念，以培养学生的数学应用的能力作为高等数学教学的第一要素，建立与之相关的教学观念，以应用为核心，并将理论知识与实际应用紧密结合，促进学生数学应用能力的培养。

2. 推进教学改革

在应用数学知识解决社会生活中的实际问题的过程中，新问题将持续出现，并且新问题的出现需要使用新的数学知识来解决，这导致了数学的发展，有利于推进数学教学改革和相关学科的协调发展。因此，在高等教育改革的大背景下，促进高等数学教学改革，优化数学课程设置，确定以高等数学课程的应用为重点的教学模式是高等数学发展的必然趋势。目前现代数学也在发生深刻的变化，从简单到复杂，从部分到整体，从连续到不连续等。这也要求在高等数学教学改革的过程中，要按比例，注意建立不同类别、不同形式的课程，注意增加实践课，例如数学建模课，数学实验教学课程，以及计算机应用课程。

3. 加强数字教学

当前，随着网络信息技术的迅猛发展，基于计算机的多媒体技术在高等教育中的使用也日益成熟。数字课程建设和数字教学也是当前教育改革的重点内容之一。数字化教学技术可以全面展示各种动画和声音效果，使课堂教学更加生动形象。数字多媒体技术的使用可以以图片和文字的形式清楚地向学生展示高等数学的理论知识，从而可以进一步增强高级数学教学的针对性和吸引力，增加学生的兴趣和学习欲望，由此产生数学教育的良性循环。因此，在高等数学教学过程中，应逐步加强数字教学模式，使数字教学与传统教学模式有机结合，以提高数学教学质量。

4. 强化数学建模

数学教育界人士一直致力于探索新方法和新途径，以培养和提高大学生的数学适用能力。最有益和有效的尝试之一是举办数学建模竞赛。数学建模竞赛是一项重要的学科竞赛，主要培养学生的创新意识，增强学生的实践能力。数学建模能力要求学生将理论知识与实际应用充分结合，利用理论知识解决实际问题，并利用实践来促进理论知识的建设，这种双向组合的良性互动循环在理论和实践上将抽象的数学活动与特定的实际问题结合起来，既可以提高学生的数学应用能力，还可以锻炼他们解决实际问题的能力，在提高大学生的综合素质中发挥着积极作用。

5. 增加实验教学

在高等教育改革的过程中，教育部门一直强调增加实验教学。同样，在高等数学教育中，应更加重视实验教学，它应被视为数学教学的重要内容，应采用探索性教学方法，让学生从问题中学习，并运用计算机来解决问题。同时，数学教师可以引导学生从不同角度来思考和解决问题，然后运用数学理论知识完成数学实验。体验式教学可以使学生充分体验发现，分析和解决问题的过程。通过分析问题，他们可以学到更多的数学理论知识，可以手工操作实验程序，最终完成探究学习，从而提高学生的数学应用能力。

在对高等数学课程的大学生和研究生进行的跟踪调查中，显示出具有较强数学应用能力的学生更能适应社会发展的需求，而仅掌握数学理论知识的学生相对较弱。提高大学生的数学应用能力已成为高等教育改革中的紧迫问题，已成为数学教育界的重要目标和方向。

第三节　教师主导和学生主体作用的发挥

在教学过程中，师生之间的关系是最基本的关系。教师教学是为了学生的学习，而学生的学习效果反映了教师的教学，两者是相互依存，缺一不可，二者是相互矛盾和统一的，一方的活动是基于另一方的活动。在活动中，教师是教育的主体，只有通过教师的组织、调整和引导学生，才能进行有效教学。学生是学习的主体。只有当学生积极参与了学习活动时，才能学有所获。在教学过程中，教师的领导和组织被称为教师的指导作用。高等数学是面向大学生的基础课程。同时，由于繁重的教学任务和相对较短的教学时间，高等数学已成为学生的一门难学的课。在高等数学教学过程中，教师对教学方法的运用，学生的积极性和主动性的发挥，都会直接影响教学效果，因此在高等数学的教学中，必须妥善处理好两者之间的关系，以取得良好的教与学效果。

一、教学过程中一定要坚持教师的主导作用

高等数学的教学过程中一定要坚持教师的主导作用，这主要是因为：首先，在高等数学教学过程中，教师要根据教学计划和教学大纲，有目的有计划地向学生传授基础知识。教师要确定教学任务，安排教学内容，选择教学方法和教学组织形式，学生在学习中扮演角色的程度也要由老师决定。尽管老师和学生都必须在教学过程中发挥主观能动性，但他们的立场却有所不同。教师在教学中发挥的主导作用包括：上课前准备充分，讲课重点突出，语言简练，方法多样，便于学生学习。教师要灵活运用教学方法，教书育人，严格要求，以言传身教影响学生的思想和感情，锻炼学生的意志和品格，只有这样才能提高教学质量。

二、教学过程中要发挥学生的主体性

老师的教学是为了学生的学习，在教学过程中必须充分调动学生的学习主动性和积极性。学生是积极的人，不仅是教学的对象，而且还是学习的主人。一般而言，学生学习的主动性和热情越大，他们对知识、自信、努力、探索和创造的渴望就越大，学习的效果就

越好。学生学习主动性的高低直接影响并最终决定他们的个人学习成绩。提高学生的学习积极性是教师有效教学的重要因素。因此，学生的学习主动性也是教学中不容忽视的重要因素。

三、科学处理教与学的互动作用

（一）良好开端，教师精于准备

作为高等数学教师，上好一堂课需要良好的课堂驾驭能力。因此，教师要把教材内容吃透、合理调整、转化为自己的东西，对于各知识点的易错点和解题技巧要有全面了解和掌握。例如，在讲解等价无穷小求极限时，对常用的等价无穷小进行归纳和总结，便于学生理解和记忆；在讲解中值定理时着重介绍辅助函数的构造，使学生学会构造的方法和技巧；在讲解洛必达法则时，着重介绍学生常见的错误，以引起学生的注意，在应用时避免出现同样的错误。

（二）精讲多练，讲练结合

高等数学是一门非常实用的学科。教师应结合使用讲座和练习来强化训练。"基本教学"是指教师在掌握教材的基础上，需要由浅入深，从外到内地理解教材的要点，以便在有限的时间内清楚地讲明课程内容。在讲课过程中，对于每个新的知识点只用 7~8 分钟的时间进行讲解，然后用 20 分钟左右的时间对学生进行训练，通常要求学生到黑板演示，学生做题时教师进行巡视，发现和指出学生错误的地方，加以纠正，加深学生对该知识点的理解，使学生能够真正掌握该知识点，在函数求极限、导数和不定积分的教学中，采取这种教学方式时，学生的学习效果显著提高。

（三）培养学生学习兴趣，激发学生的动力

兴趣是学习的来源和动力。一旦学生对某个主题感兴趣，他们将对学习这个主题充满热情。作为学生的基础课程，高等数学是学生必须在大学学习的课程。对于准备考研的大学生，高等数学是其必修课。因此，数学老师应该抓住学生的心理，并在讲座过程中穿插研究生入学考试中的有关问题，以激发学生的兴趣并充分发挥自己的主导作用。在每节课结束之前，为学生提供一些与该班级相关的研究生考试试题，分配给学生，让学生独立思考，然后分别完成。在下一堂课开始时，学生们将自己介绍解决问题的思路，然后老师进行总结，纠正错误，并指出问题，使学生学有所获。

（四）使学生归纳总结，学有所得

在每节课结束时，激发学生说出该课应该掌握哪些知识点。这使学生能够积极参与教学活动，并使学生意识到自己的主体地位。但这并不意味着教师的主导作用可以忽略。教师应补充学生遗漏或未清楚解释的知识点，并阐明关键知识。最后进行总结，充分承担起"传授与教学"的责任。"解决难题"的重要任务在教学过程中起着主要作用，进而激发了主导作用。在学习过程中，通过解释偏积分方法来找到一个函数的不定积分，最终引导学生总结"对抗三者的力量"的规则，这可以加深对学生对所学知识的印象。。

归根结底，要搞好高等数学教学，既要发挥教师的主导作用，又要充分发挥学生的主观能动性，使学生尽可能地主动掌握知识。教师应以课堂教学为主要渠道，以课外活动为有益补充，同时运用科学的方法，结合讲座和习题，灵活地传授知识和技能，并把它们内化在学生的心中，使其早日成才。

第十章　数学教学中的有效教学

第一节　有效教学的含义和理念

一、有效教学的含义

有效教学的核心是"有效"，主要是指经过一段时间的教学，学生通过老师取得的具体进步或发展。换句话说，学生的进步或发展是教学效果的唯一指标。

所谓的"教学"是指教师维持、激发或促进学生学习的所有行为。其必要条件主要包括三个方面：一是唤醒学生的学习意图，即老师首先需要激发学生的学习动力，而教学则是基于学生的心态进行的，要学生"想学习"。二是指出学生应该达到的目标、学习的目的和内容，就是说，教师必须让学生知道所学，只有当他们知道所学时，才能有意识地参与其中。三是采用一种易于学生理解的形式。也就是说，教学语言具有其自身的独特性，——使学生能够清晰地听见并清楚地理解，因此需要一些技能。如果教师在教学时没有上述条件，即使教师非常刻苦地进行教学，也不能称之为真正的教学。

因此，有效教学是一种现代的教学理念，目的是提高教师的工作效率，加强过程评估和目标管理。

二、有效教学的特征

"有效教学"的概念首先意味着，并非所有的教学都是有意义和有价值的，甚至有些教学可能是无效的。基于自主学习的概念，有效的教学应具有以下特点：（1）让学生通过努力学习实现目标，并了解实现目标对个人成长的重要性。（2）设计具有挑战性的教学任务，以鼓励学生从更复杂的水平进行理解。（3）通过将学生的真实生活和他们的经验联系起来，帮助学生达到更复杂的理解水平。（4）及时检查具有挑战性的目标，并对学生的学习有清晰直接的反馈。（5）让学生对每个学习主题有一个大致的了解，并形成事物的概念框架。（6）能够迁移、发现并提出更复杂的问题，并渴望探索更多。

三、教学有效性的三重意蕴

有效教学意味着为了实现特定的教学目标，满足社会和人民的教育价值需要，教师要遵循教学活动的客观规律，并使用最少的时间，精力和投入物，以实现最大的教学效果。具体来说，教学效果包括以下三个含义：

（一）有效果

指对教学活动结果与预期教学目标的吻合程度的评价；

（二）有效率

教学活动本身是一种精神性生产活动，沿用经济学概念，将教学效率表述为：

$$教学效率 = 教学产出（效果）/教学投入或教学效率$$
$$= 有效教学时间/实际教学时间 \times 100\%$$

（三）有效益

指从教学活动中获得的收入和实现教学活动的价值。具体来说，它是指对教学目标是否与特定的社会和个人教育需求以及连贯程度相一致的评估。"是否一致"是对教学效果的评价，"一致程度"是对教学效果的考察。

四、什么是课堂教学效率

为了理清评价课堂教学效率的指标，必须全面地考察构成"效率"的因素及其关系，给课堂教学效率下个比较科学的定义。

在经济学上，效率指投入与产出的比值，可以直接用货币单位量化，直接的与间接的同时并存，因此在研究课堂教学效率时必须考虑以下几个因素：

（一）投入方面

既要考虑时间的投入（不包括额外的负担），又要考虑师生是否全身心投入。

（二）产出方面

首先，我们必须考虑学生的整体素质，而不仅仅是知识和技能；第二，我们必须考虑

"收入"的质量而不是数量。同样，我们必须考虑所有学生，而不是某些学生，这是最重要的。

因此，作者试图将"课堂教学效率"定义为实际教学效果与预期教学效果之间的关系。真正的教学效果是指每个学生所掌握的知识、道德、智力和非智力因素的总和；预期效果是指在预定的时间内所有学生掌握的知识、技能、智力和非智力因素的总量。但是，由于课堂教学时间是分级的，因此如果学生不参与内容或方法，则必须在分级时间之内，这会影响获得的结果。因此，可以简化为：在科学合理地确定教学目标的前提下，每个学生的教学目标实际达成的总和与所有学生必须达到的教学目标的总和之间的关系。那就是：

课堂教学效率 = 每个学生的实际目标达成度之和／全体学生的应达成目标 × 100%

五、有效学习的基本要素

现在提倡的一种学习类型是基于研究的、自主的、探索性学习，其理论基础是建构主义心理学。我们之所以要谈论有效学习，是因为大多数国内外研究表明，不同的学习过程会产生不同的效果。有效学习主要是指自主，探索和基于探究的学生学习，这也是我们要关注的学生学习活动。当然，学习数学的练习仍然是必要和重要的，最重要的是发展创新型的学生学习。这就是有效学习的意义。

关于有效学习可以用四个词来概括。一是"经验"。学习必须以学生的现有经验为基础。经验是有效学习的基础，非常重要。二是"思考"。有效学习可以激励学生认真思考并鼓励他们独立思考。三是"活动"。以学生为主体的活动实际上是数学教学的基本形式。在我们的教学设计中，重要的不是老师如何解释，而是学生如何开展活动。四是"娱乐"。学习过程是体验娱乐的过程，而不是纯粹的模仿和纯粹的记忆。"经验"，"思想"，"活动"和"娱乐"是有效学习的四个基本要素。那么我们的教学应如何激发学生的有效学习呢？这是课程改革中应解决的一个问题。只有改变课堂教学方式和学生的学习方式，才能改变教学效果，才能够培养学生的创新意识和实践能力，才能培养出具有创新思维的人。

第二节 有效教学的理念与意识

一、有效教学包含的主要理念

有效教学主要包含以下几方面的理念。

（一）有效教学关注学生的进步与发展

首先，要求教师具有"对象"意识。教学不是单人表演，没有"学习"就没有"教学"，就是说教师必须树立学生的主导地位，树立"一切为了学生的发展"而教的理念。其次，教师必须具有"整个人"的概念。学生发展是整个人的发展，而不是某个方面（例如智力教育）或某个学科（例如英语，数学等）的发展。教师不应高估其教学科目的价值，不仅应将科目的价值放在科目中，而且应在整个人的发展中。

（二）有效教学关注教学效益，要求教师有时间与效益的观念

老师在教学时不能简单地将"好处"解释为"花费最少的时间教授最多的内容"。教学效率与生产效率不同，它不取决于老师所教的内容的数量，而是取决于每单位时间对学习成果和学生学习过程的全面考虑的结果。

（三）有效教学更多地关注可测性或量化

例如，为了测试教师工作的有效性，教学目标应尽可能明确和具体。但是，不能简单地说量化是科学的。有效的教学量化，但也反对过度量化。定量和定性过程与结果的结合必须科学，全面地反映学生的学业成就和教师的工作表现。

（四）有效教学需要教师具备一种反思的意识

要求每一位教师不断地反思自己的日常教学行为，持续地问"什么样的教学才是有效的？""我的教学有效吗？""有没有更有效的教学？"

（五）有效教学也是一套策略

所谓的"策略"是指教师为了实现教学目标或意图而采取的一系列特定的解决问题的行为。具体来说，根据教学活动的过程，教学分为三个阶段：准备，实施和评估，每个阶段都有一系列的策略。有效的教学要求教师掌握相关的战略知识，以便他们可以在特定情况下做出决定，而不要求教师掌握所有技能。

二、教学行为中的效率意识

有必要理清以下概念，在具体的教学行为中体现效率意识：第一，我们要正确理解教学的投入与产出的关系。在投入提高时可以提高产出，如果能在投入不变甚至投入减少的情况下能提高课堂效率，就达到了提高效率的目的。

第二，我们必须正确理解提高课堂教学效率与减轻学生负担之间的关系。"快乐教学"，"成功教学"和"创意教学"等高效教学以学生的积极性为切入点，使他们能够快乐，轻松地学习，不再感到繁重的学习工作。但是，学生时期是身体、思维和认知成长的关键时期。教育者对您的健康成长负有重要责任。他们必须抓住关键时期，驶向"最近的发展区"，为今后的全面发展奠定基础。教学的发展目标是培养学生"跳跃和收获"并发展知识和技能的能力。今天的学生是未来国家的老师。

第三，我们必须正确认识到现代化教学设备作为课堂教学方法与传统教学方法的结合。随着现代科学技术的发展和经济的腾飞，越来越多的先进的现代设备，可以远距离教学或超越时空的限制来提高课堂教学的效率。但是，提高教学效率并不意味着我们应该以现代化和先进的教学方法为前提。

学校教育的主要部分是课堂教学。大多数主要的学生学习活动都集中在教室里。高效的课堂教学有两个基本点：学生进行有意义的学习以及由教师实施异步教学。因此，提高课堂教学效率就是使教学"回到主体，发展主体"。

第三节　有效教学的策略

一、有效教学策略的构成

哪种教学策略有效？有时老师讲很多话，但是这使学生难以思考，这种教学方式不是有效的教学。我们要研究的有效教学策略是通过以下策略引导学生有效学习。此策略分为三个部分。

（一）准备策略

准备策略是如何为课程做准备。原始课程的准备主要基于老师的讲授，而不是从学生活动的角度考虑。应从学生学习活动的角度准备课程。该课程的活动是什么，如何组织，在活动期间如何老师如何与学生互动，如何评估和规范活动等。应该是教师的主要考虑因素。

（二）评估策略

评估策略包括对学生的评估和对课堂教学的评估。学生评估可以引入"定性评估"方法，记录学生的各种进步情况，反映学生参与课堂教学的过程及其解决问题的思维过程。

这些策略包括"投资组合方法"等。

　　上述策略的目的是使学生有效学习，这就是我们所谓的有效教学策略。教师运用有效的教学策略的过程实际上是一个创造性的过程，一个探究过程，是教师发展的最佳渠道。

二、有效教学策略的内容

　　（1）创造一个真实的学习环境。（2）激活现有知识的积累。（3）引起学生的认知冲突。（4）鼓励学生在学习中寻求帮助。（5）教学是基于学生学习的实际认知过程。（6）全面发展高层次的思维过程：有条理地思考、基于基本原理思考、批判性思考、反思性思考、深入思考。思想素质：流利、独创、深度、敏捷、勤奋。（7）充分开展课堂互动活动：学生的思想观念之间必须有实质性的碰撞和争论，在教师的指导下，他们自然会达成"共识"，进行知识的建构。（8）深刻理解知识和灵活运用知识：在不同情况下运用知识，用自己的语言解释，解决变异问题和相关问题，解决综合问题和实际问题。（9）建立积极的课堂环境，使学生有情感上的安全感，并建立一个温暖的学习场所，让学生相互接纳和欣赏。（10）使教学生动有趣，并与学生的生活息息相关。（11）帮助学生建立学习的自信心，并愿意给他们需要或想要的额外的帮助。（12）以建设性和激励性的方式向学生提供及时、准确和详细的反馈，以指导他们改进学习计划。（13）让学生感到值得与他人联系并受到尊重。（14）培养学生选择和履行职责的能力。（15）鼓励和接受学生的自主性和主动性，并与学生讨论课堂规则。（16）鼓励学生提出开放和深入的问题，并鼓励学生互相回答。

第四节　有效教学的关注点

　　与中国相比，对西方课堂教学有效性的研究更加活跃，结果也很丰富。尽管教师是影响教学效果的主要因素之一，但目前的研究重点已扩展到整个课堂教学活动，而不是单个教学因素。

一、关注学生的学习

　　国外的研究表明，有效的教学本质上取决于教师创造能够实现预期教育成果的学习经验的能力，并且每个学生在有效教学之前都必须参与教学活动。

　　加涅（Gagne）阐明了五种学习的性质，有效学习的条件及其教育意义，并基于他对学习条件的分析，提出了一种新的教学理论体系，并从四个方面进行了有效教学的探索。这四个方面是：教学目标，教学过程，教学方法以及对教学成果的评价和评估。在此基础上，提出并发布了一套有效的教学设计原则和技术《教学设计原理》。加涅认为，学生学习是一种行为变化，是学生参与教育经历引起的。

除加涅外，还有布鲁纳（Bruner），奥苏贝尔（Osubel）等。布鲁纳（Bruner）建议，可以以正确的方式向任何年龄的任何孩子教授任何学科的基本原理。他认为，这种学习方法要求学生像科学家一样思考，探索未知事物，并最终理解和掌握他们所学的知识。没有提供学习内容，学生必须亲自发现它，并将其内化到自己的认知结构中。布鲁纳强调，"发现方法"应该被广泛使用，要求教师在教学中"尽可能地保留许多有趣的概念"，并"指导学生自己发现它们"。

与布鲁纳相反，另一位认知心理学家奥苏贝尔（Osubel）根据学习的内容将学习划分为有意义的学习和机器学习，并根据学习方法将学习划分为接受学习和通过发现学习。他认为有意义的学习包括有意义的发现学习和有意义的接受学习。按照奥苏贝尔的观点，学习的本质在于这样的事实，即学生在学习新知识时可以与其原始的认知结构建立非人工的和实质性的联系。学生的原始认知结构必须与学到的重要材料的结构相结合。

无论发生什么，这些研究都改变了教师对学生及其学习的态度。

二、关注交往与沟通

教学的中心任务是产生新知识，新技能和概念框架。师生之间的交流被认为是影响教学效果的关键因素。良好的教学效果取决于师生之间的良好沟通。教学不再由老师决定，而是由双方决定。社会文化理论和活动理论也拓宽了教学的定义，以强调教学的社会、文化、语言和政治环境。在这些理论中，学习是一个积极、合作的建构过程，存在于师生之间的互动，教室的社会结构以及学校中更广泛的机构中。

互动和交流始终是教学的核心。但是，教师面临的困境是如何选择教学策略，使学生学习得更好。同时，教师必须能够完成课程标准规定的教学任务。面对这样的困境，教师面临许多问题。

三、关注教师的教学策略和学生的学习策略

到目前为止，在所有有效的教材中，从备课到上课到评估，都提出了几种有效的教学策略，在教学过程中的每个环节都有相应的策略。从学生的角度出发，注意学生的学习策略。通常认为，诸如问题解决策略、方法选择策略和高级学习策略之类的高级学习策略与

听力、口语、阅读、写作和数学的"基本技能"有关。元认知策略和合作学习策略，时间策略，原理学习策略等可以提高学生学习的效率。从教师的角度来看，越来越多的人发现仅通过掌握零碎的教学技巧难以提高整体教学的有效性。必须将特定的技能和方法转变为策略。

第五节　有效教学的过程

根据目标管理教学过程，有效的教学过程分为三个阶段：教师准备、教师实施和教师评估，并在此基础上将教师的绩效进行管理。

一、教学准备

（一）教学准备策略和课堂教学目标的"四要素"

教学准备策略主要是指教师在课堂教学之前必须解决的问题行为，即教师在编写教学计划时必须做的工作（作为教学计划）。总的来说，这主要是关于在制定教学计划中要解决的问题。具体而言，在准备教学时，教师必须解决以下问题：确定和描述教学目标，处理和准备教材（包括课程资源的开发和使用），选择主要教学行为和教学组织方式建立和形成教学计划。

课堂教学讲的是目标。教学目标是教师专业活动的命脉，也是每个班级的方向。这是判断教学是否有效的直接依据。但是，我们的老师对此没有做足够的研究，常常错误地将"目的"视为"目标"，因此上了课。作业还应写成"训练学生成为道德，才智和身体素质全面的人"，"提高学生的写作技巧"或"扩大知识面"学生"和其他语言不清楚或不清楚的语言，或正确的"无意义"对实际课堂教学没有管理或评估价值，也没有特定的指导意义。

（二）有效教学不是教学准备计划的贯彻

教师准备后的实施不是实施计划，而是根据课堂情况进行调整。导致调整的最重要因素是班上学生的反应。研究表明，课程计划过于详尽的老师对学生在课堂上的反应不敏感，很少鼓励学生讨论自己的观点并进行讨论。与具有简单准备计划的老师教的学生相比，具有详细准备计划的老师教的学生表现较差。这表明，如果教师不响应变化，那么过于详细的课程计划可能会产生副作用。毕竟，教学计划是主观的设计，执行的灵活性非常重要，这通常是新教师与经验丰富的教师之间的区别。

二、教学的实施

教学实施策略主要是指教师在课堂内外为实现上述教学计划而进行的一系列行为。一般而言，教师在课堂上的行为根据其功能分为两个主要方面：指导行为和教学行为。课堂管理行为旨在为顺利进行教学创造条件，并确保单位时间的效率；课堂教学行为可以分为两种：一种是直接针对目标和内容，可以事先准备。这种行为被称为主要教学行为。而其他行为则直接针对特定的学生和教学环境，在许多情况下是不可预见的情况，这使得提前准备变得困难或不可能。此行为称为"帮助者教学行为"。课堂教学实施行为可分为三类：核心教学行为，辅助教学行为和课堂管理行为。

课堂教学行为非常复杂。为了让教师理解这些行为类别，没有必要让所有教师都精通所有技能。某些技能不取决于所获得的培训或培训计划，而是取决于课堂经验和老师的个性品质。

三、有效教学的评价

（一）有效教学的标准

有效教学有五个标准：（1）师生进行创造性活动以促进学习。（2）语言发展——通过课程发展学生的语言，提高学生的素质。（3）——学习历史——将教学与学生的现实生活联系起来，创造学习的意义。（4）具有挑战性的活动——教会学生复杂的思维能力，并通过思考挑战来发展学生的认知能力；（5）对话教学——通过对话进行授课。

（二）教学评价策略的理念和技术

教学评价策略主要是指对课堂教学活动的过程和结果进行的一系列判断的行为。评价行为贯穿于整个教学活动。教师评价策略主要包括对学生学习成绩的评价和对教师专业教学活动的评价。

在课堂上对教师行为的评价，特别是学生对教师的评价，在西方国家很普遍，但在我国却很难推广。这主要有两个问题：一是概念和理解的问题，例如学生的知觉评价、情感得分等；另一个是技术问题，即不知道如何操作，因此学生的评估必须要达到一定的信度和效度。如果以合理的方式解决这些问题，则可以保证学生对教师评价的科学性。科学的学生评价系统可以促进学校管理的民主化，有助于建立正确的学生和教育观，有助于教师的专业发展，有利于改善在校学生的心理环境。

四、有效教学过程的进一步研究

（一）有效"备课"的三个要素

"备课"需要考虑多方面的因素，但"要"素大体只有三个：学习者、学科内容（及其结构）、教学目标（及其教学方法）。

1. 学习者

有效教学的关键是能够理解学生的"需求"和不同学生之间的"差异"。更重要的是，学生的"需求"和"差异"通常不仅限于知识水平，还包括对知识的热情。

2. 学科内容及其结构

教哪个"内容"似乎更容易，因为已经详细指定了教科书、工作计划和课程提纲。但是，教师的责任是根据学生的实际水平和情绪状况来"重新开发"这些教科书。

3. 教学目标及其教学方法

很难就教学目标的具体程度做出准确的陈述。有效教学的关键在于，教师提出的目标不会因为过于抽象而使学生无动于衷，而且目标也不会太具体和琐碎而导致学生错过"基本知识"。确立"教学目标"后，教师必须大致确定要使用哪些"教学方法"来实现这些预定目标。有效的教学计划不仅应考虑使用特定的教学方法，还应灵活使用方法的组合。

（二）有效"指导"

从有效教学过程来看，有效教学意味着教师能够有效"指导"，包括有效"讲授"并促进学生主动学习，也包括有效"提问"并"倾听"学生。

1. 有效"教学"

有效"教学"对于任何课堂教学都是必不可少的，即使在学生独立学习的课堂活动中，教师教学也是必要的。教师清晰有效的教学可以启发、引导和加强师生互动，并起到画龙点睛的作用。

教师"教学"的一个重要方面是在教学过程中注意关键的"事件"。我们可以考虑加涅（Gagne）等人提出的"教学活动"，包括创造情境来吸引学生的注意力；选择灵活多样的教学方法以促进有效的学生学习；提供立即令人鼓舞的反馈，使学生可以看到自己的成长和进步。

2. 有效"提问"

有效"提问"是指教师的问题可以引起学生的回应或反馈，并且这种回应或反馈可以使学生更积极地参与学习过程。哪些问题有效？第一，问一个更开放的问题。第二，使问题难以解决。这些问题可以分为内存类型，理解类型和应用程序类型。

3. 有效"倾听"

真正有效的问题是"听"。一旦学生主动学习，老师的职责将从教学和提问转变为"听"。懂得聆听的老师总是可以将学生的"声音"转化为有效的教学资源。

第一，允许所有学生参加提出"问题"和"答案"。第二，让学生感到老师在听。教师必须"容忍"差异，并提供智力和情感上的鼓励。必要时，教师应"提问"，"补充"和"赞赏"学生的回答。这将使学生感到老师一直在关注回答问题的过程。

有效的"聆听"是将学生的反应转化为教学的自然资源。在这种聆听环境中，学生成为课程中的重要资源，而不仅仅是听众。学生的回应应该是教师提出更多问题和提供指导的起点和阶梯。真正有效的教学总是意味着老师善于"聆听"学生的声音，发展和转变学生的观点，并引起更复杂的反应。这自然会鼓励学生积极参与。

（三）有效的课堂管理

有效的课堂管理计划的六种属性：（1）在所有课堂教学的参与者中间营造良好的人际关系（2）防止注意力分散的逃避工作的行为。（3）一旦出现不稳定的行为，请快速、毫不客气地改正它。（4）对于顽固和反复出现的长期不规则行为，请采取简单而一致的策略来制止它。（5）自我控制。（6）尊重文化差异。

（四）促成有效教学的五种关键行为

有五种关键行为有助于有效教学：（1）清晰的教学：这是指教师向班级介绍内容的清晰度。（2）多样化的教学：这是指课堂内容的多样化或灵活呈现。（3）作业导向是指根据教学任务规定用于教授学术科目的上课时间。（4）引导学生参与学习过程。此关键行为专用于增加学生在学术学科上的时间。教师的家庭作业应为学生提供最大的机会来学习要评估的材料。（5）确保学生成功率是指学生正确理解并完成练习的比率。演讲材料的难易程度已成为任务导向和学生参与研究的关键方面。

第六节　有效教学的资源

一、有效教学资源的含义

大约有三个"核心"教学要素：一是学生，二是老师，三是课程资源（或"教学资源"和"教学内容"）。有效的传统教学始终重视教师的教学或学生的自学。"课程资源"是决定着"有效教学"的理想能否兑现为课堂教学实践的关键因素。课程资源既指"课程物质资源"，也包括"课程人力资源"。

二、"教材"的再度开发

这是指"教材"和相关的"补充教材"，例如教师参考书，教学挂图，教学设备，作业等。

有效教学的基本前提是为学生提供结构化的教材。这些教科书通常由出版商提供。但是，不管出版商提供的教科书和补充材料多么"完美"和"精致"，教师仍必须处理和改革这些教科书。"教材的准备"是老师"课程的准备"的一部分。所谓"教材的准备"主要是指对教材的重塑。

教师的责任是通过"改写"教学材料来确保学生接触的教学材料"安全"并具有教育意义。

在某些情况下，教师可能需要从这些教科书和辅助材料中"去除繁琐的工作"，但这并不意味着教师应始终咀嚼这些教科书和辅助材料。然后把它给学生。在处理和翻新"教科书"时，教师有时需要为学生保留一定的空间，以便学生可以在原始资源的背景下找到有价值的主题。

三、课程人力资源的开发

"课程材料资源"自然很重要。但是，当"课外物质资源"得到一定程度的发展时，特别是对于那些物质条件已经饱和或物质条件受到限制的学校，往往是"课外人力资源"起着决定性的作用。只有当教师和学生的生活经历，实践智慧，个性魅力，问题与困惑，情感和态度，价值观以及其他"课程人力资源"真正进入画面时，才能取得良好的教学效

果。在课堂教学中，可以寻求"有效教学"。

四、反思教学：教师参与课程资源开发

什么是"有效的老师"？可以有多种说话方式，可以提高多种标准和期望。从有效教学的基本方向，特别是"隐性学习"，"从经验中学习"和"对知识的热情"，真正的"有效老师"必须至少是课程资源的开发者。教师的基本任务是为学生的学习提供足够的具有教育价值的课程资源。

教师能否成为课程资源的开发者，取决于教师是否可以从"经验教学"转变为"反思性教学"，以及他们是否可以从"经验丰富的教师"转变为"反思性教师"，或者"反思型从业者"。只有当教师成为"反思型从业者"，并不断反思他们的教学行为和行为背后的教学观念时，他们才能不断开发和产生有价值的课程资源，并实现有效教学。

第七节　有效教学的模式

一、国外有效教学模式

为了进一步实证以上五个标准，国外研究还列举了 5 个著名的教育模式。

（一）认知指导教学

一种小学数学教学模式，强调运用数学语言、各种教学活动，提高学生解决实际的数学问题。

（二）认知复杂性教学

通过执行认知挑战活动而表现出色。活动以小组形式进行，需要各种认知技能和各种活动时间表。除标准 4、5 外，还强调其他标准。

（三）真实性教学

使用主题调查来帮助学生建立（将学生的先验知识与当前的教材联系起来），同时重视使用背景教学来渗透价值观和教学科目。

（四）交互教学模式

以小组讨论为基础教学生阅读。学生的讨论是应时性的，强调运用遇到难题时求助、不断总结、阅读预测等策略。

（五）一致性教学

综合科学教育与文学教育，突出教学背景化、语言与文学素养的发展及挑战性教学。

二、构建有效课堂教学模式

（一）有效课堂教学模式的基本流程

创设教学情境—呈现学习目标—学法指导、自主学习——交流反馈——当堂练习。

（二）有效课堂教学模式的基本流程解析

1. 创设教学情境

教学环境必须贴近学生的生活，简洁明了，易于理解，学生获得的知识是有用的，可以激发思维，提出问题，并容易导致发现和活动的过程。

2. 呈现学习目标

学习目标的呈现有利于学生明确本节课的学习内容，知道自己要学什么。

3. 学法指导、自主学习

教的目的在于不教，在课堂教学中，授之以正确的方法是提高教学质量的根本途径。

4. 交流反馈

教师反馈是影响教学质量的一个极其重要的因素。这是师生之间交流的重要途径。它反映了教学过程中教学系统的真实状态，从而传播了知识和信息。

5. 当堂练习

练习是课堂教学的重要环节，是巩固知识、运用知识、训练技能技巧的必要手段，是检查教学效果的有效途径。

（三）模式的特点

1. 时间的划分

备课组在实验的最初阶段，采用了强制要求和同步推进的方法，对课堂教学时间做了严格的规定，缩短了教师讲授的时间，增加了当堂练习的时间。迫使教师要精心设计学习目标和学习方法指导，在课堂上充分体现学生学习的主体地位。同时又将原来留在课堂外的作业放到了课堂内，大大减轻了学生的学习负担。所以我们又把这种模式叫作"30 + 10"课堂教学模式。

2. 遵循的原则

一是有广度。面向全体，以大多数学生的认知水平为准。二是有难度。在学生的最近发展区域创设情境，即平常所说的"跳一跳能摘到桃子"。三是有效度。充分体现学生学习的自主性、选择性、交互性和教学的个性化、社会化、生活化。对于教学程序的设计，着重考察"能否促进学生积极参与和主动探究"，以切实提高课堂教学效果。

三、建立课堂教学模式评价体系

有效的课堂教学的中心主题是课堂教学的有效性，重点是教学是有效的还是无效的。研究表明，教学行为对教学效果有直接的影响。有效性是学生在一段时间内通过教师教学取得的特定进步或发展。换句话说，学生的进步或发展是教学效果的唯一指标。教学是否有效，并不意味着老师是否已经完成了教学内容，还是认真的教学，而是学生是否学到了东西，是否学得很好。如果学生不想学习或学习没有进步，即使老师非常努力地进行教学，也是无效的教学。同样，如果学生学习非常刻苦，但没有达到应有的发展，那也是无效的学习。鉴于以上认识，我们在研究时，从教师行为和学生发展两方面进行评价，这两方面又着重看学生的进步和发展。

综上所述，有效的教学不仅是教学知识，而且是传播生活信念并成为"有效"的老师。成为一名"有效的"老师取决于老师是否具有三种素质：热情、期望和信赖。为了实现这一目标，我们必须成为一名热情的老师，一名对学生充满期望的老师，一名值得信赖的老师。

第十一章　数学方法论与数学教学效率

第一节　数学教学效率及其研究的意义

关于效率的最简单的解释是每单位时间完成的工作量。数学教学的效率很难简单地量化，数学教学的效率并不取决于教师打算教给学生什么，而是取决于学生的实际成就。学生学习成果应该包括短期目标的和长期目标的。也就是说，关于数学教学的效率，我们不应该只看数学知识的吸收率，甚至不看一堂课的教学内容，而要看整体效果。

毫无疑问，当今中国对效率的意识正在提高。特别是随着改革开放的不断深化和发展，与以往相比，许多企业、国家干部和工作人员的工作效率有了明显提高。提高效率意识是尊重他人的时间。学校教育负责使学生意识到效率，数学教育也不例外。但是，现在我国数学教育的现状令人担忧：学生和老师都很难学习和教数学，他们获得的数学教育教学的效果与他们努力工作的比例不成正比。随着学习时间的增加，许多学生的数学学习能力并未得到改善。许多数学老师缺乏从教育和科学研究中受益的意识和能力。在数学教学中，年复一年，日复一日地采用旧方法。

数学教学的低效率表现在许多方面：首先，许多大学生对某些大学数学教授的教学方法感到非常不适应。在中小学学习数学时，老师非常仔细地解释内容。他们可以"理解"数学的内容，而无须在课堂上进行深入思考。解决了许多问题之后，他们还将发展某种"解决问题的能力"。大学数学学习的内容突然增多。一些大学数学教授只关心数学进程，许多学生不适应大学数学学习。中国的基础教育通过师生的勤奋为中国的高等数学教育奠定了一定的知识基础，但还没有为大学生数学学习的能力打下坚实的基础。其次，为了突出学生的主导地位并提高学生的数学学习能力，强调师生互动，但在许多实践中师生互动是看不见的教学数学。从表面上看，数学课很热闹，但宝贵的时间却浪费在老师的毫无启发性的问题和讨论上。第三，一些普通学校的学生缺乏学习数学的外部动力，而一些数学老师则缺乏有效的教学方法来激发学生对学习数学的内在兴趣。另外，缺乏教学管理技能意味着浪费大量宝贵的时间，它浪费在老师整顿学生纪律和保持课堂秩序上。

随着中国综合国力的不断增强，对人才的要求越来越高，传统的教学方法已经不能适应新形势的需要，甚至阻碍了新世纪人才的增长。因此，时代要求我们必须把如何提高数学教学效率放在重要位置上。在数学教育实践的基础上，对数学教学效率的研究具有重要的现实意义。归根结底，提高数学教学效率是一个具有不同国家，不同民族和不同时代的内涵和特征的话题。我国在这一领域的研究还远远不能满足现实的要求，如果复制国外的相关研究成果，将很难适应中国的国情。在育实践中，数学教学效率低下的问题仍然很严重，导致学生数学负担过重。大量的机械练习和重复性任务不仅使一些学生厌倦了学习数学，而且其学习效率不高。脑科学研究也表明，对某些技能的过度训练会导致其他潜能的抑制以及过度机械模仿训练的后果。它可能导致创造潜能窒息。

注重培养创新精神和实践能力的素质教育理念为课堂教学的高效率注入了新的内涵，提出了提高教学质量的新要求。今天，数学教学的内容在不断增加，教学要求也在不断提高，而课时减少。为了从根本上解决这一问题，迫切需要提高数学教学效率。我们可以从两个方面理解教学效率。就学生时间的投入而言，它是指有能力充分利用时间及条件，主动参与数学学习的能力；在数学教学效果上，是指多方面的学习效果——成就认知，理性精神，效率意识，良好的认知结构和数学学习能力。数学教学的效率是一个相对的概念，学生花更少的时间获得相同的学习效果，则教学效率高；学习时间相同，学习效果多样，则教学效率不一。

数学始终追求朴素与美丽，它不仅在操作、表达式、符号而且在论据上，都始终努力以最简洁的方式完成论证。法国著名的数学家和天文学家拉普拉斯曾经说过：对数可以缩短计算时间，"实际上，这相当于将天文学家的寿命延长了很多倍。"马赫（Mach）是物理学家，哲学家和奥地利经验批评的代表，他提出思想经济是科学研究所遵循的原则。数学旨在简化程序，以确保数学的有效学习和应用。数学家对简单数学的追求使数学传达了效率意识的信息。因此，数学不仅是培养学生效率意识的好途径，而且简单的数学方法在使用中也是非常有效的。高水平的学生注定要成为一个高效率的人。换句话说，数学是效率的体现，是实现效率的手段。数学教学可以而且应该培养学生的效率意识。

第二节　教学数学需要培养的效率意识

一、全面的质量意识

著名物理学家牛顿小时候被人称为"笨蛋"，他的数学学习成绩非常糟糕。著名生物学家达尔文在校学习时，数学成绩也不是很理想。著名物理学家伦琴上中学时被认为是差生，他对骑马、溜冰兴趣浓厚，更喜欢和同学们一起到森林或田野里追逐游戏，制作一些有趣的小玩意儿，唯独对学业不感兴趣，直至后来被中学开除。爱因斯坦早年并没有显示出非凡的才能，他说话说得很晚，无法忍受一切都安排得死死的教学，讨厌考试，在小学里学习成绩并不出色。1895 年，他来到瑞士，参加苏黎世学院的入学考试，名落孙山。以上几个事例说明在片面的质量观下，某些"人才"会受到不恰当的评价。幸运的是，上述"人才"后来由于某些原因得以脱颖而出。而因为质量观片面，全面的质量意识淡薄，是否有一些"人才"就没有那么幸运，最终一事无成呢？数学教育中全面的质量意识是指使学生在精神、意志、认知和能力方面都得到发展的意识。具体来说：首先，它是一种全面的质量意识，即，它不仅局限于"双重基础"类别或某些数学能力类别，还包括情感，态度和价值观类别。

二、时间意识

数学教育中的时间意识是指充分利用时间，要求时间给数学教育带来利益的意识。时间对每个人都是公平的，但是每个人所用的时间是不同的。有时间意识的人在充满外部诱惑的当今世界中仍会无动于衷，他们会抓紧时间，有效利用时间，而时间必须是有效率的。古今中外，数学文化人都有一部争分夺秒的动人惜时史。传统文化显现的是时间的生命意识。我国古人是惜时的，孔子表现了强烈的时间意识："逝者如斯夫，不舍昼夜。"曹操也曾感叹道："对酒当歌，人生几何。"岳飞更是发出了"莫等闲，白了少年头，空悲切"的感慨。对时间流逝的感伤，使古人产生了强烈的惜时意识。鲁迅在思考时间流逝时也提到："时间就是生命。"德国数学家魏斯特拉斯（Weilstrass）学习数学，常常到忘记睡眠和吃饭的地步，甚至一次，他在烛光下想了很多。黎明时分，忘了上课。来自数学家的这些例子告诉我们，全面的质量意识是效率意识的方向，而抓紧时间是实现效率意识的前提。当然，抓紧时间只是提高效率的必要条件。除了抓紧时间，您还必须意识到努力工作才能从时间中受益。

数学技能专家单墫先生说："解决问题需要实践，因此有许多问题需要解决；对于优秀的学生来说，问题的质量比数量更重要。"波利亚特别注意故障排除要求。遵循思想经济原则——较简单的应该领先较困难的；熟悉的事物必须先于未知事物；与问题最相似的链接应该位于最不相似的链接之前；整体在各部分之前；主要部分在次要部分之前；最接近的部分先于最远的部分；与问题同等的问题必须先于其他问题；之前已解决的问题或定理与当前问题或定理的类型相同，未知数量或结论必须先于其他已解决的问题或证明的定理。单墫指出："所谓的教育改革只不过是希望在最短的时间内取得最好的成绩。"这些观点提醒我们，我们必须珍惜时间，努力学习。更重要的是，我们必须要有时间有益的感觉，尤其是学习数学。数学是思想科学。学习数学离不开思考，没有意识到时间的有效利用，仅仅依靠延长时间的策略研究数学，这个概念是非常有害的。

三、意义学习与意义记忆意识

在任何学习过程中，总会有一些我们无法马上理解并直接记住的新知识。这种不了解的内存称为机器学习。首先，在学习中，这种机器学习的教育重要性是有限的，学习需要的是对学习的理解。只有通过了解，才能建立知识并将其有意义地输入到个人知识网络中并成为其中的一部分，从而使其真正成为个人知识，成为可以灵活使用的知识。学生可以自由地使用它。相反，当学到的知识不能与个人知识网络有机地集成在一起时，它就不能成为真正的个人知识。尽管学生可能掌握了这些知识，但不能灵活使用。

其次，理解是学习过程的核心部分。金胜宏先生曾指出："在学生的学习过程中，理解是学习的基础。任何认知方法都是基于理解的。无论是分析、归纳、概括还是特殊，系统化理解使学习成为可能。在学习过程中，学生应了解学习情况，并掌握学习材料。了解始终渗透到学习活动的各个方面，例如动机、情感、态度、目标等，使学习活动成为可能。理解的关键是将个人的整体经验投入到相关的学习内容中，并建立有意义的联系，以便可以开展认知活动"。这种观点表明，理解力是学生学习过程中的核心环节，也是学习过程的重要组成部分。从某种意义上说，没有理解就不可能有真正的学习。

再次，理解会导致记忆，而理解有助于增强记忆效果。伟大的教育家夸美纽斯曾经指出，只有理解的知识才能被记住。研究表明，忘记的重要原因是缺乏理解。由于数学学科具有高度的抽象性和严格的逻辑，因此仅基于机械记忆的数学知识很难学习。学习数学的记忆需要对记忆的理解，即基于理解的记忆，对数学知识的理解越深，记忆将越持久和精确。

奥苏伯尔曾从两个维度将学习划分为：接受学习、发现学习和机械学习、有意义的学习。他认为，发现学习既可能是有意义的，也可能是无意义的。我们不难理解有意义的发现学习，但究竟什么是无意义的发现学习，我们却关注得不够。正因为如此，很多表面上热闹，实质上并没有什么思维发展与锻炼价值的发现学习及发现法教学得以在教学实践中长期而广泛地存在，这是一个不能不令人深思的现象。笔者认为，确定发现学习是否有意义的关键是看学生高级思维活动的参与程度，如果学生在发现学习的过程中并没有经历一个复杂的比较、联想、猜想、假设、分析、归结、直觉等心理活动的过程，而仅仅是简单而初级的"模式识别过程"，那么这样的发现学习本质上就是无意义的或机械的发现学习。产生无意义发现学习的原因很多，其中因"教师的教学不当"而形成无意义发现学习的情形更应受到关注。

基于授课的教学对应于接收学习，基于发现的教学对应于发现学习。显然，对于这两种学习形式，学生的心理活动过程是不同的。一般而言，发现学习是言语表达和概念定义之前思想结构的探索阶段，而接受学习是言语表达和概念定义之前思想的探索阶段。具体而言，在发现学习方面，探索阶段主要包括有特定的对象，改变情境和生成特定的感性知识，然后通过思想结构生成抽象知识，这时它也开始泛化。通过语言表达，从而形成了概念的定义，并完成了抽象活动。接受学习的主要心理过程是：学生必须将教师所教的知识和信息纳入他们自己的认知结构中。此类合并的过程必须基于他们自己的知识和经验，并在老师的教学中表现良好。也就是说，它必须符合新知识和原始认知结构本身的适应性。

数学研究中，主要是故意记忆。故意记忆是一种有意识的记忆，有时需要一定的努力或某种记忆方法。按照记忆的形式，可以分为机械记忆和意义记忆。机械记忆是不了解知识的记忆。有意义的记忆是在理解知识的基础上的记忆。学习数学最重要的是有意义的记忆。事实表明，基于理解的记忆易于在对象之间的联系或关联中重现，因此在学习数学时应促进对理解的记忆。

记忆和模仿是心理活动和行为活动中相对而言较低级和简单的过程，是大脑的一种功能，是人类认识事物的基本手段之一。因此，教学并不排斥让学生进行必要的机械记忆和模仿。事实上，没有记忆也就无所谓学习了。模仿同样也是学习知识和技能的一种方式。问题在于：一方面，不能让学生只停留在记忆加模仿的初级阶段上，必须把记忆由机械记忆广泛地上升为理解记忆，把机械学习变为有意义学习，进而发展到发现学习的高度；另一方面，必须把模仿由简单的复制变为在理解基础上的能动的再现，使这种再现摆脱原来形式的外壳，逐步达到能举一反三、触类旁通的高度。数学记忆是学习数学的基础。为了做好教学工作，增强学习效果，必须高度重视记忆规则在教学中的作用。心理学研究表明，人与动物之间本质上的心理差异在于人具有抽象思维能力，而动物则没有。抽象思维表现为一系列复杂的心理活动过程，如联想、类比、分析、综合、抽象、概括等，记忆加模仿的学习方式很少涉及上述心理活动。大脑的神经系统与人的肌体一样，具有"用进废退"的规律，不用则会使高级心理活动功能逐步退化。另外，机械记忆也不理想，心理学家们曾反复做过对比实验。据艾宾浩斯的实验证明，机械记忆与意义记忆（或理解记忆）的效果约为1:10。同样，实验也证明了机械记忆的遗忘率大大高于理解记忆。从数学的角度看，其内容具有很强的逻辑性和系统性，利于进行理解记忆，关键是要让学生真正领会所学知识的内涵和相互间的内在联系。在教学中，我们必须努力让学生充分理解知识的含义，掌握其思想，吸收所学知识的认知结构，并加以改进。只有这样，才能真正地认识、记忆和保持知识。心理学研究表明，对任何识记的材料，如果不经过保持过程，很快就会遗忘。而为保持能持久，适时的复习是必要的。"学而时习之"说的就是复习的意义和必要性。我们提出适时复习，一方面是因为对识记的材料不能等到全部遗忘后再来复习，否则，几乎就是从头学起；另一方面是由于数学逻辑性的特点和中学数学学科材料组成的特点以及心理学研究表明系统记忆比分散记忆好。因此，应根据知识的块或章组织及时的回顾，这不仅导致知识的系统存储，而且导致对知识的深刻理解。内存是一个建设性或重建性过程，而不是被动存储任务。理解过程是知识含义的构建过程。该过程主要涉及以下三个方面：首先，原始信息必须转换为适合个人认知结构特征并且易于存储和提取的形式。因此，对概念的表示越熟悉、详细和准确，就越容易记住和提取它；其次，新知识节点与其他节点的连接越多，该节点的能量就越大，通过其他节点激活该节点的可能性就越大，将以上结论应用到数学教学中，可以得出以下结论：当学生在学习新的数学知识时，新知识与旧知识之间联系的广度和深度得到加强，从而提高了新知识的记忆效果。了解数学还可以减少内存负载。基本存储单元不一定是单个"元素"，而可以是由几个相关元素组成的块。由于此块由单一符号或语言表示，因此为信息存储带来了极大的好处。当知识点被理解时，它将与其他知识紧密相关，并与其他知识形成知识网络。网络结构越强，需要单独存储的内容就越少，块的数量也就越多。随着理解的加深，可以简化内部网络，可以增强网络与网络之间的外部连接，某些网络可以形成新的组合，从而简化整体结构。这样，减少了内存负载，信息提取更加方便。就整个数学系统而言，在机器学习中，学生需要记住"大量"的个人数学知识，这给记忆带来了很大负担。但是，数学学科本身具有严谨的逻辑，数学知识之间存在紧密的联系。理解学习可以使学生通过理解不同知识之间的本质关系来理解数学知识。因此，这样的学习有利于记忆。

总之，数学上的理解可以提高内存效率并减少内存负载。如果学生在数学学习过程中掌握理解的关键，他们将轻松学习知识并牢牢记住。

第三节　加强大学数学研究性教学，提高数学教学效率

一、大学数学研究性教学是高等教育价值的重要体现

研究教学体现了"做数学"的过程。数学问题通常具有开放性和探索性。在解决这些问题的过程中，要进行分析、判断、质询、整合等。上述思维能力以及提取、选择和处理信息的能力被交互地用于创造性地分析和解决问题，并培养学生的创新思维能力。学习数学是对经验、理解和反思进行研究的过程。它强调了以学生为中心的学习活动对学生理解数学的重要性，并强调要激励学生积极学习。做数学是学生理解数学的重要途径。研究教学意味着发现、创新和创造。所谓的发现和创造并非不可预测。法国数学家阿达玛（Adama）曾指出："学生解决某个代数或几何问题的过程与数学家的发现和创造过程具有相同的性质。"同时，探究式教学引导学生创新精神和实践能力的培养。问题是数学的核心。在数学教育活动中，"解决问题"是最基本的活动形式。研究性教学包括鼓励学生质疑和提出问题，并且整个教学过程都以问题为中心。要提高学生个人解决问题的能力，提高学生的整体素质，实现高等教育的价值。

二、研究性教学与研究性学习的关系

研究性教学是基于苏联教育家苏霍姆林斯基的教育思想，也就是说，学校教育的"主要任务"应该是"教学生思考"。它着重于培养学生的思维和创造力，使他们能够在教师提出的问题的情况下，以积极的思想状态进行探索性学习，从而达到解决问题的目的和促进学生发展的根本目标。研究性教学不仅是一种教学模式，而且是一种教学理念，它用于指导和培训学生的进行研究性学习，其根本目的是建立一个由教师指导并面向学生、师生互动、主动灵活的教学模式。

研究性学习是一种积极的探索性学习。教育工作者最重要的任务不是转移知识，而是创造一个建设性的环境，以帮助学生发展学习潜能，并培养他们研究学习的能力。研究性教学起着指导和示范作用，当然可以承担这一重要任务。通过研究性教学，引导学生进行研究学习，并将研究教学和研究学习有机地结合起来，创造一个完全自由，质疑的环境和氛围。研究性教与学都是从问题开始。核心是科学研究活动，灵魂是科学思想。研究式学习是研究式教学的出发点和目的，研究性学习是创新型人才必须掌握的学习方法，研究性学习能力是大学生必须具备的自主学习能力。

北京大学张顺彦先生说："数学教育的根本目的是要养成一双敏锐的眼睛，善于从混乱和复杂的自然现象中发现规律的事物，并学会使用丰富的科学语言，严谨的思想和思维。科学的探究模式探索世界的奥秘，然后进行发明和创造。"在数学教学中学习数学知识和掌握认知规律，可以培养大学生的研究性学习的习惯，培养他们的自主学习能力和促进其可持续发展。当代科学技术高度集成化、精确化的发展趋势，使得现代科学技术的发展越来越离不开数学。数学知识是学习现代科学和技术必不可少的工具。数学思想、思维方式和方法都是科学技术，对于进行创造性研究工作的员工来说是必不可少的。一些工程专业人士说，专业的发展在某种程度上不是专业知识的问题，而是数学知识不足的问题。这就要求他们继续学习、掌握数学知识，提高研究性学习的能力。

三、加强大学数学研究性教学，提高大学数学教学效率

高等数学是面向科学与工程，经济学和管理专业的学生的重要基础课程。该课程的成功不仅与后续课程的学习直接相关，而且对提高大学生的整体素质也起着重要作用。与中学课程相比，它摆脱了持续数年的应试，进入了真正为人生打基础的阶段，并且在某种程度上承担起补充中学应试教学留下的空白的责任；与大专基础课相比，它由满足于目前够用提升到满足发展性的要求；与研究生阶段基础课相比，它是学生心智成熟阶段以前促进心智成熟、文化人格形成的最后一级台阶。在教学中，教师要充分发挥学生的主观能动性，结合教学内容，让学生在教师的指导下自主地发现问题、探究问题、获得结论，而不是把现成结论告诉学生。

布鲁纳的认知发现理论认为，学习行为由三个过程组成：获取、转化和评估。强调教师应在数学教学中广泛使用"发现"的方法，并"尽可能多地离开人们令人兴奋的一系列概念"，指导学生自己发现结论和定律并成为发现者。他认为"发现"不仅限于搜索行为，他还强调说，人类尚不知道的东西，包括了用自己的思想获得知识的所有方式。科学家的发现和小学生的学习都是智力活动，但水平不同。在老师的启发和指导下，学生应使用他们自己观察事物的特殊方法来探索数学的结构，使用教师提供的教科书或其他材料来探索或"发现"事物，并积极地总结认知结构中数学的基本原理或知识的规律性。

"问题解决"的教学已成为科学，尤其是数学教学的主要模式之一。通过解决问题的教学，学生可以提高提问，分析和解决问题的能力，激发他们的好奇心和学习兴趣，并培养创新精神。这正是研究"娱乐"教学模式的目的之一。为了有效地促进和增进学生的学习并提高数学教学的质量，数学教学的重点应从教师的"教学"转变为学生"学习"，强调学生是重点，外部刺激的被动接受者和知识灌输的对象成为知识处理的主体和知识意义的积极建构者；要求教师从知识的传授者和灌输者转变为组织者、指导者、帮助者和促进者。数学教学应反映学生获取、训练和发现知识的过程。这意味着教师必须在教学过程中采用全新的教学策略和模式。因此，教师不能简单地以"定义、定理和推论"的形式发展数学内容，而必须根据新的课程概念编写教科书，进行生动的数学研究活动和数学娱乐活动，将用语言表达的思想恢复到重新发现和娱乐的实际过程中，将逻辑演绎还原为归纳演绎，并将逻辑推理还原为明智推理，即在课堂数学教学中实行数学的"娱乐"教学模式，让学生体验数学知识的发现和创造。

弗赖登塔尔认为，数学是对现实世界进行数学组织的过程。同时，他强调数学对象可以分为两类，一类是现实和客观事物，另一类是数学本身。基于此，数学思想可分为两类：水平数学和垂直数学。水平数学是客观世界的数学，其结果是为解决特定问题而建立

的数学概念、操作规则、定律、定理和数学模型。垂直数学是数学本身的数学，可以是对某些数学知识的加深，也可以是对现有数学知识的分类、排序、综合和建构，以形成不同层次的公理系统和形式系统，使数学系统更加系统和完善。数学可以包括公理化，形式化和建模。"数学"的过程是学生对数学现实的改进和抽象的过程。传统的数学教学在强调数学结果的同时，忽略了数学本身的过程。限于数学知识的"封闭循环"，教师只是传递数学知识，而不是试图让学生发现数学知识。在数学教学过程中，教师应为学生提供"指导性"机会，使他们可以在活动过程中"重新创建"数学。水平数学从现实生活转向符号世界，将非数学事物数学化，并基于客观现实形成基本的数学概念，规则和定理。这正是数学的方法。垂直数学在符号世界中运动，也就是说，数学本身是基于现有数学知识进行合成、演绎和排列的，以构建整个数学体系。这正是数学不断发展的过程。应该注意的是，数学的出现和发展不仅可以发生在历史上，而且可以通过"数学"在每个学生的实际学习过程中发生，也就是说，"数学"可以缩短历史数学的出现和发展，这是数学"历史"与"现实"的统一过程。如今，大多数人对"数学"的理解包括对实际问题进行数学观察和思考，以及应用数学知识解决实际问题。实际上，这样的理解还不够完整。"数学化"还应包括现实世界中客观事物的数学化和数学知识的"再创造"。

（一）从实际问题引入数学概念

在当今的高等数学教科书中，许多示例从实际问题中引入数学概念。从实际应用中引入了极限、导数、定积、双积、曲线和曲面积分等概念。有必要更深入地研究教学材料，选择专业课程中的问题，或者尝试结合专业的实际情况来介绍问题。一方面，使学生感到数学源于生活，并具有实用价值；另一方面，使学生意识到学习数学可以提高他们的专业水平。研究教学通常可以概括为四个阶段：发现问题、分析问题、解决问题和知识发展。在高等数学教学中，提问，分析问题和解决问题是最基本的方法。它包括教学研究的前三个阶段。教师必须从学生的角度出发，并根据教科书与学生进行研究互动。引导学生进入未开发的领域，研究整个解决问题的过程，将学生带入知识建构阶段，培养学生研究学习的能力和进行转移和改进的能力。

（二）重视公式、结论的推导和定理的证明与应用

高等数学中有许多结论和公式。它的应用是学习数学的重要法宝之一。考虑到上课时间和课堂教学的好处，我们不能也不应该得出所有公式和结论，而是得出重要的公式，这与结论截然不同。详细分析和推导，在理解的基础上进行记忆，积累数量，促进质的飞跃和提高能力需要花费大量的精力。数学定理的研究是关键和难点。在学习定理的过程中，恢复发现定理的思路可以培养学生发现问题的能力；在定理的推导中，必须引导学生主动

探索，让学生体验和实践"研究"的过程，并培养学生对问题研究的兴趣，鼓励学生应用定理，总结知识和方法；长期的培训和经验的积累可以使学到的知识得到升华，并成为个人发现，研究和解决问题的研究者。

（三）注意提炼数学思想方法

法国数学家笛卡尔指出：没有正确的方法，即使是有眼神的学者也会像盲人一样盲目摸索。布鲁纳指出：掌握基本的数学思想和方法可以使数学知识更容易理解和记住。了解数学思想和方法是通向迁移之路的"光明道路"。与数学知识相比，知识的有效性是短暂的，而思维方法的有效性是长期的，可以使人们"受益于生活"。

通过对不同的知识点和具体示例的结合、类比和总结，所提取的内容是一种通用的数学思维方法。有两种不同级别的高等数学教学，低级课程是介绍数学概念，陈述定理和公式，并指出解决问题的公式和例程以通过考试；高级是指数学知识和解决方案背后的数学思维。在解决问题的过程中，进行深层次的数学思维，经过思维训练，提炼出数学思维方法，获得乐趣。实际上，数学思维方法不仅对学生的学习具有指导意义，而且还可以帮助学生养成科学的思维方法和思维习惯。解决问题可以为学生将来的科学研究和参加社会实践打下良好的基础。

弗雷登塔尔结合自己对以前教育者的研究成果，并进一步发展了柯门纽斯教学法的原则："最好的方法是演示活动"，而"最好的方法是学习活动"。尽管他谦虚地说："这种表述可能与夸美纽斯追求并没有很大不同，但是重点从教学转移到学习，从教师转移到学生活动。"这些变化正是数学教育应该做的，它是从对教学活动的最本质的理解和对传统教学方式方法的批判转变而来的。他反复强调，学习数学的唯一正确方法是练习"娱乐"，即学生自己发现或创造他们想要学习的东西。教师的任务是指导和帮助学生开展这类娱乐活动，而不是向学生灌输现有知识。

（四）加强问题集与一题多解训练教学法的应用

所谓的问题集是一系列与知识密切相关的问题，相似的主题形式但解决问题的方法不同，不同的主题形式但解决问题的思维方法相似的解决方案形成的一组问题。这是数学教学中必不可少的一些例子和练习，对于每个知识点，都精心选择了一组例子或练习，并以特定的方式进行了问题集的训练。通过纵向和横向的联系，培养学生的思维组织能力；通过具有多种解决方案的问题，培养学生思维的流畅性和灵活性；通过各种培训，尤其是在不定型的问题的情况下，培养学生的思维灵活性；通过辨别差异和对比，培养学生思维的准确性；通过对假设的探索，培养学生思想的独创性。

（五）侧重课堂小结环节的教学设计，实践结构教学方法

小结是课堂教学的一个重要组成部分，实时的小结是进一步强化解题步骤、提炼数学思想与方法不可或缺的教与学的方法，没有总结就没有提高。通过小结可以将实例的解答上升为方法，是提高教学效率的重要举措。我们既要注意对例题进行小结，更要重视课末与章节的小结。老师或学生的常规做法是总结本节中的知识内容，有些老师则更深入地研究和总结本课中涉及的数学思想和方法。但是，在研究教学中，由于"研究"处于重要地位，因此从总结知识的数学方法出发，有必要走得更远，给学生留下一个或两个有价值的研究问题供其思考："完成本课程后，您学会了哪些方法来解决问题？"希望学生总结他们在思维方法上的成就。通过实践多种探究性教学模式，学生将学习如何解决问题，通过总结，逐步提高学生的解决问题能力，并提高效率。

结构教学是近年来较为引人注目的一种新的教学内容处理方式，它是依据系统论、控制论、信息论的基本原理提出的一种较新的教学思想，它与揭示系统的结构这一现代科学认识论观点是完全一致的，而数学学科的系统性、连贯性的特点，又为结构教学提供了物质基础。结构教学是针对传统数学教学非结构式的弊端提出来的，主要着眼于让学生能更好地认识和掌握数学知识的结构和体系。众所周知，传统的数学教学一般是按零星"销售"的方法向学生讲授数学知识，按一例一节的知识顺序进行讲授，一章或一个单元的知识结构只是到这一章结束时才在小结中简略出现，这样就形成了两种情况，或者对一章的知识系统直到小结时才有所了解、领悟，或者学完一章或一个单元后还若明若暗，领会不到。知识在学生头脑中基本上处于零散、孤立的状态。由于对自身系统的概述是后期进行的，因而对于知识展开的逻辑关系、必然性、必要性、顺序性等，学生学习时很少去考虑。在这样的背景下学习局部知识，完全没有整体认识下的指导，只能盲目地去记去练，其结果是掌握不好知识的内在联系，对数学思想和方法体会不深，徒劳地增加了学生的记忆负担，数学思维能力也得不到良好的训练和有效地提高。结构化教学的基本方法是设计一个具有整体知识内容的教学过程，可以通过以下步骤进行：1. 概述知识结构的框架用粗线对本单元进行编排，使学生可以大体上观察，了解知识的一般结构。2. 初步弄清每个局部知识整体的地位和作用，使学生了解知识发展的一般规律和思维方法。3. 对每个子内容进行深入而具体的研究和分析，以便使学生掌握每个子内容的概念，原理和方法。4. 返回来对这个单元的知识进行概括总结，使学生的整体认识上升到一个新的高度。进而引导学生掌握单元间知识的相互关联，形成更广范围内的整体结构观念。这一教学程序可以简单地概括为整体到局部，再到整体。

进行结构教学，能较好地克服传统教学中站得不高、联系不紧、思想不深的弊病，能够增进对知识的宏观认识，有利于促进学生认知结构的形成和发展。进行结构教学要注意

的问题是，防止产生另一种倾向，即强调了整体却忽视了局部，其后果是学生对构成这些知识结构的具体材料掌握不好，整体认识也只能是空洞的、模糊的，这同样也收不到好的教学效果。

在教学中贯彻结构思想，首先要解决教师自身的认识问题，有些教师只关心一堂课的局部的教学目的是否达到，生怕涉及与本节内容无直接关系的问题会多占去教学时间，也有的担心对知识结构的介绍会影响对当堂课内容的掌握，因此，不仅在讲授新课时甚至在复习课上也不愿意多谈知识的结构和内在联系，这是目光短浅的认识，对发展学生的数学思维能力十分不利。当然，在数学教学中贯彻结构思想也不宜操之过急，要从学生的实际出发，循序渐进地进行。开始时，学生可能不大习惯，体会不深，这时不必作过高的要求，让学生有个粗略了解就行。坚持一段时间，学生自然会逐步适应这种新的教学程式。同时，教师在对知识系统进行介绍时应力求生动，富于启迪，只要教法得当，长期坚持，必定能收到好的教学效果。

（六）在教学中加强数学模型方法的应用

一些研究人员指出：要开展高等数学教学研究，教师必须学习数学史，研究数学教学的认知规律，研究学生的习惯，培养学生的数学思维，获取数学知识，并运用数学知识进行调查研究。数学建模是应用数学知识解决实际问题的一种方法，它具有其他课程无法替代的作用，数学建模课程和活动是对学生的一种极好的培训。尤其是计算机技术和数学软件的飞速发展为数学建模提供了一个很好的平台，使学生不仅可以使用其强大的计算功能比较算法和分析结果，还可以帮助我们完成几何图形，建立关联，类比并找到问题的线索和规则。

探究式教学法在大学数学的教学过程中整合了数学建模的思想和方法，很好地帮助我们培养了学生的创新能力。MM方法和RMI原理在数学方法论中的核心思想是使用数学方法解决问题。这是一项全面的素质训练，是提高学生整体数学素质的有效途径。高等数学处处都体现了数学建模的思想，比如微积分中最基本，最重要的概念（如极限，连续性，导数，定积分等），数学建模的思想和方法无一例外地渗透其中。研究性教学的主要是在课堂上进行教学，但它也包括创新实践教学环节，指导学生课后独立学习，并组织各种科技创新活动等。因此，在高等数学教学中渗透数学建模的思想，学生可以从课堂上接触到一些实际问题，这可以培养学生运用数学知识解决实际问题的意识和能力，也有利于培养学生的探究学习能力。

教学实践需要教学理论的指导。当前，首要的任务是应加强数学教育理论的学习和研究。只有遵循数学教学的理论原则，探索教学规律，把个人局部的经验上升到具有一般指导意义的理论认识高度，才能在不断发展变化的条件下，自觉、科学、有针对性地使用教学方法，克服教学实践的盲目性和随意性，这是改进数学教学方法的根本。

老师的教学应该是一种创造性的工作。根据不同的教学内容和教学要求，针对不同学生的教学方法也应有所不同。每种特定的教学方法都有其自身的特点和局限性。因此，在教学中不应固守形式，而要掌握其精神实质并灵活运用。目前有多种数学教学方法，但最根本的是根据教材的规定和学生的具体情况对学生进行启发式教学。因为在各种特定的教学方法中，启发式教学的基本精神具有普遍的意义。也就是说，本质上可以将当前不同的教学方法视为启发式教学的一种特定类型。

四、加强数学活动过程的教学，倡导现代数学教学思想观

教学是一种创造性的工作。针对不同的教学内容和不同的学生，方法也必须有所不同。最根本的是从具体的现实出发，对学生进行启发式教学，并专注于数学活动的过程。教师应采取积极的教学方法，即教导学生不要违心地记住现成的材料，而要发现数学真理（独立地发现科学中已经发现的东西），（这种真理是有组织的，它是通过经验方法从实践上获得的）和新数学材料（尽管它们已经在科学中进行了组织）。无论您是数学家还是数学专业的学生，学习数学中最令人困惑和着迷的方面之一就是如何发现定理以及如何证明它们。

（一）加强数学活动过程的教学

现代数学教育学的任务是"形成和发展具有数学思维特征的智力活动结构，并促进数学发现。"数学教学应该是数学思维活动的教学，而不仅仅是数学活动带来的数学教学。这种新的教学思想对于改进数学的教学方法具有极其重要的指导意义。数学教学不仅应考虑数学知识本身，而且还应考虑产生此类知识的过程。过去，某些教学方法对此过程一无所知，通常不会谈论数学概念，公式或定理的产生方式以及思考过程。结果学生只记得结论，但没有学习为什么要得出这个结论以及如何得出这种结论的思想方法。

著名数学家希尔伯特在哥尼斯堡大学读书时曾受益于启发式教学法。他在自己的传记中提到，富克斯教授在讲授线性微分方程课时，习惯于把自己置于危险而困难的境地，对要讲的内容总是现想现推，这种看来难以成功的讲授法却使希尔伯特受益匪浅。原因何在？希尔伯特说："这种教授法使我和我的同学们有机会瞧一瞧高明的数学家的数学思维过程是怎样进行的。"在现代社会中，有些数学教学仅提供预制知识，而没有发展思考能力，无法满足社会发展的需要。在数学教学中，揭示数学思维过程是数学教非常重要的组成部分。启发和发展学生的数学思维应该是数学教学方法的核心。注重数学活动过程的教学本质是改变储备知识的教学，是吸收知识发展的教学。

数学主题不仅仅是一系列技能，这些技能只是琐碎的方面。它们远不能代表数学，就像混合颜色远不能用作绘画一样。因此，我们不能仅仅用数学教育来传播知识和技能。所谓的"数学活动论"，其基本内容之一就是认为数学不应简单地被等同于数学知识的汇集，而应被看成是由"语言""方法""问题""命题"等多种成分所组成的一个复合体。实践表明，进行数学活动教学对提高人们的素质非常有效。首先，它有助于最大程度地调动学生的积极性，从被动接受知识转变为主动学习知识，将无聊的教科书变成"真正有意义"，甚至将具有故事情节和戏剧性的材料制作成有趣的问题情境，能激发学生的内部学习动力。其次，数学教学活动为人们提供了一个探索和获取知识，行使意志，增强思维能力以及理解数学基本思想和方法的过程。在这种教学中，乍看起来学生掌握的结论少了，但其得到的思想方法则有广泛的迁移意义，久而久之，可以使学生"爱学、会学、学会"。在信息丰富、竞争激烈的现代社会中，对广大学生进行数学活动教学具有培养学生机动灵活、有挑战性思维品质的意义。

斯托利亚尔强调了问题驱动教学在积极教学中的地位，指出数学活动教学要广泛应用问题，理解问题，教学手段的最优化措施是对方法和手段进行有机地结合，在规定时间内最有效地完成所需解决的任务。

叶圣陶先生曾经说过，真正的教育的乐趣在于，即使学生忘记了老师教给他们的所有知识，他们仍然可以获得可以用于所有人的东西。这种教育是最好的教育。数学的精神、思想和方法是一生中可以使用的事物。数学探索活动中产生了数学的精神，思想和方法。探索是数学教学的命脉，"娱乐"教学模式是师生共同探索数学的过程。因此，为了达到数学教学的最高目标——理解和掌握数学的精神，思想和方法，应该允许学生参加"娱乐性"数学探究活动，以便他们能够理解数学并掌握解决数学问题的方法，学会像数学家一样进行"数学思考"。弗洛伊登塔尔仔细分析了两种类型的数学，一种是即用型或完全数学，另一种是主动型或创新型数学。"即用型数学"以演绎的形式出现，它完全颠倒了数学的实际创造过程，颠倒了思维过程，并以结果为出发点来推导其他事物。他称这种叙事方法为"教学法的倒置"和"主动数学"。这一过程表明，数学是一项困难，生动而有趣的活动。弗洛伊登塔尔进一步指出，传统的数学教育教授的是即用型数学，这是反教学法。学习数学的唯一正确方法是实施"娱乐"，即学生自己学习想要学习的东西。老师的任务是指导和帮助学生进行这类娱乐活动，而不是向学生灌输现有知识。由此可以看出，他提倡的"再创造"的数学教育思想，首先肯定数学是一种创造性的活动，同时又明确指出这并非是机械地重复历史，而是学生在教师引导下的一种主动的"建构过程"。

（二）倡导现代数学教学思想观

个别学生的高效率数学学习可能不是数学老师的功劳，而课堂的高效率应该是一位出色的数学老师的杰作。传统的数学教学思想主要体现在以下几点：（1）以教师为中心的教学活动源远流长。自然地，将教学过程理解为在教师讲话和学生听课时"传播"知识和"接受"知识的简单方法。（2）教学重点仍然习惯性地只停留在教科书和教学方法的研究上，不注意研究学生的学习心理，把清楚地说明知识的内容，作为衡量教学质量的主要指标。（3）数学教学传授现成知识，很少涉及知识的生成过程。没有意识到讲授知识生成过程中所反映的数学思想和数学方法的重要性。（4）满足学生对知识的机械记忆和模仿问题的能力；对题海的策略感到兴奋，认为只要学生在考试中取得良好成绩，这就是教学的最大目的（5）利用外部手段（学科，年级，进阶等）强迫学生学习是一种非常有效的方法，而忽略了激发学生内部学习动机和兴趣的重要性。（6）习惯于让学生严格按照教材和教师的进度学习，而不取悦或劝阻学生进行询问和"超常规"。

　　归纳起来就是重教轻学、重外因轻内因、重模仿轻创新、重知识轻能力、重结果轻过程。目前相当一部分教师中还不同程度地存在以上这样一些观念和做法。这些传统的教学思想主要是由于一代代旧的教学模式的沿袭而形成的，又由于相互间的影响和联系而变得相当稳固。在现代知识迅速发展的条件下，知识增多与课时减少之间的矛盾日益突出。数学教学只提供现成的知识，而没有发展思考能力，尤其是创新能力，不能满足社会的需求。因此，重知识轻能力、重外因轻内因、重模仿轻创新的观念也必须扭转。

　　可以看出，传统的数学教学思想已经不能再科学地反映当代数学教学的规律和时代的要求。教学思想是教师教学工作的指导思想，是影响教学质量的决定性因素，必须加以更新。关于课堂教学质量的现代思维与传统思维之间的差异在于不同的观点和环境，所谓角度不同，是指传统思想注重教师讲得怎样，诸如教态、语言、板书、教学程序等，而现代思想除上述方面之外更多地考察学生学得是否积极主动，即便是对教师的教也是常有分歧的，有的重规范、有的重实效等。所谓范围不同，是指现代教学思想对教学已不满足于仅由一两堂课的教学而做出评价。

　　现代数学教学思想主要体现在以下几个方面：数学教学目的的视野，数学教学的结构性视野，数学教学质量的视野、数学教学发展的视野。目的概念是教学思想的核心，是确定一切教学活动的起点，教学工作的灵魂和评价的基础。现代思想的目的观旨在建立智能型人才的数学素养结构。根据社会的需要和人的天赋差异，这种数学素养结构可以而且应该是多样的。随着社会的不断进步，科学技术突飞猛进，知识更新日新月异，在校学习那么多知识是不可能的，因此，让学生有一种自己获得知识的能力，有一种解决问题的能力就显得十分重要了。显然，我们不可能也无须把每个学生都培养成为数学家，但是培养和发展数学思维则应该是数学教学始终追求的目标。

　　结构观是教学思想的关键，它受命于目的观，决定着教学成败的命运。现代思想的结构观主要反映在两个方面：一是教学内容的处理，二是教学过程的设计。一个好的教师要善于发现课本的知识内容背后所隐含的"软件"部分——数学思想和方法，并善于引导学生领会并能逐步运用这些数学思想和方法。

质量观是教学思想中的评价意识，它是教师辨析心理的一种反映。主要表现为教学效果的评价准则，其一反映在对学生认知结构状况的评估上，其二反映在对具体教学过程中教师工作质量和学生学习质量的评估上。第一个是一般质量视图，第二个是本地质量视图。如果将质量愿景分解，则可以将其划分为知识领域标准，技能开发标准，教育培训标准和效率改进标准。可以看出，质量观是以学生观为出发点的。一个教师建立起正确的质量观，对分析教学效果、改进教学方法、提高教学质量有至关重要的意义。

发展观是教学思想中的辩证观念。对教学的目的、结构、评价等都应该有动态的观点，体会其灵活性和发展性。从灵活性看，列宁说过：马克思主义的活的灵魂就是对于具体问题进行具体分析。数学教学也应该如此，现代思想也好，现代理论也罢，不能当作僵化的教条，而要融入自己的思想认识系统中，成为自己所拥有的活的精神财富，并能结合具体教学实际灵活地加以贯彻执行。从发展性看，现代社会的生活和生产不会停留在一个水平上，不同的时代、不同的生产发展水平和社会需求，青少年生理心理特点及功能发展潜力不断被揭示，这一切都影响着数学教学思想的更新和发展。因此，不能把教学思想看成是一成不变的，要不断地学习新理论、研究新方法、拓宽知识面，广泛了解各门有关学科发展的新动向，探索和研究新问题，只有这样才能使我们的数学教学思想始终跟上时代前进的步伐。因此，数学教学思想的发展和更新是没有止境的。

第四节　提高教学效率需要数学教师对"双专业"的理解

一些数学老师对数学有很深的了解，但对教育和教学却没有深刻的了解。他们缺乏对数学教学效率的认识，并且教学也缺乏教育。缺乏对教育和教学的深刻理解是学者可能不是好老师的主要原因。一些数学老师对教育和教学有很深的了解，但对数学却没有深刻的研究，他们想提高数学教学的效率。要想提高广大数学教师的教学效率，提高他们的数学专业化水平与教育专业化水平，即所谓的"双专业"是至关重要的。

一、数学教师对"双专业"的深刻理解是提高数学教学效率的基础与关键

数学老师对"双专业"的理解也有层次。数学老师只有对数学和教学都有透彻的了解，才能成为高效的数学老师。一位美国学者曾说道："有时专业研究会阻碍有效的教学。那些将专业研究作为教学的主要原因的人可能会忽略教学的重要性"。在我国也存在类似

的问题。如果某数学老师对数学有很深的了解，但对教育和教学却不了解，该数学老师不能成为学生学习活动的促进者，指导者或帮助者，无法有效、自觉、深入地理解和实施教学，他组织的教学往往缺乏"教育"性，效率低下的教学是不可避免的。另外有的教师具有深厚的教学知识和较高的教学技能，但他对数学没有深刻的研究，因此他组织的教学形式可能是"平均水平"，但是他对数学的理解可能不具备"中等水平"。它的教学很难发掘数学的起源和教育价值，形式主义在课堂教学中的痕迹将是深刻的。

要实现高效的数学教学，数学老师必须对"双专业"有透彻的理解，这样不仅可以在课程意义上理解数学，而且可以考虑在数学教育意义上进行数学教学。他们可以在教学中取得良好的成绩和教育效果，在数学教学中达到较高的效率。

即使一个人可以背诵一个概念，他也可能不了解该概念的本质，也无法理解相关概念之间的关系，并且对主题的理解水平可能较低。因此，强调个人对概念的起源和本质以及概念与概念中包含的思想之间的关系的理解非常重要。因此，我们将理解分为操作性理解，概念性理解和创造性理解三个层次。操作性理解是指当主体对被传输对象的信息进行认知处理时，该信息可以被"传递"；而概念性"理解"是指被传输对象的信息不仅被"传输"，也可以将对象的内部表示形式纳入认知结构中以获得心理上的意义；创造性理解能将理解的事物创造性地迁移到其他场合。评价操作型理解的是"正误"，而评价概念型理解的可以是"深浅"，评价创造性理解的是"能否"。教师职业是具有"双专业"性的，教师对两个"专业"的理解也各分为三种水平，以此可以解释"知者能否为师""闻道在先，传道在后是否为教学"等问题。如果"知道者"和"首先听到真相"在操作层面理解学科和教学，那么通过教学，学生获得的理解最多可能是在操作层面，这样的教学仍处于较高水平。低水平的教学可能会占上风。即使一名学者具有较高的专业经验，但对教学却没有深刻的理解，他仍然对学生理解学习的目标并可以通过教学操作基本技能感到满意。学生获得的理解只能保留在操作层面上，根本没有"理解"，这是"学术不一定是好老师"的主要原因。同样，即使教师的教学水平不高，也没有对教学主题有深入了解的老师，也可能无法在理解教学中取得良好的教学效果。学科专业和教学专业是一对矛盾，理解是两者之间的联系。促进教师加深对学科和教学的理解是促进教师"双重专业"的有力纽带，两者是强大的结合。因此，加强学科和教学理论的建设尤为重要。

一些国家学者还说："有效的教学意味着学生能够有效地学习。教学的目的是让学生学习得更好。"应该注意的是，教学应该服务于学生的学习，但教学的效率不仅体现在知识上，而且在课堂上学习内容的短期学习效果也体现在学生发展时期的长期学习效果上。因此，如果学生利用时间的价值仅体现在知识的快速"吸收"和基本技能的"能力"上，而忽略了学生在精神、意识、认知结构和理解上的发展以及学习能力，这耗时的教育价值是有限的。

杨其良先生曾深深地谈到了座右铭："宝剑锋从磨砺出，梅花香自苦寒来"："关键在于磨刀器。严寒在于如何磨剑和如何忍受苦难，这不是它是例行的还是苦难的问题，数学教学的时间并没有反映在学生花费时间的增加上。关键取决于学生是否真正参与了数学教学，以及学生在参与数学教学后发展了哪些方面。"

传统的课堂教学注重知识的传播，因此形成了一种以知识记忆为基础注入的指导思想和教学方法的教学。不可否认，该模式在过去曾发挥过积极的作用。但是，在当代知识爆炸的环境中，它呈现了其无法克服的弊端。它单方面强调教师的指导作用，而忽视了学生的基本地位和主动性，一方面强调知识的教学，忽略了技能的培养和知识与技能的相互转化，另一方面强调了课堂教学的方式，忽略了实际效果和因材施教。因此，必须改革该教学方法，这是历史的必然。

二、提高数学教学效率应注意的问题

（一）对数学学习的有效指导

在教学过程中，向学生灌输数学知识，指导学生走路和启发学生思考和引导学生发现以获得数学知识是两个完全不同的概念。通常，教师经常"控制"课堂教学过程，"支配"课堂教学时间，"支配"课堂教学的方向。但是，"控制"，"支配"和"支配"必须以学生对数学的学习为中心，并且教师在课堂上的所有活动都必须转移到学生发展的需求上，教师在教学过程中的作用首先是要有效地启发、指导学生学习数学。

（二）对数学学习的有效组织

数学教学是一项有序的社会活动，尤其是在学校教育中。教学的组织很重要。杂乱无章的教学不会成功。教师的主导作用还体现在组织者的身份上。有效的教学组织是根据数学教学计划逐步实现数学教学目标的过程。教学的组织方式主要体现在教学方法上，其有效性取决于数学教学的内容、学生的情况、教学条件和教师自身的特点等诸多因素。教师应根据各种因素的具体特点，选择适当的教学方式方法来制订教学计划，并在实施过程中激励促进教学的积极因素，防止干扰和有效控制消极因素，实现对数学教学的有效组织，保证数学学习的效率。

（三）对数学学习的有效评价

在数学教学过程中，保持和充分利用学生的学习热情不仅需要有效的教师定位和组织，而且需要有效的教师评价。教师评价是对教学效果的科学判断。它使用所有技术、方法和手段来准确收集为教育决策提供的各种信息。评估的关键是教学转化为学习的结果。教师在教学过程中对学生学习的正确评估可以有效地促进和指导学生数学学习。青年学生非常重视教师对自己的评价，而教师评价对他们的思想、态度、学习、情感和行为影响很大。教师还可以从评估中获得有关学生个人学习状况的信息，从而为调整教学进度和做出教学决策打下基础。因此，教师应遵循公平的原则，重视和很好地运用评价，从事实中寻找真相，促进学生学习，充分发挥诊断、指导教学的作用，并通过在教学过程中不断进行评估来纠正教学方向。需要注意的是，在数学教学过程中，教师还应引导学生参与评估工作，以便他们正确地评估自己和他人，这对学生有益，可以提高其数学学习的效率并实现更好的总体发展。

（四）正确处理教与学、讲与练的关系

正确处理教与学的关系。在教与学的统一体中，学生是学习的主体，是内因，而学生学习又是在教师的组织启发和引导下进行的，教师应在教学中发挥主导以及相对于学生而言的外因作用，于是在改革初期产生了以教师为主导、学生为主体的理论，这被认为是我国教学理论上的一个突破，尽管对此尚有不同见解，但在教与学的和谐统一乃是教学的关键这一点上，则已取得了普遍共识。正确处理讲与练的关系。所谓讲与练，系指课堂教学中，教师与学生各自的活动，是教学的两种基本形式。传统教学以教师讲解为主，往往忽视学生练习，对此，改革中提出了正确处理讲与练的关系要求和精讲多练的主张，但是，对于"精"和"多"的质与度，在理解上差异很大。知识本身并不等于能力，并且不具备基础知识的能力。数学教学是数学活动的教学。学生必须在掌握知识的同时学会科学思考，并通过获取知识，培育思想和方法来充分吸收数学知识，从而在广义上发挥数学的教育作用。

建立正确的数学学习观是提高数学学习效率的必要条件，良好的数学学习习惯是形成有效数学学习的必要条件。正确的数学学习观和良好的数学学习习惯是高效数学学习的"原因"。高效数学教学是高效数学学习的重要必要条件。个别学生的高效数学学习可能与数学教学没有密切关系，而全班级的高效数学学习应是高效数学教学的成果。

第十二章　高等数学教育在本科教学教育中的重要作用

第一节　在"高等数学"教学中培养学生的数学素养

"高等数学"课程不仅应传授知识，还应传授数学的精神、思想和方法，并培养学生的思维能力和应用数学解决问题的能力。

许多数学理论和方法已广泛深入地渗透到自然科学和社会科学的各个领域。随着知识经济时代和信息时代的到来，数学"无处不在，无所不在"。数学在各个领域的应用对高等学校的"高等数学"教学提出了更高的要求。"高等数学"是非数学专业的重要基础课程。该课程不仅能使学生获得必要的数学技能，而且更重要的是，学生可以获得良好的数学素养和数学思维，这将使他们终身受益。只有掌握正确的科学思维方法并拥有良好的数学知识，我们才能提高适应和创新的能力。

一、数学素养的内涵

经济合作与发展组织（OECD）实施的国际学生评估计划（PISA）将数学能力定义为：数学能力是社会一种确定和理解数学在数学中的作用的个人能力。明智的数学判断和有效使用数学的能力。这是适应作为创新，关怀和有思想的公民的当前和未来生活所必需的数学技能。

二、培养数学素养的重要性

数学与人类文化和人类文明息息相关。数学在人类文明的进步与发展中一直在文化层面上发挥着重要的作用。数学素养是人类文化素养的重要方面，文化素养是国民素质的重要组成部分。因此，培养学生的数学能力可以为国民素质的提高和发展创造有利条件。

提高数学素养也有利于学生适应社会发展，并有利于未来的可持续发展。大多数不是数学家的学生在未来的工作中并不需要太多的数学知识。如果他们毕业后没有机会使用数学，他们会很快忘记在学校学到的数学作为知识，包括特定的数学定理，数学公式和解决问题的方法。但其具有的数学素养将终身受益。

三、在"高等数学"教学中培养学生数学素养的具体做法

当前，各高校各专业的"高等数学"课程标准不同、书籍版本不一、师资水平不齐，提升数学素养的"高等数学"教育教学改可以按照"谁来教，教什么，怎么教，怎么考"的总体思路展开思考，即从师资水平、教学内容、教学方法、考核方式等方面进行探索。

（一）重视数学的灵魂

数学概念可以训练学生善于理解问题的能力。从实际问题中产生并抽象出了"高等数学"中的许多基本数学概念，例如极限，导数，积分和级数。事实证明，提出和改进数学概念的过程更好地反映了抽象思维的过程。此外，只有深入的分析和对数学概念的完整理解才能指导学生将其应用到解决其他相关问题中，从而提高适用性。如果教学的重点只放在解决问题的方法和解决问题的技能上，而忽略了对真正灵魂的概念的教导，那匹马就会倒过来。在引入导数概念的过程中，可添加了一些有趣且新颖的示例，供学生体验从实际问题中抽象数学概念的方法。同时在课外练习中增加很多概念理解型的题目，帮助学生深刻理解导数概念的本质；在引入偏导数和全微分概念的时候，通过实例引导学生思考如何能在一元函数导数和微分的定义基础上进行相应的修改或做一定的变化得到多元函数的类似概念；讲授微分概念时，着重强调以直线段代曲线段、以线性函数代非线性函数的思想。另外，还简单地介绍离散化、随机化、线性化、迭代、逼近、拟合及变量代换等重要的数学方法，让有兴趣的学生课后查找资料深入学习。通过这样做，学生可以学习解决实际问题的基本方法，即掌握问题的本质，并在研究过程中体验乐趣和成就感，并培养学生的抽象能力和学习新知识的能力。这种能力有利于提高学生的数学水平。

（二）在课堂教学中渗透数学史，让学生感受数学精神、数学美

现代数学体系就像一个"茂密的森林"，很容易引起人们的困惑，而数学史的功能是指导方向并激发灵感的"路径"人。数学发展的历史包含了许多数学家的无限创造力。许多数学问题无法通过逻辑推理逐步解决，而是源于某种直觉，某种创造性的建构，甚至源于对许多表面上无关的事物的思考，然后经过严格的逻辑推论过程加以完善。如果及时、适当地将数学历史知识在课堂上进行补充和讲解，不仅可以活跃课堂环境，而且可以激发学生的学习兴趣。例如，在进行微积分教学时，通过介绍牛顿－莱布尼兹定理的历史背

景，将其作为人类数学史上的重要发现；在教授解析几何时，介绍方程在笛卡尔坐标系中表示的曲线、曲面并创建新的曲线和曲面，就向学生展示了解析几何的思维过程，使学生了解学习解析几何的意义。通过数学的历史，人们可以了解知识的来源，了解数学概念、结论逐步形成的背景和过程，体验其中所包含的思想，体验发现结论的方法，并体验数学家的创造力，这将有助于增强学生的创新能力。另一方面，数学的发展并不容易。数学史记录了数学家为克服困难和危机而进行的斗争，这是一个富有数学思想的故事。当学生了解数学的历史时，他们还将学习科学的态度，并被执着追求的精神所感动，这是可以指导学生一生的精神食品。此外，数学在内容和方法上都有其独特之处。数学之美体现在诸多方面。例如，微积分符号体现了数学的简洁美，许多微积分公式体现了数学的对称性和和谐性，线性微分方程解的结构体现了数学的和谐美。通过"高等数学"的教学，引导学生欣赏数学的美，对数学的学习不再枯燥，在享受美的过程中，学生的审美品味和学习成绩将逐步提高。

第二节 在"高等数学"教学中培养学生的能力

培养大学生的创新思维和动手能力是高校实施素质教育的重要组成部分。近年来，尽管"高等数学"的总体教学内容基本稳定，知识结构没有太大变化，但在教学过程中也发现了许多问题。大多数学生的学习目标只是通过期末考试而很少关注培养自己的数学能力。在课堂教学中，如何从传统的纯粹传授知识转变为培养学生的创新思维和实践能力，如何使用先进的教学方法为数学教学服务，以及如何寻找新的方法来培养创新型学生是急需解决和讨论的问题。鉴于此，作者结合教学工作经验，对如何提高学生在"高等数学"教学中的创新思维和实践能力进行了初步思考和探索。

一、课堂上采用新的教学方法，注重学生创新意识的培养

在课堂教学中，教师应将学生视为教学的主体，引导和启发学生积极思考，并提出问题激发学生的学习兴趣。根据教学内容的不同，可能会有不同的问答方法、思维方法、比较方法、分解方法和课堂讨论方法。在讨论课上，讨论一个或多个困难或关键主题，充分发挥学生的主观能动性，并让学生自由发表意见。通过学生的讨论和老师的反馈总结，他们最终会以正确理解的方式聚在一起。实践表明，采用这些方法，锻炼和提高了学生的分析判断能力、逻辑推理能力和解决问题的能力。提高思维能力在促进基础知识和基础理论的学习方面也发挥了重要作用，这为他们创新思维的形成奠定了坚实的基础。例如，在讲

授一道题目计算不同坐标的曲面积分这类题目时，学生可以积极考虑其他解决方案，如可以将不同坐标的曲面的积分简化为相同形式的积分吗？如果可能的话，这肯定会节省询问时间，并且学生在寻找新的解决方案时会无形地提高他们的创造性思维能力。简而言之，在教授"高等数学"时，我们必须将灌输变成灵感，将监督变成指导，并将"让我学习"变为"我要学习"。

二、教师要精心设计教学环节，把教学当作一门艺术

高等教育改革和创新型人才的培养对教师提出了更高的要求。长期以来，许多教师习惯于传统的教学方法，而有些教师并不熟悉新的教学方法。许多高校采取了一些措施来鼓励教师在课堂教学中不断培养学生的创新思维和实践能力，但效果并不理想。必须有一套合理可行的方法在课堂上培养学生的创新思维。首先，教师需要有深入的知识，刻苦钻研教学内容，真正理解和解释所教内容的本质，并找出"重点和难点"。其次，教师必须研究教学规律，并在教学中贯彻正确的教学思想和观念。例如高斯公式、斯托克斯公式、格林公式以及 Newton-Leibniz 公式是高等数学中的重要公式，它们都反映几何形状、某个内部变化率与限制有关的数量之间的关系。在某种程度上，学生会想知道为什么完全不同类型的点具有这些相似的属性，并且这些相似的属性之间是否存在必不可少的统一联系？实际上，它们在不同情况下都是相同性质的表现。在教学中，教师可以引入外部微分运算符以实质上统一不同的积分公式。通过这种方式，学生可以在提问过程中不断提高他们的创造性思维能力。最后，老师必须精心设计每堂课，不断创新，通过推理进行教育，通过情感进行教育和通过乐趣进行教育，以便学生能够在欣赏和享受中吸收各种营养。一般来说数学课很无聊，不断唤起学生在教室里学习的兴趣非常重要，这样他们才能克服对数学恐惧的心理阴影。因此，让学生愉快地学习数学尤为重要。

三、不断改革教学内容，让创新贯穿整个教学过程

创新能力的培养应覆盖着整个"高等数学"的教学过程，并将创新教育融入课堂教学的各个方面，以便使学生有意识地形成创新意识和创新精神，同时学习数学技能。在课堂上，教师应鼓励和引导学生大胆地提出新问题，使学生有发挥想象的空间。不管他们是对还是错，不仅不批评他们，还应提出表扬。只有学生具有创新意识和创新精神，他们才会不断地学习和探索新思想、新知识。在课堂教学中进行创新对提高学生的创新思维能力至关重要。中国传统的"高等数学"教学强调演绎和推理，强调严格的定理论证，对培养学生的数学能力有一定的帮助。但是，对于大多数优秀的学生来说，高等数学只是一种工

具。从应用的角度来看，学生的重点是正确理解结论。因此，在教学中，教师必须加强几何的解释，使学生能够真正理解、掌握所学知识，并灵活运用。

四、积极实践，探索培养学生创新意识的新途径

在课堂上，教师应结合多媒体和黑板演示，根据每章的不同特点，可以采用不同的教学方法，使教学变得轻松有趣，从而提高教学效果。对于三维图形和一些动态演示，可以使用多媒体来增强直觉和兴趣。对于某些逻辑性强的线索，只有白板可以向学生更清楚地显示。两种方法的结合将在课堂上取得更好的效果。教师可以将教学内容上传到 Internet，学生可以自由地在线咨询和在线回答问题。学生也可以在线提交作业，老师也可以在线批改。使用现代化的教学方法不仅可以提高教学效率，还可以提高学生的学习兴趣。

五、高等数学教学中审美能力的培养

中国数学家徐立志教授指出："数学教育和教学的目的之一是让学生获得数学的审美能力，这会激发他们的兴趣"。通过数学科学，将有助于提高他们的创新能力和创造能力。"审美能力是人类的独特能力，它形成和发展与人类整体的素质和人类的社会实践息息相关。在数学教学中，为了培养学生的数学审美能力，教师应引导学生在学习内容上对数学美的特征产生兴趣，使抽象的数学渗透到学生的心中，让他们感到数学的领域也充满了美。

（一）数学美感的形成

数学美学心理学的基本形式是数学美学。数学美学，也称为数学美学意识，是作用于美学主体的索引学美学主体在思想中的反映。数学的审美意识包括数学审美意识活动的各个方面和表现形式，例如审美趣味，审美能力，审美观念，审美理想，审美感觉等。

数学美的表现形式和美的原因是多层面和多层次的。从数学美学的形成角度来看，这是一个从外到内，从感性知识到美学概念的升华过程。最低水平通常是由美学对象的外形引起的。当数学家发现某个具有美丽特征的研究对象时，他可能会立即被其第一印象所吸引，被所观察的数学对象的美感所吸引，并被所观察的数学对象的美感所迷住，甚至陶醉。例如，对称的几何图形、尖锐的行列式、统一的方程式、怪异的数学公式和抽象的数学符号都会让您爱上它们，并着迷于享受数学之美。

但是，许多数学家认为它很漂亮，但其他人可能无法发现它的美。在外行人眼中，这很无聊，但是数学家可以理解其奥秘并欣赏美的魅力。这种美是一种高级美，它与数学家

的成就、数学研究的经验以及数学理论的评估水平有关。这是在审美意识的深层发现的一种形式，人们称其为美学概念。这是通过数学美学经验的积累和归纳形成的概念形式。

在高等数学教学中，如果这种数学之美可以经常被揭示出来，从而使学生能够走进数学家的思维过程，并在他的脑中感受到思维的启发，那么这比单纯的教学更有意义。同时，数学美学的训练还将使学生对数学有更深的理解。

（二）数学审美能力的培养

数学审美能力是审美主体欣赏数学理论之美所必需的能力。数学的审美能力的培养可以通过对数学的研究来形成，另一方面，可以通过数学的审美实践和教育来培养。数学审美教育可以通过多种方法和途径来完成，其中之一是学习美学的基本知识并理解某些艺术规律。在数学教学中，要求教师具有一定的美学基础知识，认识数学之美的特征，并能够快速感知和理解教学内容中的美学因素。教师只有对美学有基本的了解，才能将与数学内容有关的美丽因素引入课堂教学中，学生才能感知和理解数学的美丽，从而产生学习数学的兴趣，达到以"美"促进"智能"的目的。

从知识上理解美是非常重要的，更重要的是将其融入情感中并通过诸如感觉和体验美的心理活动使人们受到情感感染。美育的过程通常伴随着主体强烈的情感活动，可以唤醒人们的感受并引起情感共鸣。数学教师必须对工作、学生和数学充满真诚的爱。老师热爱工作和学生将会使学生倍感亲切。教师对数学的浓厚兴趣将使学生对所学内容感到满意并产生对数学的热爱。

培养数学审美能力的最重要方法是从事数学的创新实践。学习数学是一项艰苦的创新性工作，需要对美的强烈追求和对数学美学的强烈感知。数学的创新过程需要充分发挥审美功能，这是从数学的创新实践中培养数学审美能力的有效方法。在数学教学过程中，要培养学生的数学的审美能力。

六、高等数学教学中创新能力的培养

高等教育必须培养在技术岗位上具有创新能力的知识型工人。数学是高度发达的人类理性文明的结晶，体现了人类的巨大创造力。在高等数学教学中，教师应以数学之美为载体，开展数学研究活动，培养学生的创新能力。

逻辑推理是一种抽象的思维方法和创造性的思维活动，它利用人类的思维能力来重组各种类型的知识，或者根据逻辑定律在一个领域内在逻辑上将某些知识移植到另一个领域。这种组合、普及或移植不是原始知识的简单重复，而是新知识的创造。数学通常被称为"解决问题的艺术"。在寻找数学问题的解决方案时，通常需要对问题进行转化。主要是通过将问题从困难转变为容易，从复杂转变为简单来解决问题。就像可以解决的另一个等效命题一样，这种变革性思维是数学简单性之美的具体体现。简约之美可以通过改造产生新的创造。这是使用最广泛的数学创建方法。

数学的独特魅力可以产生新思想、新概念和新方法。数学独特的美表现在建立新秩序方面，它是数学创造的源泉。数学上三个数学危机的解决以及非欧几里得几何学的出现使人们了解了数学真理的相对性。康托尔无限数论的创立包含了"数学的本质在于自由"的概念。这种对传统思维的怀疑和超越有助于培养学生的创新精神。同时，数学是人类创新的强大工具。无论是应用数学知识还是发展数学知识，都必须根据实际情况来研究新问题，做适当的分析，找到解决问题的方法，进行一定程度的创新。而创新能力的培养是高等教育的目的之一。学习数学之美，理解数学之美，是培养学生创新精神的有效途径。

审美情感是数学创新中力量的来源之一。如果数学教育工作者要在数学教学和其他数学研究与实践中积极传授优美的数学模型、漂亮的图画、简洁明了的数学语言，则要注意情感教育。美学使学生能够在"无聊的"数学推理中理解数学美的存在，并在创造的动力中升华美感，从而使学生追求美，并有意识地创造美，为追求美丽而努力奋斗，为创造美丽而积极探索！

第三节 提高高等数学教学效果的实践与认识

一、高等数学教学的实践与认识

数学是一门成熟，理性和根深蒂固的学科。由于科学技术的飞速发展，数学学科在相互渗透和与其他科学的相互作用中得到了加强。现代数学在思想、观点、内容和方法方面具有很大的通用性和抽象性，深刻揭示了数学科学的内在规律和联系，以及形式规律和数学科学之间的变化。因此，它越来越渗透到工程科学和技术的各个领域，成为至关重要的组成部分。尤其是计算机和数学的相互影响和促进，极大地扩展了数学科学的范围。简而言之，现代数学已成为自然科学、社会科学和工程技术必不可少的基础和工具，具有强大的生命力。

第一，书籍应反映科学系统的结构理论，以增强学生的学习和应用能力。书籍是教学的基础，好的书籍可以培养学生的反复学习和仔细研究的学习习惯，并可以培养学生的循序渐进和深刻的思考方法。此外，阅读是一个复杂的心理过程，有必要了解文本中符号的表层结构和内容的深层结构，并处理和分析书籍传递的信息。因此，不可能没有好书。但是有些书，特别是关于大学生的书，对培养学生的技能没有给予足够的重视，实际问题解决和分析的例子很少，有些内容只注重理论上的严格性，缺乏启发和兴趣，这就是为什么有些学生学习数学课程感到困难，没有动力，不想学习。我们不仅要让最优秀的学生很好地学习数学，让中等水平的学生很好地学习数学；还要使困难的学生很好地学习数学，而且使学生尽可能有兴趣地并有意识地学习数学。提高书本和教学质量是其中的重要过程，因此，选择一本好书是学习数学的第一步。

第二，从理解开始，进行良好的介绍并激发兴趣；挑选好书，提高能力。兴趣是个人对特定事物、活动和对象所具有的积极和选择性的态度和情感。那么，如何激发学生学习高等数学的兴趣呢？您可以像这样介绍入门课程：学校风景优美，树荫浓密，碧波荡漾。每当您经过池塘时，您是否想知道池塘有多大？如果无法获得确切的值，可以近似吗？例如，将池塘视为具有弯曲边的梯形，并使具有弯曲边的梯形分开，以致划分越精细，越接近精确值。那么无限划分又如何呢？这样就引入了常数和变量，以及变量研究的高等数学与常数研究的基础数学、高等数学的基本内容和思维方法之间的区别和联系，人们就发现了学习本课程的重要性以及学习的基本方法和注意事项。通过这种方式，学生们对他们的课程有了大致的了解，并有了一些必要的心理准备，这样可以激发他们学习的兴趣和热情，并使其积极地学习数学并进行创造性思考。高等数学是一门利用极限方法研究函数的课程。本课程基本方法是极限方法，基本工具是极限理论。首先从学习极限开始，函数的极限是极限乃至所有高等数学章节中最困难但又重要的内容之一，也是学习导数和微分的基础。随着学习的深入，学生将学习越来越多的概念和定理。如果他们不能把握关键，找不到主线，这些问题就会在学生的脑海中变得杂乱无章。随着时间的流逝，学生已经形成了自己的思想，"死结"会逐渐使他们失去学习数学的兴趣。高等数学内容分为极限、微积分、级数、常微分方程，而关键是变量、微积分和正项级数的极限。高等数学具有很强的连贯性和逻辑性，所以必须重视数学教学，否则学生只会盲目地接受概念和定理。高等数学中的许多概念和定理都有明确的几何解释。直到这些内容最终形成之后，它们才变得如此抽象和难以理解。教师的责任是"还原"它们，以使学生感到这些内容来自现实，使学生感到自然和和谐，并能更好地理解其含义，正确地使用它们来解决实际问题，并使学生欣赏数学家创建和发明的思维过程，激发思维并体验数学。勤奋和毅力反过来又鼓励学生努力学习，学会思考，培养自己的抽象思维能力。

第三，在高等数学教学中实施数学思维方法。数学教育的目的不仅要使学生掌握数学知识和技能，而且还要培养学生的能力，培养其良好的人格和学习习惯，全面提高学生的综合素质。从这个意义上讲，教师有必要在高等数学的教学过程中将数学思维和方法作为重要的教学内容来教授。在高等数学教学中，教师必须发掘和渗透数学思维和方法，以数学知识的教学为载体，将数学思维和方法的教学渗透到数学知识的教学中，并将思维和方法结合起来，从而加强数学思维能力和方法的培养，增强创造力和将数学知识应用于数学解决问题的能力。在整个数学教学中概念的形成，定理、推论、公式的推导和规律的揭示都利用了数学思维的方法。可以尝试将数学思想和方法渗透到教学过程中；通过课程内容摘要，课前回顾和课后复习总结数学思维；开设专门的讲座来提升数学思维和方法，并将数学思维和方法与课本紧密结合。对知识的记忆是暂时的，对方法和思想的掌握是长期的；知识只能使学生受益一段时间，而方法和思想将使学生终身受益。为了使学生逐渐理解融合的概念，掌握用"静态"来描述"动态"，"笔直"而不是"弯曲"和"近似"接近"正确"的思想和方法，有必要建立辩证思维的方法。在教学中，教师应尝试介绍微积分发展的历史，讲一些有趣而合理的故事，以满足学生的好奇心，扩大他们的思维空间，增强他们解决问题的能力。

二、提高理工类高等数学课堂教学效果的对策

"高等数学"是理工类专业的基础课程，其教学质量将直接影响学生对后续课程的学习。如何提高高等数学教学的质量和有效性是近年来大学教学积极探索的重要课题，也是数学教师追求的目标。笔者借鉴多年从事高等数学教学的实践经验，分析高等数学教学的现状，并探讨提高高等数学教学质量的措施。

（一）存在的问题

第一，学生学习态度不够端正，许多人对高等数学的学习抱有恐惧心理，他们高中数学的基础比较薄弱，因此对高等数学的学习失去信心，很多学生都有"及格万岁"的思想。

第二，学生的学习动力不足，缺乏专业精神，在遇到无法理解或不理解的知识点时，不会在课后请教老师或同学。他们不理解的知识点越多，问题就越严重。还有些高中基础较好、上课较认真的学生虽然课堂上听懂了，但不适应大学的教学方式方法，以至于知识点没有完全理解透彻，学到后面较难知识点时也就疲于应付了。

第三，教师的教学方法缺乏多样性，课堂上仍使用传统的"黑板＋粉笔"方法。由于高等数学课程的总时数不断减少，一些教师采用"满堂灌"教学方法，学生很难在课堂上完成必要的思考和计算。课堂缺乏互动性，学生的主体作用没有发挥，教学效果不理想。

（二）提高课堂教学效果的几点措施

1. 引入多媒体辅助教学，提高课堂教学质量

对于高等数学课程，正确引入多媒体教学可以改善教学方法和提高教学效率，从而提

高学生的学习兴趣。多媒体技术的应用可以增加教学信息量，节省在黑板上写字的时间，加强直观教学，并帮助学生理解抽象的概念和理论。例如，当教授诸如"不定积分的几何意义"，"定积分的概念和性质"，"定积分的几何应用"和"空间解析几何"之类的知识点时，多媒体教学比普通的白板书写要好得多。

但是，多媒体教学也有其自身的缺点。例如，如果演示速度过快，学生就无法跟上，容易分散学生的注意力，减少在课堂上进行交流和互动的机会。因此，将多媒体教学与传统的黑板和粉笔相结合，并发挥各自的优势，才能达到最佳的教学效果。

2. 增加师生互动，活跃课堂气氛

好的数学课要求学生积极参加学习活动，并使他们觉得自己是学习活动的重要成员。在教学中，教师应鼓励学生积极思考、辩论和提问。通过教学、提问和启发，充分调动学生参与教学活动的热情，使他们体验第一手知识的产生，并使他们熟悉数学，产生亲密感，从而消除对数学的恐惧。在这个时候，老师不再是权威，而是知识启蒙的指南。

另外，教师应为学生提供上台的机会。通常，在讲解练习时，他们会选择一些问题供学生在黑板上解答。这不仅可以测试学生对知识的掌握程度，在讲解时突出重点，还可以让教师通过回答问题并及时纠正一些错误来提高学生的成绩。

3. 讲述史料，充实教学内容，鼓励学生积极向上

在教学过程中，教师适当地介绍一些数学的历史、一些数学家的成长经历并介绍一些数学知识的产生和发展，这可以增加学生学习数学的兴趣，发现数学之美，另外它可以潜移默化地对学生进行思想教育，拓宽学生的视野和知识面。

如讲解"极限"时，教师可介绍数学史上的第二次数学危机，从此诞生了极限理论和实数理论；引入导数时，可以介绍牛顿和莱布尼茨的导数发明之争。另外，结合数学内容适当地插入数学家的故事，如自学成才的华罗庚，哥德巴赫猜想第一人的陈景润，博学多才的数学符号大师莱布尼茨和著名的物理学家、数学家和天文学家牛顿，通过这些故事可以坚定学生学习数学的信心，让学生对科学研究产生浓厚的兴趣。

4. 联系实际，将数学建模思想融入其中

高等数学中许多概念的引入是从实际问题中抽象出来的。例如，刘徽的"割圆术"体现了极限的概念，莱布尼兹的切线斜率体现了导数的概念等。因为解决高等数学中的实际问题的过程就是建模的过程，所以在实际教学中，教师应注意数学建模的基本思想和方法。在选择示例问题和练习时，教师应适当增加实际问题的比例，然后让学生把几何、物理和高等数学的知识相结合，以培养学生的数学建模技能。此外，在高等数学教学中应增加数学实验教学，以进一步提高学生分析和解决实际问题的能力。

5. 回顾总结，融会贯通

在完成每个章节的内容之后，应认真总结该章节中的知识点。在复习知识点和总结时，应突出重点和难点。同时，由于高等数学是一门逻辑性很强的课程，前后章节内容联系紧密。在教学过程中，应对各章节的知识点进行分析、比较和总结，使高等数学的所有知识点相互关联形成一个完整的系统。

例如，在学习了单变量函数的微分之后，教师可以指导学生总结可微、连续和极限存在的条件，并得出：可微一定连续，并且连续一定存在极限，反之则不一定；导数本质上仍然是描述一个变量的函数变化率的问题。当寻找一个变量的偏导数时，另一个变量被认为是常数，依此类推。

6. 精挑习题，布置课后作业

在每节课结束之前，老师会仔细选择并组织具有代表性的作业。该任务基于优化问题数量和优化问题类型的原则，应认真选择关键的问题，使学生能够有效地掌握所学知识，并掌握更多解决问题的方法。

随着我国素质教育的不断深化，大学对高等数学的要求越来越高，高等数学也将发挥更大的作用。这要求高等数学教师根据教学目标和要求不断改进教学方法，以提高教学质量。

第四节　培养"高等数学"教学中数学思维与创新能力

高等数学课程是高等学校理工科学生的重要基础课，它不仅是专业学科和其他数学科学与工程课程的重要工具，而且也是培养学生理性思维、创新思维和思考能力的重要手段，是发展大学生主动性和创造力的重要基础，也是影响人才创新能力的关键因素。在高等数学教学中，要培养大学生的创新思维素质，并注重培养大学生的观察能力和创新思维能力。

在高科技时代，创新教育是一种培养学生创新精神和创新能力的教育方法，其主要内容是创新思维能力的提高。如何在高等数学教学中进行创新教育是一个值得高校教师关注的问题。由于大学生入学的第一门核心课程是高等数学，因此教师应在高等数学教学中注意培养学生的创新意识和的能力，并善于发掘创新问题，引入新知识点，使学生通过学习高等数学课程掌握基本方法，提高创新能力。

一、高等数学教学中教育理念的创新

为了提高大学生的创新能力，教师必须创新教学理念和内容，使大学生牢固掌握高等数学的有关知识，并在高等数学学习过程中培养大学生的创新观念和创新能力，在实践的基础上，进一步提高大学生的创新能力。这种教育模式是一种潜在的教育效果，不可能一蹴而就。创新高等数学教学理念要求教师以精心设计的创新思想为指导，采用新的教学方法激发大学生的创新思维和学习兴趣，并激发大学生在实践中创新。

二、创新能力在高等数学教学中的培养

高等数学的教学任务是培养学生掌握高等数学的基本知识、基本原理和基本定理，它将为学习其他学科铺垫数学的基础知识，这些高等数学的知识必将应用到今后的学习、实际研究工作和生活中。显然，是否熟练掌握高等数学的知识关系到大学生今后的发展。因此，作为教师，在教授高等数学知识时就要注意培养学生的创新意识，不要认为高等数学只是一种基础知识，要通过传授高等数学知识营造大学生良好的学习氛围，以培养学生的观察能力和创新能力。

在高等数学教学过程中对大学生进行创新教育，要求教师为学生提供良好的学习环境。教师应在教学过程中倡导优良的学风，在课堂上营造民主、公平的教学环境，鼓励学生讲话，相互讨论，增强其自主学习的意识。必须给学生一个空间和创造更多的机会，鼓励学生创新，让学生敢于表达意见，以充分发挥他们的创造力。教师应给学生更多的鼓励，以激发其创新思想。针对高等数学教学内容的不同，应采取适当的教学方法，培养学生的创新能力。

（一）概念性内容应注重发现式教学法的运用

发现教学法是指教师在开始学习新知识时仅给学生一些例子或问题，以便学生可以积极思考，发现和掌握新概念的教学方法以及相应的原则。它的指导思想是使学生能够在老师的启发下有意识、积极地研究客观事物，发现事物发展的原因和内在联系，从中找到规律，并形成自己的观念。当使用基于发现式教学方法来教授概念内容时，培养创新能力的最困难点在于如何处理书本中已知定义和课堂范例之间的关系（学生尚未接受过相关知识的培训）。教师不仅应引导学生通过实例获得基本的数学表达式，还应更加重视学生思维中相关概念的形成过程，并尽最大努力来进行指导，激励学生体验其中的数学思想。学生只有通过这种方式才能"发现"这些隐藏在示例中的内容和事物的本质，"提出"相应的概念，以达到提高创新能力的目的。例如，在教授定积分的定义时，教师应引导学生从深入分析曲边梯形的面积和变速直线运动距离的两个问题——直线和曲线、匀速和变速入手，充分了解转换过程中定积分的思维方法，然后让学生通过自己的分析和归纳，自然地"创建"定积分的定义。

（二）理论性内容应侧重探究式教学法的运用

探究式教学法是一种教师根据教学内容的设置适当改变某些条件，提出相应问题并指导学生揭示教学法内在规律的教学方法，它通过探索和调查发现问题。其主要优点是可以发挥学生的观察力、思维能力、想象力和创造力，并鼓励学生在探索过程中大胆猜测，勇于实践，以培养其创造性的思维能力，促进他们的全面发展。

（三）应用性内容应着眼于讨论式教学法的运用

讨论教学法包括：教师围绕教学内容阐述一系列紧密相关的问题，组织学生讨论，表达自己的观点，最后总结和归纳解决问题的方法。它的优点是可以增强学生的主观意识，积极参与，提出论点，交流思想，增强创新能力。讨论教学法可以拓宽学生的思维范围，培养学生善于发现问题，从不同角度分析、研究和解决问题的能力。它有利于学生的积极思考，并培养学生的协作创新、创造能力。它具有启发式教学的特点，能促进学生逻辑思维能力的提高。

参 考 文 献

[1] 胡国专. 数学方法论与大学数学教学研究 [M]. 苏州：苏州大学出版社. 2016.

[2] 鲍红梅，徐新丽. 数学文化研究与大学数学教学 [M]. 苏州：苏州大学出版社. 2015.

[3] 应坚刚，金蒙伟. 复旦大学数学研究生教学用书随机过程基础第 2 版 [M]. 上海：复旦大学出版社. 2017.

[4] 钱忠民，应坚刚. 复旦大学数学研究生教学用书随机分析引论 [M]. 上海：复旦大学出版社. 2017.

[5] 丁殿坤，吕端良，岳嵘，郭秀荣. 高等数学研究点滴 [M]. 北京：北京邮电大学出版社. 2017.

[6] 崔国范，赵雪，沙元霞. 数学方法论与大学数学教学研究 [M]. 延吉：延边大学出版社. 2018.

[7] 董培佩. 大学数学教学与课堂研究 [M]. 北京：北京工业大学出版社. 2018.

[8] 姜伟伟. 大学数学教学与创新能力培养研究 [M]. 延边大学出版社. 2019.

[9] 刘莹. 数学方法论视角下大学数学课程的创新教学探索 [M]. 长春：吉林大学出版社. 2019.

[10] 郑庆全. 教学命题的特征教学论 [M]. 济南：山东大学出版社. 2017.

[11] 南京理工大学紫金学院高等数学编写组. 高等数学同步复习第 2 版 [M]. 徐州：中国矿业大学出版社. 2018.

[12] 王庚著. 教学的思与行统计学与数学教学研究 [M]. 北京：北京理工大学出版社. 2018.

[13] 谢颖. 高等数学教学改革与实践 [M]. 长春：吉林大学出版社. 2017.

[14] 张友余. 二十世纪中国数学史料研究第 1 辑 [M]. 哈尔滨：哈尔滨工业大学出版社. 2016.

[15] 宋柏林，邱智东，李磊. 理论与应用长春中医药大学高等教育教学成果简介 [M]. 长春：东北师范大学出版社. 2016.

[16] 王国江，张倬霖. 基于核心素养的数学创新教学设计 [M]. 上海：上海社会科学院出版社. 2018.

［17］熊思东. 苏州大学档案馆. 苏州大学年鉴2017［M］. 苏州大学出版社. 2018.

［18］张红伟，兰利琼. 探究式研究性多样化四川大学课堂教学创新与实践［M］. 成都：四川大学出版社. 2018.

［19］赵英军等. 人才培养与教学改革浙江工商大学教学改革论文集（2015）［M］. 杭州：浙江工商大学出版社. 2017.

［20］张筱玮，纪德奎，张红妹等. 梳本教学模式研究［M. 天津：天津人民出版社. 2016.

［21］梁进，陈雄达，钱志坚，杨亦挺. 数学建模［M］. 北京：人民邮电出版社. 2019.

［22］唐月红，曹荣美，王正盛，刘萍，王东红，曹喜望，赵一鄂. 高等数学下第2版［M］. 北京：科学出版社. 2019.